赵金龙 王燕 李斌 著

梁文倩 绘图

中国古代纺织文化研究

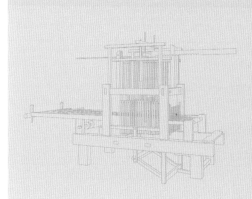

中国纺织出版社有限公司

内 容 提 要

本书以中国古代文化的视角阐述纺织与其的关系，突显中国古代纺织文化的辉煌。全书分为"古代字词中的纺织篇""古代典籍中的纺织篇""古代图像信息中的纺织技术篇""纺织品中的文字篇"四篇，共十五章。本书由中国古代纺织外史而入，贯通中国古代纺织内史（机械史），辅之以相关机械动画，形象地展现中国古代纺织技术的机巧，最后携中国古代纺织艺术品而出，将中国古代纺织的文化内涵、机械原理、艺术表征融为一体，表达了中国古代纺织的多维形象。

本书图文并茂，并辅以动画，可作为中国古代纺织技术史研究人员的专业参考书。

图书在版编目（CIP）数据

中国古代纺织文化研究 / 赵金龙，王燕，李斌著；梁文倩绘图 . -- 北京：中国纺织出版社有限公司，2022.11

ISBN 978-7-5229-0020-9

Ⅰ . ①中… Ⅱ .①赵… ②王… ③李… ④梁… Ⅲ . ①纺织－文化研究－中国－古代－文集 Ⅳ . ①TS1-53

中国版本图书馆 CIP 数据核字（2022）第 207006 号

ZHONGGUO GUDAI FANGZHI WENHUA YANJIU

责任编辑：魏 萌 苗 苗　　责任校对：高 涵
责任印制：王艳丽

中国纺织出版社有限公司出版发行
地址：北京市朝阳区百子湾东里 A407 号楼　邮政编码：100124
销售电话：010—67004422　传真：010—87155801
http://www.c-textilep.com
中国纺织出版社天猫旗舰店
官方微博 http://weibo.com/2119887771
北京华联印刷有限公司印刷　各地新华书店经销
2022 年 11 月第 1 版第 1 次印刷
开本：787×1092　1/16　印张：21.5
字数：370 千字　定价：158.00 元

序

　　《中国古代纺织文化研究》是赵金龙团队多年辛勤研究的成果，在该书付梓之际，作者请我为书作序。作为有幸先睹为快者，根据自己多年来在该领域的耕耘所获略谈一二，姑算作一家之言。

　　对于中国古代纺织文化的溯源正本及其传承发展，本是武汉纺织大学自建校迄今就未曾间断过的一个重要研究领域。作者团队对古代纺织技术的形成和发展脉络，从文物、史料、地域和流派等诸方面开展了深入的访查研究，进行了细致的广征博引，并做出了缜密的考证。放在人类社会发展的历史进程中来看技术——十年看人工智能，百年看机械制造，千年看工艺发明，万年看纺织技术……从而说明了纺织技术在长时间内深刻地影响着人类的生产和生活历史。诸如智人的进化受益于原始纺纱技术的复合工具制造的影响；东西方交通线的形成，是基于丝绸贸易所产生的暴利，从而促使东西方商人有意识地贸易接力；古罗马帝国灭亡的重要原因，即在于丝绸贸易引发其对贵金属需求量的暴增，并因此发动一系列的战争；人类进入近代社会的标志，则是缘于纺织工业革命促使生产力得以大幅度提升的必然结果……遍览华夏典籍，其中不乏因纺织技术进步促使生产力发展，进而发生了诸多影响历史进程的重大事件。例如，春秋时期齐国管仲利用丝绸贸易不战而屈鲁国之师，从而成就齐桓公之霸业；战国时期赵武灵王的胡服骑射改革，使赵国一跃成为战国后期唯一可与强秦抗衡的大国。而古代的丝织废弃物处理技术和印花技术的改进发展，则分别造就了中国四大发明中的造纸术和印刷术。此外，中、西方社会发展的不同进程，也基于纺织生产中的家庭作坊式和社会化形式的不同，由此出现了历史性的分野。明代资本主义萌芽则产生于封建上层奢侈消费的丝织品生产而非平民消费的棉纺品生产，由于封建社会的生产方式无法形成工业革命中的"生产—消费"双向刺激机制，致使中国不能自由地进入近代资本主义社会，这或许是破解"李约瑟难题"的唯一结论。

中国古代纺织技术在古人的生产和生活中产生和发展，并与社会发展进程相融合，逐步形成了具有中国特色的纺织文化。中国古代纺织文化突出体现在四个方面：其一是中国古代字、词中的纺织因素。商代的甲骨文及东汉时期成书的《说文解字》，其中许多历经岁月沉淀的成语都蕴含着丰富的纺织信息，这彰显出纺织技术在人们的生产生活中的重要性。其二是古代文化典籍中的纺织因素。古代士人幼读蒙学经典，而后习"四书""五经"，其间所涉及的纺织典故无不反映了文化阶层对纺织技术的认同。例如，敬姜说织、孟母断机杼、乐羊妻说织等。其三是中国古代图像信息中的纺织因素。中国古代图像有帛画、壁画、画像石、画像砖、版画等，其中蕴含着丰富的纺织机械信息，一部纺织图像史就是一部纺织技术史，由此表征了艺术与纺织的有机融合。其四是纺织品中的文字。带有纺织品符号的文字是中国古代文化重要组成部分，体现的是纺织赋予文化的特有功能。

综上所述，中国古代文化和中国古代纺织两者之间是"你中有我，我中有你"的辩证关系。中国古代纺织技术早于华夏古文化出现而最终汇于中华文化，成为融合民族特性的涓涓细流之一。"百川归海，万岱朝宗"，中国古代文化中流淌着鲜活的纺织血液，是中华民族生生不息的原动力之一。而中国古代纺织文化的追本溯源和发扬光大，是当代中国纺织文化工作者义不容辞的历史责任。《中国古代纺织文化研究》的出版发行，则是践行了这种使命感的一种体现，值得褒扬和期许，是以为序！

徐卫林

2022年10月23日

感谢下列项目和组织的大力资助：

湖北省档案馆委托项目（FD2019-005）

武汉纺织大学出版基金支持

湖北省服饰艺术与文化研究中心开放课题（2022HFG02）

教育部人文社会科学研究规划项目（21YJA760032）

国家发改委、文旅部国家非遗保护设施建设重大项目（FG2018-HB15）

文化和旅游部恭王府博物馆项目（GBLXFY-2021-Y-01）

湖北省教育厅哲学社会科学研究一般项目（20Y075）

武汉纺织大学期刊社

目 录

〔 古代字词中的纺织篇 〕

〔 古代典籍中的纺织篇 〕

〔 古代图像信息中的纺织技术篇 〕

古代字词中的纺织篇

　　中国古代字词包括字和词两部分。字经历了甲骨文、金文、大篆、小篆、隶书、草书、楷书、行书的演变。甲骨文是较为古老的字体，研究甲骨文中的纺织信息，有助于我们从字形上了解商代中晚期的纺织技术和文化。《说文解字》是中国古代较为成熟的一部字书，研究其中的纺织信息，有助于我们从字义上理解东汉及其以前的纺织技术和文化。成语是中国古代最富有内涵和传播最广的定型的词，研究它的纺织内涵，有助于我们从文化内涵中理解生活中纺织技术和文化的影响力。

第一章

甲骨文中的
纺织考辨

甲骨文是商代中晚期出现的一种契刻在龟甲、兽骨上的文字符号，它是汉字的鼻祖（指被保留下来的文字符号），也是中华民族进入文明社会的重要标志。甲骨文的研究方法是借助汉字篆书和《说文解字》《广雅·释诂》等古代字典进行契合性解读，这是一种非常有效的研究方法，现已整理出4 000多个不同形体符号的文字，经过研究考辨，其中与后世有联系并能够辨识确定的有1 000多个字。甲骨文作为象形文字和会意文字的混合体，其造字规律中蕴含着许多纺织信息，既包含着纺织技术信息又表征着当时的纺织文化，可以说它是研究商代纺织技术、纺织文化不可多得的信息宝库。关于甲骨文中的纺织信息研究方向，甲骨文学界和纺织史学界取得了一系列成果。基于对甲骨文中的纺织信息进行重新考辨，本章对甲骨文学界和纺织史学界的相关研究提出自己的疑问，并且详细论述对这些疑问的不同见解，试图对甲骨文中未辨别纺织文字符号的研究提出一些建设性建议。

第一节 | "桑""丧"甲骨文另解

甲骨文学界认为"桑"的甲骨文体异构繁复，有两百多种。"桑"的甲骨文体有两大类，一类是最基本的字体，它们的形体以生长着许多柔软细枝的树表示（图1-1），罗振玉（1866—1940）释："像桑形。"[1]另一类是在最基本的字体上加口形，有两口至六口不等（图1-2），正是因为"口"在最基本字体中的多寡、位置，以及树枝形状的变化，直接导致"桑"的甲骨文异构字体很多。罗振玉认为早期无"丧"，以"桑"通之。于省吾进一步解释："甲骨文桑字常见，作 形，均以为方国名或地名。或谓甲骨文 字从桑，是也。但不知何以从口？按字 本从桑声，

图1-1　"桑"的最基本字体

图1-2　"桑"的第二类字体

其从两口者为初文，其从数口者乃随时溢多所致。其所从之两口是代表器形，乃采桑时所用之器，由于商代已有丝织品，故<img_ss>为采桑之本字，其以<img_ss>为丧亡之丧者乃借字。"[2]

对于"桑""丧"甲骨文体的解释，笔者有不同于罗振玉、于省吾两位先生的拙见。"桑"的甲骨文异体很多，但只有一种，即甲骨文学界认为的最基本字体。笔者认为甲骨文学界关于"桑"的第二类字体并非"丧"的假借字，而就是"丧"的本字。这主要是因为笔者对"桑"所谓第二类字体中口形的解读不同于罗、于两位，笔者认为口形在甲骨文中是指口，并不是指采桑所用的箩筐。主要有两点证据：

（1）甲骨文其他文字中出现的口形都作口解（图1-3），只是到了金文阶段才有一个"器"作青铜器解。"器"的金文（<img_ss>）像一只狗守护着四只青铜器，之所以断定是四个青铜器，原因有三个：第一，商代青铜器制造业很发达，中国古代传世的大型青铜器都是在商代铸造的，如后母戊鼎、四羊方尊等；第二，青铜器在商代贵族的生活、宗教、文化中占据重要地位，商人很迷信，祭祖和祭神都用青铜器，但是青铜器当时很昂贵，甚至军队中也没有完全装备青铜武器，贵族只能根据等级分级别地享用。后世"器重"一词即反映青铜器之重量和重要；第三，只有口形作青铜器解才可理解"器"的会意，即用狗来护卫很多（古代三个同样的符号表示多，四个同样的符号则表示很多）比较重要的青铜器。甲骨文学界正是从金文"器"中口形作青铜器解，来引申甲骨文中"桑"的第二类字体作采桑之器。笔者认为这种解释是带有"以古推更古"的辉格解释，有一定的借鉴意义，但如果口形在甲骨文中作容器（包括采桑之器）只有"桑"字一个孤证，显然这种解释的依据是不充分的，因此笔者认为于省吾先生的解读有些不妥。

（口，像口）；　（召，像用两手捧起的酒尊放在几案上，并招呼人来喝酒）；

（名，像晚上说话）；　（舌，像舌头）；

（曰，像说出的话）　（甘，像口中含蜜）

图1-3　甲骨文中关于口形的解读

（2）"桑"所谓第二类甲骨文字体中口形完全可以用口解释。首先，笔者解读口形在该字中的含义。图1-2中桑林中的口完全可以解释得通"丧"这个字，为什么呢？古时认为桑林是祭祀祖先的处所，桑林之下常常是家族墓地。之所以古人葬于桑林，这与古人的魂魄观念相关。古人认为人的死亡并不是生命的终结，新旧生命是一个更持续化的累积过程。子孙的生命是祖先灵力的转化。[3]这一观点来源于古人对"天蚕再变"神奇现象的解读——野蚕在桑树上成蚁、生长、吐丝结茧、成蛾、产卵的不断循环，犹如灵魂转世一般，而桑树则是灵魂转世和"通神"的媒介，这正是古人将死人葬于桑林和在桑林中举行宗教仪式的原因。从"葬也者，藏也，慈亲孝子之所慎也""汤乃以身祷于桑林"等相关古书记录略见一斑。[4]亦可从蒙古国诺因乌拉匈奴墓出土汉代织物"双禽山岳树木纹锦"（图1-4）中见到古人对桑树的崇拜。这样就不难解释甲骨文"丧"中"桑林中有口"的意思是在桑林中举行葬礼时亲人们的祷词和哭喊声。其次，笔者对丧的读音进行了考察。丧有两种读音：sāng和sàng，凡与死人有关的都读sāng，与桑同音，可见古时桑的神性和作为通神的媒介，这反过来证明"丧"的甲骨字体是反映宗教方面的行为——祭祖和葬礼，并不是经济上的行为——采桑。

图1-4 东华大学屠恒贤（1946—2010）教授复制"双禽山岳树木纹锦"（梁文倩临摹）

第二节 "学""教"同体的纺织考源

"学"的甲骨文，传统观点这样解释：爻疑罔之省，字象双手结罔，非学之不能结。之所以这样解释可能其观点是从"学"字形变迁（图1-5）中推导出来的，有的人解释"学"字的甲骨文下面、金文和篆体文中的"冂"是指网的架子，金文和篆体文"冂"下是个"子"，表明有个小孩子，金文和篆体文中的一些"学"变体字中有一只手拿着一个鞭子的形态，如图1-5中金文和篆体第一种字形右边，这是会意棍棒下面出好学生。

甲骨文　　　　　金文　　　　　篆体

图1-5 "学"字的变迁

"教"的甲骨文（图1-6）有人这样解释：像有人在执鞭演卜，下面是孩子学习的形象。[5, 6]这里的"爻"被认为是占卜。

甲骨文　　　　　金文　　　　　篆体

图1-6 "教"字的变迁

对于"学""教"甲骨文中"爻"形、"冂"形的解读，笔者有两点拙见：

（1）"爻"形应该是指纺织。劳动具有社会性和教育性，劳动是人类最基本的社会活动，它之所以是社会性的，主要是因为劳动技能需要模仿，劳动经验需要交流。[7]正是由于这种模仿和交流使劳动具有教育性，所以教育起源于劳动，笔者认为教育的事首先应该是一种劳动。"教"的甲骨文中"爻"形认为是占卜，显然是有问题的。理由一是《说文解字》言："爻，交也"，《广雅·释诂》有"爻，效也"，可见爻的本意不是《周易》中的"爻象"；理由二是"教"的金文中还有是网状的形象，如图1-6所示的第一个金文形象。笔者曾经认为"爻"形很可能是地里的粮食作物，"教"和"学"会意为学习种植庄稼也行得通，但其他所有表示作物的符号都没有用"爻"形表示。此外，篆体"觉"（图1-7，"觉"暂时没有发现甲骨文和金文）的解读更让笔者认为甲骨文中"爻"形是指纺织。如图1-7中字体下半部分表示一个人，而且突出其睁开的眼睛，即看到两只手形和"爻"形，什么东西在古代一觉醒来就能看到呢？应该是勤劳的妇女在纺织啊！结网是在水边。根据文字中象形符号创造是有一定规律的原则，每一个符号在所有甲骨文中的会意是有固定的意义，根

图1-7 "觉"的篆体

据"觉""教""学"的篆体会意，笔者反推认为两只手形和"爻"形是在从事纺织劳动的表征，"爻"形也可作纺织的简化表达。

此外，从创造甲骨文的历史语境来研究也可见"爻"是纺织的符号。早在新石器时代早期，人类过着定居生活后，人类就已经会结网了，而创造文字是在新石器时代晚期，比较难的劳动是纺织而不是结网，不然为什么中国神话中都是伟人——黄帝、嫘祖发明纺织呢？传说创造文字的仓颉是黄帝时代的人物，需要学习和教育的应该是当时最难且比较重要的一种劳动，因此"教"和"学"中"爻"形应该是纺织。

（2）"冖"形应该不是网的架子的会意，而是指蒙昧或未睡醒的意思。因为《说文解字》中有："学，觉悟也。从教从冖，冖尚蒙也，臼声。"这样笔者就不难解释"学"与"教"中一只手拿着一个鞭子的形态的原因了——学生不懂或学习时打瞌睡。

由此看到，"教"与"学"源自纺织。此外，从"学"与"教"的甲骨文会意解读，不难发现"教中有学""学中有教"，两字应该是同体，这也可能是"教学相长"一词最好的一种解读方式。

第三节 ｜ "糸"（mì）、"丝"在甲骨文中的悖论思考

"糸"与"丝"的甲骨文（图1-8）传统解读的意思实在让人费解。

图1-8　"糸"和"丝"的甲骨文

（1）先从以今观古的观点推论，参考《说文解字》中"丝，蚕所吐也""糸，细丝也"和南唐文字训诂学家徐锴（920—974）"一蚕所吐为忽，十忽为丝。糸，五忽也"的相关解释，[8]笔者认为"糸"比"丝"要细，"丝"即是茧丝，"糸"是一根蚕丝的单纤维，因为每一根茧丝都是由两根蚕丝单纤维构成，甲骨文"丝"的创造说明是商代人通过观察茧丝发明出来的，这也是很容易发现的，只要将茧丝放在水中充分浸泡后就可以发现，不然为什么不以三根或四根蚕丝单纤维图像构成一根茧丝文字图

像呢？对于徐锴的解释笔者有些疑惑，为什么是十根茧丝加捻成为一根丝呢？难道当时南唐十颗茧丝缫成的丝为"丝"，五颗茧丝缫成的丝为"糸"？笔者认为徐锴错误地认为丝是缫过的丝，他把认识问题说成了工艺问题，尽管如此他还是给出一个重要的信息，即"糸"只有"丝"的一半，这可以从两者的甲骨文图像信息中直观地看到。

另外，为什么"糸"和"丝"中的每个茧丝纤维都以两个或三个椭圆形串成？因为这些椭圆形都很像一个个蚕茧，会意这些都是蚕所吐之物，在有些椭圆形形象上还有↓和↑，笔者认为它们应该表示纤维束，这是为了进一步表明这些椭圆形是蚕茧。之所以甲骨文中会出现很多种类"糸"和"丝"的异构体，是因为汉字是不断进化和变迁的，它们向着简化、美观方向发展，发展到篆书"糸"和"丝"，就只有↓符号了（见糸和丝的篆书体 𢆶 絲）。

（2）如果上面推论是对的话，那为什么甲骨文学界关于"糸"的解读居然有两种，一种是丝，另一种是绳（图1-9）。笔者认为这形成了一个悖论，汉字之祖——甲骨文中居然同一种符号有两种解读，因为最初的汉字（不是词汇）应该比现代汉字多得多，越古老越多，随着历史的前进，汉字不断地简化。现在我们认识的甲骨文很少，这仅仅只是因为我们解读得很少和发现的甲骨文残片还很有限，并不代表甲骨文字本身很少。从图1-9来看，"孙""绝""幽"中的一根"糸"都可作茧丝的一根单纤维解读。"奚"作绳解有些牵强，因为它的出现使一个甲骨文符号表达两种不同的含义，这完全不符合甲骨文的造字规律。笔者认为到了金文阶段才有"糸"作绳索之意，这可以从金文中出现很多关于"糸"作绳意解的字中窥其整体，如金文"县（古时县与悬互通）"（𢇛）中的"糸"就作绳索，其会意是"一个眼睛看到用绳子系着悬挂在高处的人头"。对于"奚"，笔者认为其甲骨文图像表达的是用手把一根茧丝单纤维捆缚在一个小人偶上，这可能是在实施一种在原始社会普遍存在的诅讯之法——诅讯被实施者成为奴隶。原因一，《说文解字》中对奚的解释是女奴；原因二，蚕丝单纤维有可能被古人认为是施巫术的一种法器，毕竟中国古代有丝崇拜的传统，丝崇拜肯定会分为致善和致恶两种，致恶的丝崇拜必然会产生巫术中的用丝。

$\mathcal{P}$（孙，像子拿着蚕丝的一根单纤维，会意家族中的男丁连绵不绝）；

$\maltese$（绝，像刀把丝砍断）；

$\mathcal{L}\mathcal{L}$（幽，像火点燃丝，发出很小的火焰）；

（奚，像手执绳索拘奴隶）

图1-9 甲骨文学界对"糸"两种不同的解读（悖论的展示）

因此，笔者认为甲骨文中"糸"是一根蚕丝的单纤维，而"丝"是一根蚕丝，甲骨文中表示绳索的图像符号一定不是"糸"的甲骨文符号，只是目前没有被学界解读出来，直到金文后"糸"的符号才被赋予了新的含义——绳，但它肯定还有些规律至今仍未被解读，即"在什么情况下表示是丝，而在另一种情况下表示是绳？"这需要有志之士继续进行深入研究。

第四节｜甲骨文中的纺织生产再究

　　甲骨文"专"（🍃、🍂、🌿）的图像信息有轮、有杆、有线，很像用纺专纺纱（图1–10）。"专"的象形字表示人们用手（⺈）转动纺轮（⊕、⊘）集合纤维（↓）的纺纱操作，它既全面概括了纺专的主要部件：捻杆和纺轮，又表达了操作的方式：用手转动。[9]徒手纺纱应该是在新石器时代以前，在纺专纺纱之前出现的纺纱方式。这从近代关于徒手制麻绳的民俗调查中可见一斑。再者也可从中国各地夏布的生产方式得到实证，夏布纺麻就是徒手进行。另外，世界著名的中国科学技术史学家李约瑟（Joseph Needham，1900—1995）曾经在江西进行纺纱史方面的调查时，就发现当地妇女用脸、大腿、瓦片作为平面，进行麻线的搓揉加捻，并徒手绩接。

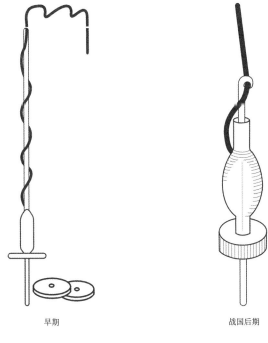

早期　　　　　　　　　　战国后期

扫一扫见"纺专"
视频

图1–10　纺专

纺专纺纱在中国新石器时代的文化遗址中非常普遍，是以纺轮形式出现，且在近代少数民族地区广泛存在，如彝族、独龙族、拉祜族、苦聪人、基诺族、哈尼族、布朗族、佤族、怒族、德昂族、普米族、纳西族、摩梭人、藏族等均以纺专纺纱。早期纺专的捻杆的形制为直的，战国时期以后其顶端增置屈钩。纺轮多是由石、木、陶、骨制成的中间穿孔的圆饼状物体。将捻杆插入纺轮，捻杆和纺轮通过这种"榫卯"结构固定，即可组装成为最简单的纺专。

纺专纺纱的操作步骤：先把要纺的麻、葛、毛等纤维捻一段缠在捻杆上，然后垂下，一手提起绕在纺专上的纤维线，一手转动纺轮。纺专自身重力将杂乱的纤维牵伸拉细，纺轮旋转时所产生的力会使拉细的纤维加捻而成麻花状。在纺专不断旋转的过程中，纤维牵伸和加捻的力也不断沿着与纺轮垂直的方向，即捻杆的方向，向上传递，纤维不断被牵伸加捻。当使纺轮产生转动的力消耗完的时候，纺轮便停止转动，这时将加捻过的纱缠在捻杆上，然后再次给纺轮施加外力旋转，使它继续"纺纱"。待纺到一定的长度后，就把已纺的纱缠绕到捻杆上去，如此反复，一直到纺专上绕满纱为止。

高汉玉、赵文榜两位先生认为缫的甲骨文体为▦、▨、▩、▦。[10]笔者认为存在着一些疑问：①笔者认为▦应该只是指缫丝工序中的找绪头，并没有全面反映缫丝的全部工序；②▨并不是原来发掘的甲骨文，是经过处理过的，原来的甲骨文是▨，字体下面是▼（土的形象）而不是▲（釜的形象），显然两位先生的解读有些问题，笔者赞同传统甲骨文学界的解读，▨应该是"泾"的初字。③▩在甲骨文字典中并没有找到，而找到与之相似的则是▨，这个字还没有得到解读。[11]④▦、▦被甲骨文学界认为是"䜌"，笔者既不赞同高汉玉、赵文榜两位先生的观点，也不赞同甲骨文学界的观点，这两个甲骨文异构体应该是指缫丝过程中找到绪头后将蚕丝单纤维进行合股加捻，所不同的是，▦是仅将两根蚕丝单纤维合股加捻，而▦是将多根蚕丝单纤维合股加捻，因为在甲骨文中三个"糸"的表征符号是指多根"糸"，这可从"品""森"的甲骨文造字规律中得到佐证。[12]

第五节 | 小结

甲骨文中关于纺织信息的符号和文字还有很多没有被解读出来，主要原因有两点：①从甲骨文—金文—篆书变迁系谱中找不到联系点；②《说文解字》等古代字典中无字可供参考。虽然如此，我们必须另辟蹊径进行深入研究，因为在文字变迁中保留下来的文字毕竟是少数。如何分析和理解这些没有解读出来的原始文字，成为我们下一步研究的重点。首先，要重新考辨已被成功解读出来的纺织类甲骨文，对其中的纺织符号信息进行多方考证，要避免孤证的解读，这是成功理解还没有被解读出来纺织类甲骨文的基础。其次，基于商代纺织技术、纺织文化和宗教及甲骨文中可信的纺织符号信息，对未解读出来的纺织类甲骨文进行分析，解读出它们的意思，无须和现代文字一一对应。

[1] 罗振玉.增订殷虚书契考释[M].台北:艺文印书馆,1981:35.

[2] 于省吾.甲骨文字释林[M].北京:商务印书馆,2012:76.

[3] 萧放."桑梓"考[J].民俗研究,2001(1):127-131.

[4] 李强,杨小明.纺织技术社会史中的蝴蝶效应举隅[J].纺织科技进展,2010(6):3 7.

[5] 王道俊,王汉澜.教育学:新编本[M].3版.北京:人民教育出版社,1999:26.

[6] 姬克喜,王新燕,陆雅然.甲骨文图解[M].郑州:中州古籍出版社,2010:116.

[7] 喻本伐,熊贤君.中国教育发展史[M].武汉:华中师范大学出版社,2000:2.

[8] 康熙字典[M].上海:上海书店出版社,1985:1017,1027.

[9] 李强,李斌,李建强.中国古代纺专研究考辨[J].丝绸,2012(8):57-64.

[10] 高汉玉,赵文榜.中国纺织原始文字记录[M]//中国大百科全书出版社编辑部,中国大百科全书编辑委员会《纺织》编辑委员会.中国大百科全书:纺织.2版.北京:中国大百科全书出版社,1998:357.

[11] 徐中舒.甲骨文字典[Z].成都:四川辞书出版社,1990:1405-1422.

[12] 李强,李斌,李建强.甲骨文中的纺织考辨[J].武汉纺织大学学报,2014(1):19-22.

第二章

《说文解字》中的
纺织信息解读

中国最早的字典（最初叫字书，直到《康熙字典》出现后，才用字典这个词）是汉代以前成书的《尔雅》，不过从严格意义上来说《尔雅》只能算是训诂（字典的部分功能）。所谓"训"是指用通俗的话去解释词义，所谓"诂"是用当时的话去解释古语或用较通行的话去解释方言。因此训诂泛指解释古书中的字、词、句的意义。曾出现过的字书有《史籀篇》《苍颉篇》《训纂篇》《急就篇》等，直到东汉许慎（约58—约147，一说约30—约121）编写了《说文解字》，创立了六书理论，让《说文解字》成为中国第一部系统分析字形和考究字源的字书，同时也是世界上最古老的字书之一。[1]《说文解字》不仅是对文字符号的梳理，也是中国传统文化内涵的载体。笔者通过对《说文解字》中与纺织相关的文字进行整理及研究，为中国古代纺织技术及其文化的发展研究提供了宝贵的资料。首先，笔者通过文献研究法对《说文解字》全书进行语义探析，系统整理与纺织材料相关的文字，并进行分类与更深入的研究。其次，考察全书540个部首，整理出与纺织相关的文字，并将其中材料部分进行了细致的分类，统计发现截至东汉时期纺织纤维主要有丝、麻、葛三大类，并且这些字分布在8个部首内，大部分文字主要集中在糸部及艹（笔者注：同"草"）部。

第一节 |《说文解字》中关于纤维的记录

一、关于植物纤维的记录

1. 关于常用植物纤维的记录

（1）葛纤维。《说文解字》中有："葛，绤绤艸也""蔂，葛属也""蔓，葛属也"。其中"葛，绤绤艸也"是对葛的定义，《说文解字》解"绤，粗葛也""绤，细葛也"，可见葛被定义为织物的原料，且可织造粗细不同的织物。从"蔂，葛属也""蔓，葛属也"可知葛的种类很多。葛（图2-1）是中国已知最早用于纺织的纤维之一。1972年在江苏吴县（苏州市吴中区）草鞋山新石器时期遗址中出土了碳化的野葛织物残片，该织物残片已有6000多年的历史。在《周礼》中可以发现周代设有"掌葛"的官职，以及《尚书·禹贡》中"海岱惟青州……厥贡盐绤"[2]表明葛在当时是作为纳贡的物品，可见当时葛在周朝的重要性。根据《越绝书》及《吴越春秋》所描述的内容：越王勾践让越国女子织葛布十万匹，献给吴王，以此麻痹他。可见在春秋战国时期，人们对葛的利用已经达到一定高峰。秦汉以后，人们对葛的种植、纺用逐渐减少，主要集中在南方，东汉时葛还被列为贡品。至唐宋，葛生产规模虽已下降，但仍有地方志记载葛布的生产，可从唐代"诗仙"李白（701—762）的《黄葛篇》中"此物虽过时，是妾手中迹"两句中得到印证。到了明、清时期，葛则多分布在长江中下游地区，如福建、广东等沿海地区，[3] 现在湖南、江西的夏布织造就是古代葛纤维利用的传承。

（2）**麻纤维**。根据《说文解字》的记录，在汉代中国麻纤维的利用大体有四类：大麻纤维、苎麻纤维、苘麻纤维、蕉麻纤维。

①大麻纤维（图2-2）。《说文解字》中有"麻，枲也。人所治也，在屋下""枲，麻也"从《说文解字》中是无法知道"麻""枲"是指大麻的，但《礼记·内则》中有"女子十年不出，姆教婉娩听从，执麻枲，治丝茧织纴组纻，学女事，以供衣服。"又有"又大麻有实者名苴，无实者为枲"。可知古时麻特指大麻。古时五谷中有"麻"，五谷中的麻是指大麻的籽，其后大麻茎的纺用被古人利用培育，培育出只长茎不长果实的品种，故"五谷"中的麻被稻取代。根据清代文字训诂学家段玉裁（1735—1815）的注释，可知"林"是大麻的果实之意，因为"萉"即是"黀"，"萉本谓麻实，因以为苴麻之名。此句疑尚有夺字，当云'治萉枲之总名'，下文云：'林，人所治也'可证，萉枲则含有实无实言之也。"

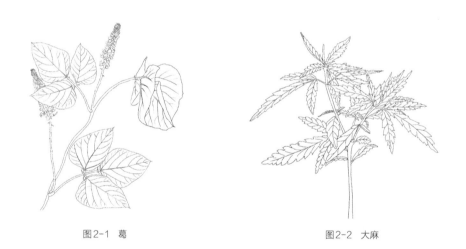

图2-1　葛　　　　　　　　　　　　　图2-2　大麻

关于大麻纤维的利用，《说文解字》有"绋，乱枲也""缊，绋也"。二者皆为乱麻之意，为大麻的一个乱的状态，这种状态到底有何用处？《礼记·玉藻》是这样解释的："纩为茧，缊为袍。"注曰："纩，新绵也；缊，今之纩及故絮也。"《礼记·玉藻》的注与《说文解字》中的解释有矛盾，笔者认为《说文解字》更有道理，因为《说文解字》衣部中有"以缊曰袍"，段玉裁认为"许丝絮不分新旧，槩谓之纩，以乱麻谓之缊"则能解释古代寒士所穿缊袍的大致情况，寒士以大麻乱絮作为袍服的填充物，以保暖，谓之缊袍。如果按《礼记·玉藻》注的解读，寒士如何负担得起。大麻纤维还有引火之用，《汉书·蒯通传》中有："束缊乞火。"唐代名儒颜师古（581—645）注曰："缊，乱麻。"段玉裁对乱麻的评价是："可以装衣，可以然火，可以缉之为索。"则表示"绋""缊"的乱麻可以用作衣服保暖的填充物、燃烧以及制作绳索。

关于大麻纤维的度量，《说文解字》中有"絜，麻一耑也。耑，头也。束之必齐其首。故曰耑""缪，枲之十絜也""绸，缪也"。"絜"即麻一束。从《通俗文》"束缚谓之絜"及《广雅》"絜，束也"可知。需要注意的是，"絜"是大麻纤维的度量，并不是大麻织物的度量，故"束"在此不是指五匹的度量。而"绸""缪"是指大麻纤维十束，"绸缪"是指紧密联系，由此引申而出缠绵之意。

②苎麻纤维（图2-3）。《说文解字》中关于苎麻的记录有"纻，檾属。细者为绖，布白而细曰纻""芓，艸也。可以为绳""绤，布缕也""繛，未练治繛也"。《广韵·卦韵》："林，麻紵。""纻"同"绖"，"绖"同"苎"。可见"林"是指苎麻纤维。"绤"也含有绤布的意思，指由苎麻加工处理后所织成的粗布。根据湖南澧县彭头山遗址大溪文化层壕沟中出土的粗麻编织物可知苎麻早在6000多年前就已开始使用。"东门之池，可以沤纻"是《诗经·陈风》中对苎麻的记载，也是最早的文献记载。段玉裁先生对"芓"的注解是："《文选·上林赋》亦作芧。芧者，芓之别字。"可知，"芓"属于苎麻一类，可以用来制作绳索。《史记》中有"繛，纻属，可以为布"，可知"繛"是指苎麻纤维。"繛"是指未经练治的苎麻缕，这也可从段玉裁关于"繛"的注中可知。

③苘麻纤维（图2-4）。《说文解字》中关于苘麻的记载有"檾，枲属。类枲而非枲""鑫，檾属"。檾类似大麻又不属于大麻一类。而"檾为枲类，又檾类也。"《广韵》引《字书》云："鑫，麻一絜也。"段玉裁对其进行注解："蒖即檾字之异者。今

图2-3 苎麻

图2-4 苘麻

之檾麻《本草》作苘麻。"❶由此可知，檾麻就是苘麻。《诗经》中对其有最早的记载，《周礼·天官》也有："掌布缌缕纻之麻草之物。"这里的草即葛藟之属，即檾。《说文解字》引《诗·卫风》曰："衣锦褧衣。"意思是在锦衣上面穿着麻纱做的单罩衣。苘麻最早发现于浙江余姚河姆渡遗址中出土的苘麻制的绳索，已有7000多年历史。而苘麻的服用价值并不高，春秋时期以前多用于制衣，现多用于制绳、造纸。[4]

④芭蕉纤维（图2-5）。古人认为其是麻的一种，显然这是错误的，这一点从《说文解字》中可见一斑。《说文解字》中关于蕉麻的记录有"蕉，生枲也"。清代段玉裁《说文解字注》（后文简称《段注》）记载："枲麻也。生枲谓未沤治者。今俗以此为芭蕉字。"根据段玉裁的注解，"蕉"是没有沤渍过的生麻。并且从"闽人灰理芭蕉皮令锡滑，缉以为布"可知，芭蕉是种植在闽南等较为炎热的南方地区，可用灰治法对芭蕉皮进行处理，使它变得光滑，然后绩成蕉布。成书于东汉末年的《异物志》中也有相关记载："其茎如芋。取，濩而煮之，则如丝，可纺绩也。"在清代学者李调元（1734—1803）的《南越笔记》中有："蕉类不一，其可为布者曰蕉麻，山生或田种。"这表明了蕉麻是在山中野生或在田里种植的。

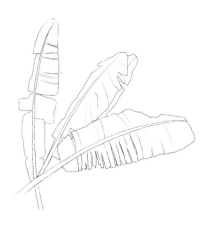

图2-5 芭蕉

（3）棉花纤维（图2-6）。《说文解字》中有："枼，枼梅也。一曰江南橦材，其实谓之枼。"仅凭《说文解字》我们是无法了解这句话的意思，而西晋文学家左思（约250—305）的《蜀都赋》中有相关信息可考"布有橦华"，所幸有西晋学者刘逵注解："橦华者，树名橦。其花柔毳，可绩为布也，出永昌（今云南西部）。"因此这里的"枼"则是橦树的种子，可推测为棉籽，因为这注解与考古发现从南方传入的棉花是树棉相印证。但刘逵的注解还是有问题的，因为棉花并不是花绩为布，而是种子纤维绩

❶ 段玉裁关于"苘麻"的注解有误，"苘"指贝母，其字与"苘"形似，故误写之。

为布。许慎关于树棉的形态解释还是相当正确的，他把树棉看成梅的一种，并认识到是果实开花的特征，其实他把棉桃开裂认为是开花是误解，但反倒证实了是树棉。但许慎关于"一曰江南橦材"这句话就让人迷惑了，这是不是说在东汉时期树棉已引入江南地区进行纺织生产了？显然这又与考古发现不符合，难道是许慎搞错了。笔者认为，许慎可能没有错，在东汉时期江南地区已经引入了树棉，只是作为观赏性的植物引入，因为从"楑梅"一词可得其引入主旨。之所以树棉在江南地区自引进一直到宋元时期近千年以来没有被纺用，主要是因为汉民族的消费习惯、传统纺织技术的技术惯性和"华夷之辨"思维等因素的影响。[5]

图2-6 棉花

2.关于非常用的植物纤维记录

关于非常用的植物纤维，由于古代纺用技术的落后，使其不具有经济效应，多被后世甚至今人忽略。自从屠呦呦获得2015年诺贝尔生理学或医学奖以来，中国传统文化中的一些技术信息愈发引起科技界、科技史界的重视。笔者对《说文解字》中的非常用植物纤维材料的整理，也可对现代纺纱技术有所启发。《说文解字》中非常用植物纤维材料有棕榈纤维、菅草纤维、蒯草纤维及蔍草纤维。这些纤维在各个不同时期都有一定的纺用，但由于各种因素，并没能成为我国的主流纺织用纤维。

（1）**棕榈纤维**。《说文解字》中关于棕榈纤维的记载有："椶，栟榈也。可作草。""栟"是栟榈树，即棕榈（图2-7）。根据《说文解字》艸部："萆，雨衣，一名衰衣"，以及《段注》中提到的张揖（东汉，古汉语训诂学者）对《上林赋》注解："栟榈，棕也，皮可以为索"，[6]可知棕有做雨衣及制绳之用。南朝成书的《玉篇》有："棕榈一名蒲葵"，[7]按《南方草木状》的记载："蒲葵如栟榈而柔薄，可为葵笠。"[8]可知蒲葵与栟榈不是同一物，蒲葵像棕榈，但比其更加柔软、单薄。段玉裁对其注解："谢安之蒲葵扇，今江苏所谓芭蕉扇也，棕叶缕析，不似蒲葵叶成片可为笠与扇。"从中便可知，东晋时期的蒲葵扇即清代江苏地区所说的芭蕉扇，由棕榈叶经过处理后编织而成，不似蒲葵扇由整片叶子所制。而蒲葵与栟榈同属棕榈科，长相较为相似，笔者猜测在古代蒲葵与棕榈的功用大致相同，多用来制作雨具、扇和绳索。

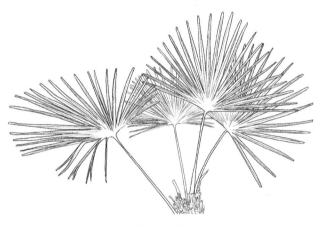

图2-7　棕榈

棕榈叶扇的制作方法分两种。第一种是从棕榈树上割下一片棕叶，随后沿着叶子边缘，裁剪成圆形，去除刺角，在边缘处用软篾片包住，用针线进行缝合。这样能防止扇子破边，使扇子牢固且结实。最后再把棕榈叶的叶柄打削光滑，留存10厘米左右的叶柄将其做成扇把（图2-8）。第二种是经过特殊处理的制作更为精致的编织扇子。制作前首先要备料，新鲜的棕叶要先经过煮、漂、烫、晒，才能变成白色的棕扇叶料，保证编织时的柔韧性。随后需要剖开棕叶，剔除棕叶的叶骨，并把每一把扇料叶撕一半为纬，留一半作经。然后是进行编织，需要根据棕芯的长短编织成不同尺寸的圆扇，编织时需要注意紧密度，扇面纹路清晰。随后将做好的毛扇进行收边、修剪。最后将竹签的头部削得扁而尖，并将其插入扇子正面中心部位纬叶的2/3处，这样能增加扇子的硬度，使扇出的风力较大。最后留出10厘米左右的竹签作为扇柄，在其周围编织成交叉形花纹状的棕叶，至扇子下缘，并将叶尖与扇子串联镶嵌牢固，这样才算做好了一把棕叶扇（图2-9）。

 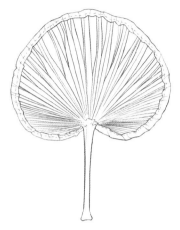

① 修剪叶子边缘，裁剪成圆形，去除刺角

② 边缘处用软篾片包住，用针线进行缝合。叶柄打削光滑

图2-8 制扇方法一

① 撕开未开叶的新鲜棕叶

② 煮、漂、烫、晒后变成白色棕扇叶料

③ 将处理后的棕叶进行编织

④ 将做好的毛扇进行收边、修剪，完成成品

图2-9 制扇方法二

（2）**菅草纤维**。《说文解字》有："菅，茅也"及"茅，菅也。"[9]《诗经》中除记载大麻与苎麻外，也有对菅草（图2-10）的记载"东门之池，可以沤菅"。[10]《尔雅·释草》有："白华，野菅。"[11]《毛诗故训传》对其进行补充："白华，野菅也，已沤为菅。"[9]73便可看出，这里的"菅"是指沤过的白茅。陆玑（三国吴学者）评价"菅"："菅，似茅而滑泽"，[12]并且根据《段注》："按统言则茅、菅是一，析言则茅与菅殊。"许慎这里将"菅""茅"统一训释，表明二者为一类。而菅与茅长相相似，但不是同一种植物，笔者认为能够用来纺用的应是菅，因其相对文献记载更多。《尔雅注疏》还有"柔韧宜为索，沤乃尤善矣"，[13]则表明菅可以用来制作绳索，且沤渍后的质量更佳。菅草纤维还用于制作搭配丧服所着的鞋，《仪礼》有"菅屦者"，贾公彦

疏："菅屦者，谓以菅草为屦。"[14]《新定三礼图》中也有对菅屦的图文（图2-11）。[15]

图2-10　菅草

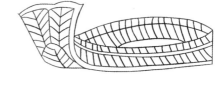

图2-11　宋《新定三礼图》菅屦

当前服装产业虽然已几乎不再使用菅草纤维制作服装，但菅草仍有很大的利用价值。菅草含有大量半纤维素、木质素及纤维素，有研究人员对菅草的综合利用进行研究，以保护环境、提高资源利用价值为目的，探索一条利用菅草资源的新途径。[16]

（3）蒯草纤维。《说文解字》："蒯，艸（草）也。"[9]82 "蒯"即是蒯草（图2-12）。《左传》引《诗经》有"虽有丝麻，无弃菅蒯"，[17]可知在《诗经》收录的春秋中期菅、蒯仍在服用，并且没有因为丝麻的使用而被弃用。这是什么原因呢？笔者认为菅、蒯的纤维获取比丝麻要容易、制作工艺比丝麻要简单，但其服用性比丝麻差。

图2-12　蒯草

丝的制作工艺比较复杂，历朝历代丝织品都是奢侈品的代表，在春秋时期麻的纺织生产效率也不高，相对来说并不是所有老百姓可以随便服用。因此，给菅、蒯这两种纤维的服用提供了消费空间。但是到了西汉时期，随着麻的生产和纺织技术不断提高，麻纤维越来越普及，将菅、蒯纤维挤出了服用纤维。所以在《史记》中有"蒯缑""言其剑无物可装，但以蒯绳缠之，故云蒯缑也"，[18]即是用蒯绳缠结剑柄，蒯草纤维已由服用纤维转变为普通常用纤维（图2-13）。当前，蒯草纤维多用于长江流域的草制工艺品的开发与利用。[19]

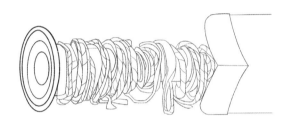

图2-13　蒯缑

（4）蔍草纤维。《说文解字》："苞，艸也。南阳以为粗履。"[9]84"苞"即是蔍草（图2-14），南阳一带用其来编织草鞋。根据《曲礼》的"苞屦，扱衽，厌冠，不入公门"，[20]《礼记》注解："苞，蔍也，齐衰蔍蒯之菲也。"[21]可知苞屦是凶服的一种，比绳履低一等，是夫为妻、母为长子、男子为伯叔父母、已嫁女子为父母等服丧时所穿着的鞋子。[22]《后汉书》记载："虞虽为上公，天性节约，敝衣绳履。"[23]绳履

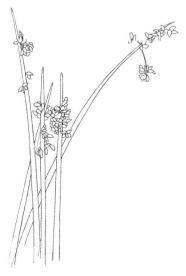

图2-14　蔍草

即是草鞋，是用两股以上的棉麻纤维或棕草等拧成的条状物制成的鞋子（图2-15）。当前，蓑草作为耐盐植物主要用于我国湿地生态相关方面的研究。[24]

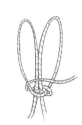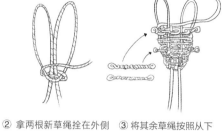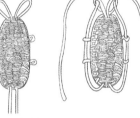

① 固定绳子，　② 拿两根新草绳拴在外侧　③ 将其余草绳按照从下　④ 按照顺序继续编　⑤ 完成
将其绷紧　　　　草绳环上，并一起进行编织　　向上的顺序编织　　织至符合脚的尺寸

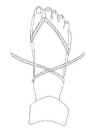

⑥ 拉住左右两边绳子后，在脚踝、脚后交叉，脚前打结

图2-15　绳履制作流程及穿法

二、关于蚕丝纤维的记录

除植物纤维以外，中国古代最具特色的纤维材料是蚕丝纤维。由蚕丝织造而成的纺织品被称为丝绸，中国是世界上最早开始养蚕、缫丝和织造丝绸的国家，目前出土最早的丝织物是河南荥阳青台村仰韶文化遗址中发现的距今5600多年的碳化了的丝麻织品，表明早在新石器时代我们的祖先就已开始缫丝织绸了。中国丝绸最大的贡献就是开启了世界历史上第一次东西方大规模的商贸交流——"丝绸之路"，这也表明了丝对促进我国经济、社会发展的重要性。《说文解字》中系部有很多关于蚕丝纤维的信息，而学术界对这方面的系统整理很少，本节主要对蚕丝纤维及其材料特性的相关文字进行整理。

1. 蚕茧

《说文解字》中有："蚕，任丝虫也"，《段注》有："言惟此物能任此事。美之也"，表示只有蚕能吐丝。"茧，蚕衣也"，[25]是蚕所依托的丝壳。《段注》有："衣者，依也。蚕所依曰蚕衣。蚕不自其衣，而以其衣衣天下，此圣人之所取法也"，意为蚕用其丝帮助天下之人有衣可穿，这是古代先人取蚕衣之意的缘由。然而事实上真正为天下百姓所服用的纺织纤维应是葛、麻、棉。葛是中国已知的最早用于纺织的纤维，麻纤维在宋时需求量极大，随着宋元时期之后棉花的普及，从而导致麻纤维服用地位逐渐下降。丝织物由于其产量不高，因此具有一定身份和地位的人才能穿用，这与段玉裁所说的"衣天下"相悖，因此笔者认为此注是有误的。关于蚕的信息，最早可追溯到浙江余姚河姆渡文化遗址出土的牙雕蚕纹盅木质蝶形器（图2-16），表明了先民对蚕的图腾崇拜。[4]18而后蚕崇拜逐渐转化为丝崇拜，直到在河南荥阳青台村仰韶文化遗址中出土的距今5600多年的碳化了的桑蚕丝丝麻织物，才表明古代先人已开始用蚕茧进行丝织生产。

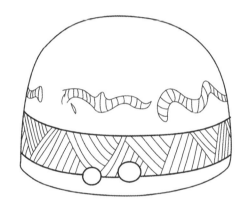

图2-16　浙江余姚河姆渡文化遗址出土的牙雕蚕纹盅木质蝶形器示意图

2.蚕丝纤维

蚕丝是最早被人类利用的动物纤维之一，是由蚕分泌的丝液凝固而成的连续长纤维，主要由两根单纤维和丝胶组成（图2-17）[26]。《说文解字》中关于蚕丝纤维的记载有"丝，蚕所吐也""纯，丝也"。《段注》引用《论语》："麻冕，礼也，今也纯，俭。"且注有："此纯之本义也，故其字从丝"，表示"纯"原义乃蚕丝之意。[27]当前很多《论语》注释本对此段话的解释为"用麻做礼帽是符合礼节的，如今用丝料作礼帽是省工的"，但是麻线比丝线粗，何来费工一说？麻冕乃是周代重要的祭祀礼帽，西汉孔安国（前156—前74）注有："绩麻三十升布以为冕"，这里的"升"是中国古代对织物精密程度的表征。东汉郑玄注《仪礼》："布八十缕为升"[28]因此只需比较三十升麻布与三十升丝织物的费时程度即可。李强以汉幅50.6厘米为例，计算出要达到三十升的织物就要求每根纱线的直径为0.21毫米，这种规格对制成麻缕来说比丝线要难得多。[29]

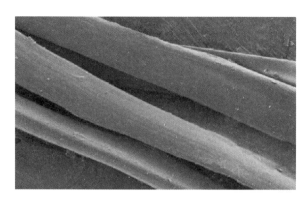

图2-17　已脱胶的蚕丝纤维表面扫描电子显微镜照片

　　而如何在蚕茧中抽出蚕丝，则需要先找出丝的头绪。王祯《农书》中记载了南缫车图（图2-18），图中描绘了一人烧柴，一人缫丝的场景。缫丝盘中悬挂着数个蚕茧，缫丝之人正进行找丝之头绪的操作。[30]《说文解字》有："绪，丝耑也""纪，别丝也""统，纪也"，即丝的两端是不同头绪的意思。《天工开物》记载："凡茧滚沸时，以竹签拨动水面，丝绪自见"[31]，则描述了在缫丝工艺中找丝的头绪这一工序。《段注》中记载："抽丝者得绪而可引，引申之，凡事皆有绪可缵"，只有先找出头绪才能进行下一步操作，因此绪也由丝头引申为头绪、开端等意。关于"统""纪"，《段注》有："别丝者，一丝必有其首，别之是为纪。众丝皆得其首，是为统。统与纪义互相足也。"这里许慎没有将"统"与"纪"进行差异辨析，"统"与"纪"意思相近，单条丝线首尾清楚即是"纪"，众丝皆首尾条理即是"统"。[32]除此以外，《淮南子》中也有记载："茧之性为丝，然非得工女煮以热汤，而抽其统纪，则不能成丝。"[33]《礼记》有："众之纪也。纪散而众乱。"[34]这些则表示抽丝绪工序在缫丝工艺中的重要性。

图2-18　王祯《农书》中的南缫车图

蚕丝有生丝熟丝之分，缲丝时由多根蚕丝抱合在一起缲制而成的长丝通常称为生丝，生丝经脱胶处理后则成为熟丝。生丝由多根茧丝构成，每根蚕丝由两根单丝构成，每根单丝由两根丝素蛋白构成，每两根单丝外面包被着丝胶蛋白，从而构成一根蚕丝。熟丝主要由丝素蛋白组成。[35]《说文解字》记载："绡，生丝也"，段玉裁对该字的注解是："生丝，未涷之丝也。已涷之缯曰练，未涷之丝曰绡，以生丝之缯为衣，则曰绡衣。"这里的"涷"在《说文解字》水部有所记载："涷，缩也"，即是像淘米一样练丝的意思。这里没有涷过的丝则叫作"绡"，由生丝织成的缯帛制成的衣服叫作绡衣。绡衣为祭服，《仪礼》有："主妇绵笄宵衣"，[36]"宵"同"绡"，注有："宵，绮属也，此衣染之以黑，其缯本名曰宵，《诗》有素衣朱绡，《记》有玄绡衣。凡妇人助祭者同服也。"[37]可见，绡也有缯名之意，并且早在西周时期就有用绡制成的衣服（图2-19）。[38]

图2-19　宋《新定三礼图》宵衣

3.线缕

　　线缕是由两根或两根以上的丝线合并而成的股线。《说文解字》有："线，缕也""缕，线也""绣，缕一枚也""绶，线也"，即线缕是用丝麻织成的细长物。"线"在《周礼》"缝人掌王宫之缝线之事"中原本是布缕之意，引申下来丝也称线缕。除此以外，"绶"还特指缝衣线，《诗经》有："贝胄朱绶"[39]，即用朱红色线把贝壳缝缀在头盔上。《礼记》有："禫而纤"，"纤"同"缦"，注有："既祭乃服禫服朝服、缦冠"，郑玄曰："黑经白纬曰缦。"[40]这里的"缦"则是丝织品的含义了。"线、缕、缦、纮"不分生熟，《说文解字》中关于生丝线的记载有："繠，生丝缕也"。《段注》："生丝为缕也。凡蚕者为丝，麻者为缕。丝细缕粗，故纠合之丝得称缕。"因此，"繠"即是由两根或两根以上的没有涑过的丝合并制成的细长物。比丝粗的叫"缕"，比缕粗的叫"绺"。《说文解字》有："绺，纬十缕为绺"，表示纬线由十根丝麻组合在一起叫一绺。《段注》记载："此亦兼布帛言之也。许言缕不言丝者，言缕可以包丝，言丝不可以包缕也"，表示缕比丝粗，缕之意包含了丝之意。此外，《说文解字》还有"纑，一曰缕十纮也"。关于"纮"，《段注》有："纮者，冠卷，非其义。疑当作总。总者，谓布缕之数。八十缕为一总，即禾部之稯，《礼经》之升也。"并引《汉律》："绮丝数谓之纮，布谓之总。"从注解中可知"纮"并非冠卷之意，应是指织物的精密程度，即织物的幅宽上有八十根经纱。便可推测"纑"则表示十升布的精密程度了。

线缕相织能够织成织物，《说文解字》中记载了纺织品中与纱缕相关的字。其中，描述经纱与纬纱的有："经，织从丝也""纬，织衡丝也""绰，纬也"。"经"即是织物的纵线，"纬""绰"是织物的横线，也就是现在的经线与纬线。根据《段注》："织之从丝谓之经，必先有经而后有纬，是故三纲、五常、六艺谓之天地之常经"，"从"通"纵"，表明了织布的步骤是先有纵向的经而后有横向的纬。经在轴，纬在杼，经纱与纬纱相互的空间关系共同构建了织物的结构。除经纬以外，《说文解字》中还有统称为机缕的字，"纴，机缕也""综，机缕也"。虽然许慎对二者的训诂都为机缕，但其本义上还是有很大的不同。根据《段注》对"纴"的注解："蚕曰丝，麻曰缕。缕者，线也，线者，缕也，《丧服》言缕若干升。《孟子》以麻、缕、丝、絮竝言。皆谓麻也。"《丧服》将缕定义为若干升的麻线，《孟子》将麻、缕、丝、絮统称为麻，而段玉裁注解："然亦有麻丝竝言缕者，机缕是也。机缕，今之机头。"许慎所言的机缕则是麻与丝的统称，机缕在清朝指织布机上布帛开头的纱缕。此外，"纴"也有缯帛之意，可见于《礼记》："执麻枲，治丝茧，织纴组紃"，注有："纴，缯帛之属"。[34]334"综"在许慎的解释中是"机缕也"，结合"纴"不难让人认为是纱缕之意。但是在《段注》中有："玄应书引《说文解字》：'机缕也，谓机缕持丝交者也'，又引《三苍》：'综，理经也，谓机缕持丝交者也，屈绳制经令得开合也'"，这里《三苍》的解释更为具体，意为织布机上持带着经线并使之交错开合而穿梭的部件，即是综线。而《列女传》有："推而往，引而来者，综也。"[41]那么要做到推与引，综线上一定有杆，因此《列女传》中的综应是综线和综杆，也借此比喻纺织操作像指挥守城军队一样。因此这里许慎仅将"综"解释为"机缕也"应是不严谨的。织物有机头，就有机尾，《说文解字》记载："缋，织余也。一曰画也。""缋"有二意，其中一意织余是指机尾。根据《段注》："织余，今亦称为机头，可用系物及饰物"，表明"缋"在清朝已是代表纺织品的头尾之意。

4.蚕丝纤维材料特性

笔者在整理文字时发现大量描述蚕丝纤维特性与状态的形容词、名词，这些属性的字词被运用于现代各类语言词汇中，绝大多数已脱离其原本含义。其中，表述丝纤维等级的有："级，丝次弟也""纥，丝下也"。"级"本义指丝的等级，后引申为等次、等级，《段注》有："本谓丝之次第，故其字从糸。"关于"纥"，有："谓丝之下者也"，即表示下等的丝。

除此以外，《说文解字》中含有大量描述丝纤维粗细的字："糸，细丝也。象束丝之形""绵，微丝也"。二者皆为细丝之意，糸取自其象形字（图2-20），是像一束丝的样子。《段注》有："丝者，蚕所吐也。细者，微也。细丝曰糸。"《穀梁传》有："改葬之礼，緦。举下，缏也"，[42] 这里的缏则引申为绵邈之意。此外《说文解字》中还有不直接描述丝之细的字："细，微也""纤，细也""绌，氂丝也"。《尚书》有："厥篚，玄纤缟"，[43] 意思为用竹筐装的纤细黑缯和白缟，郑注："纤，细也"。[44] "氂"同"牦"，"绌"即牦牛尾的细毛，根据《段注》："氂丝者，犛牛尾之丝至细者也，故次于纤细二篆后。"由于牦牛毛像丝之纤细，因此该字在《说文解字》中的位置在"纤""细"两字后，从其引申之意看出描述其像丝一样微、细。《周书》有："惟绌有稽。"《贾谊新书》有："旄如濯丝"，[45] 且《段注》有："旄同绌，言细如濯丝也"，表示旄牛毛细得像光亮的丝。关于粗丝的记载有："绪，大丝也"。

图2-20 《说文解字》中"糸"的象形字

《说文解字》中描述丝之杂乱的字有："縒，参縒也""缩，乱也""紊，乱也""缔，结不解也""燃，丝劳也""寻，绎理也。从工口，从又寸。工口，乱也""累，缀得理也"。以上七字皆表示丝的杂乱或有条理之意。关于"縒"，《段注》有："《集韵》《类篇》皆引《说文解字》参縒也，'谓丝乱貌'。"《韵会》也引《说文解字》："参差，丝乱貌"，现在人们也通过用丝杂乱的样子来形容事物的杂乱。"缩"一字多义，《段注》引《通俗文》："物不申曰缩"，注："不申则乱，故曰乱也。"《礼记》有："古者冠缩缝"[21]69，《孟子》记载："自反而缩"[46]，这里的"缩"则是直之意。关于"綷"，《尚书》有："有条而不紊。"[43]57"缔"根据《段注》有："下文曰：'纽，结而可解也'，故结而不可解者曰缔"，表示丝结在一起杂乱的样子。"纍"根据《段注》谓："缀者，合箸也。合箸得其理，则有条不紊，是曰纍。"则描述了丝之相连而有条理的样子，与乱相反。

描述丝之不均匀的字有："纅，不均也"，但无具体描述是丝的粗细不均还是长短、品质等不均。描述缠丝松紧的字有："紧，缠丝急也"，表示缠丝紧急的状态。松与紧相对，描述丝宽缓的字有："緈，缓也""纾，缓也""绌，缓也""纵，缓也""纾，缓也""緛，緈也""缘，偏缓也"。这里笔者认为这些字除描述丝之松缓的状态外，大多还运用于纺织操作中，如缠丝、络丝等。关于"纾"，《段注》记载："缓当作绥。"《玉篇》纾下曰："纾，绥也。"这里段玉裁将"纾"解释为绥带一类，表示"纾"有两义。关于丝的平直度，《说文解字》有："绎，直也"，即表示丝直的样子。此外，《说文解字》记载有关于丝之劳损破败的字："给，丝劳即给""然，丝劳也"，《段注》有："丝劳敝则为给。"

在缲丝过程中，往往会发现丝中存在残渣、死结，在《说文解字》中描述该物质的字有："纸，丝滓也""絓，茧滓絓头也""颣，丝节也""结，缔也""绺，结也""纍，或以为茧。茧者，絮中往往有小茧也""缫，牾颣也"。以上七字皆有丝的结头、结巴之意，去除死结、丝滓的操作则属于络丝工艺。关于"纸"，《段注》有："滓，淀也，因以为凡物渣滓之称"。关于"絓"有："谓缲时茧丝成结，有所絓碍，工女蚕功毕后，别理之为用也。"关于"颣"《段注》有："者，竹约也，引申为凡约结之称。丝之约结不解者曰颣。"《淮南子·汜论训》有："明月之珠，不能无颣。"[33]146可知"颣"还引申为瑕疵之意。《说文解字·日部》的"纍"有："或以为茧。茧者，絮中往往有小茧也。"《段注》对其注解："必释之者，此茧不同系部训蚕衣之茧也，亦蚕衣之义之引申也。"这里"茧"不是蚕茧之意，应是指丝绵中的小丝结。"缫"根据《段注》："牾训角长，引申为凡粗长之称。丝节粗长谓之缫"，意为粗长的丝节。

关于丝的离散度，《说文解字》有："纰，楲丝也"，意为分散、松散的丝。关于丝湿度的字有："纳，丝溼纳纳也"，《段注》有："纳纳，湿意。"《九叹》有："衣纳纳而掩露。"王逸注："纳纳，濡湿貌也"[47]。可知纳表示丝湿润润的样子，笔者推测该字多用于缲丝，以及练丝这类会接触水的操作工艺中。关于描述丝之色彩的字有："绤，丝色也"，《段注》记载："谓丝之色光采灼然也"，即表示丝色彩鲜明的样子。关于丝之绵长状态的字有："联，连也。从丝，丝连不绝也""纞，一曰不绝也""纵，丝曼延也""縣联，微也"。"联"从丝，表示丝缕连绵不绝的样子，"纞"从丝会意，有连续不断之意。"缦"根据《段注》："曼延叠韵字。曼，引也。延，行也。缦之言网也"，描述了丝逐渐曼延开来的样子。"縣"根据《段注》："联者，连也。微者，眇也。其相连者甚眇，是曰縣。引申为凡联属之称。"以上四字皆表示丝缕不绝、连续不断之意，也从侧面表示丝的长度很长。从这些字也看出了丝具有缠绵连结的特点，所以丝的意象也被用来表述人们之间的情感，如"缲丝忆君头绪多"等。

三、关于毛和皮的记录

动物的毛、皮是人类最早使用的重要的纺织材料。远古先民通过狩猎，从动物身上直接剥取下来的毛皮叫"生皮"，经过不同方法鞣制加工后，带毛的称为"裘"，无毛的则叫作"革"，毛纤维也大量运用于人们的日常生活中。《说文解字》中记载了大量毛纤维的处理方式，以及皮革的种类、处理方式、服饰制品和制革工匠等信息。

1.毛的相关信息

棉、麻、毛、丝四大纺织材料中，毛具有吸湿透气、保暖蓬松、柔软细腻的特点，且其采集方式相对便利，因此其加工工艺成为古代先民最早学会和掌握的一种织造技术。《说文解字》中记载的毛纤维相关信息相较于皮革来说并不多，但并不意味着其使用就少。由于中国古代毛纤维的使用与出土主要集中在干燥少雨的西北地区，相较于中原地区的丝、麻纺织工艺，并没有在全国范围内大面积地广泛使用。《礼记》记载："西方曰戎，被发衣皮，有不粒食者矣。北方曰狄，衣羽毛穴居，有不粒食者矣。"[34]153 表明了西北少数民族对毛、皮制品的运用情况。特别是在新疆出土的汉晋时期纺织品中，毛织物占了相当大的比重，最早的毛纤维实物出土于甘肃永昌鸳鸯池新石器时代29号古墓。关于毛纤维的利用较早的文献记载于《尚书》，如"岛夷皮服""织皮昆仑、析支、渠搜"等。[48]

《说文解字》中所记载的毛纤维相关文字主要集中在毛部与糸部。毛纤维的加工工艺主要为制毡，"氊，撚毛也。""撚"在《说文解字·手部》有："撚者，蹂也。"《段注》有："撚毛者，蹂毛成氊也。"且《周礼》记载："共其毳毛为氊"，[49]因此可知"氊"是揉压毛而制成毡席的操作。该操作即是制毡，制毡工艺简单便捷，非常适合牧民逐水草而居的生活方式。制毡前需要弹毛，通常是将毛纤维平铺在皮张上，用木棍进行抽打使其均匀蓬松，后进行加湿、加热使其毛层缠结在一起，聚集为毛毡。直到今天，蒙古族、哈萨克族、藏族等少数民族依旧用古法制毡。

关于毛织物《说文解字》有："罽，以毳为绋，色如麘。故谓之罽。"《诗经》记载："毳衣如罽。"《段注》有："毳，兽细毛也。绋，西胡毳布也。"且《周礼》有："毳毛，毛细缛者。"因此"氍"即是用兽的细毛编织而成的西胡的氍布。《段注》有："氀者，兽细毛也，用织为布，是曰缛。亦假氀为之。"可知其是西域各少数民族用兽细毛织成的织物，"氀"是其通假字。作为我国西域少数民族的特产，自西汉时期以来，氀与锦并称，汉代的一张氀甚至价值几万钱。《逸周书》有："伊尹为四方献令，正西昆仑诸国，请令以丹青、白旄、纰氀、江历、龙角、神龟为献。"[50]表明了其价值不菲。与"缛"同为毡织品的还有："纰，氐人缛也。"《段注》有："氐人所织毛布也。《周书》伊尹为四方献令，正西以纰氀为献。《后汉书·西南夷传》冉駹夷能作毞毲，毞即纰也。"由此可知，纰即是氐族人所织的毛织物。

由毛织物所制成的服装叫作"褐"，《说文解字》有："褐，编枲袜。一曰粗衣。"《孟子》："许子衣褐。"赵注《孟子》有："褐以氀织之，若今马衣者也。或曰枲衣也。一曰粗布衣。"[51]《段注》有："按，赵云以氀，与《邠风》郑笺云'毛布'合。"结合《诗经》："无衣无褐，何以卒岁。"郑玄笺："褐，毛布也。"《史记·廉颇蔺相如列传》："从者衣褐。"[52]可知"褐"即是用兽毛或粗麻织成的衣服。

2.皮革相关信息

《说文解字》中关于皮革的记载主要表现在皮革种类、皮革制品及制作皮革的操作，其主要应用在车马、兵器、服饰和日常生活方面。皮革是动物毛皮经过不同加工处理后形成的具有不同特性的革制品材料。从旧石器时代的山顶洞人遗址出土的骨针充分证明了早在距今两万年前，远古先民就已经对皮革进行加工，利用兽皮缝制衣服了。

（1）**皮革种类**。由于加工方式的不同，皮革有不同的种类。徐锴《说文解字系传》有："生曰皮，理之曰革，柔之曰韦"[53]，即三种不同处理方式所获得的皮料。"皮，剥取兽革者谓之皮。凡皮之属皆从皮。"《段注》有："剥，裂也，谓使革与肉分裂也。云革者，析言则去毛曰革，统言则不别也。云者者，谓其人也，取兽革者谓之皮。"《韩非子》有："禽兽之皮足衣也。"[54]"皮"即是带毛的兽皮，统言则与"革"为一义。析言有："革，兽皮治去其毛曰革"，即说明革是兽皮经过加工除去其毛后的产物。《周礼》有："掌秋敛皮，冬敛革。"[49]14这表明古人在秋季剥皮，冬季进行去毛加工得到革。"韦"即"韋"，《说文解字》有："兽皮之韋，可以束物枉戾相韦背。"《楚辞》有："将突梯滑稽，如脂如韦"[55]，即说明"韦"是去毛鞣制后的熟皮，相比于其他两者穿着的舒适度相对提高。

此外还有"鞹，革也"，《论语》有："虎豹之鞹"，[56]注有："皮去毛曰鞹。"《广韵·入声·铎韵》有："鞹，皮去毛。"《文心雕龙·情采》有："虎豹无文，则鞹同犬羊。"[57]"鞹"与"革"同义，即去除毛的兽皮。

"革"之间还有区别，较柔软的革为"鞄，柔革也。"《段注》有："柔当作鞣。上文云：'柔皮之工'，谓治之使柔，此云柔革，谓革之柔臭者也"，即是进行鞣皮加工后更为柔软的皮革。鞣制过的质地更为柔软的皮革为鞄。鞣制成熟且风干的皮革为"靬，干革也。"

革通常无花纹，有花纹的叫作"鞼，革绣也。"[58]《国语·齐语》有："轻罪赎以鞼盾一戟"，注有："鞼盾，缀革有文如绩也。"因此"鞼"即是有文采的皮革之义。

（2）**皮革制品**。皮革作为社会生产生活中的一种重要材料，在东汉时期皮革制品制作工艺已经非常精湛。《说文解字》中所记载的纺织服饰类的皮革制品主要有服装、革带、鞋等。服装相关字有："裘，皮衣也。"《周礼》有："掌为大裘"，汉代郑司农注："大裘，黑羔裘，服以祀天。"[59]《段注》有："裘之制毛在外。"由此可知裘皮即是毛在外，皮在里的一种服装。"鞼，裹也。"《段注》有："表其毛而为之里附于革也。"且其引《诗经》："羔羊之皮，素丝五纮。"[60]注："皮言其表也。""羔羊之革，素丝五緎。"注："革言其里也。""羔羊之缝。素丝五总。"注："合言其表里也。其里之所用未详。"从中可知"鞼"即是裘皮服装的里层，即革一类。此外还有"緎，羔裘之缝也。"与《诗经》："羔羊之革，素丝五緎"的"緎"为一意，且传曰："革犹皮也。緎，缝也"[61]，即缝之意，可知"緎"即是羊羔皮所制衣的接缝。"裘，上衣也。从衣毛。古者衣裘，故以毛为表。"《段注》："上衣者，衣之在外者也。"可知古时候穿裘，有毛的一面为外衣的表面。

皮革裤装有："翴，羽猎韦绔。"王筠《说文释例》有："此或即今之套裤，有衩无腰者也。"翴，即古人打猎时所穿的皮裤。

除上下装以外，还有相关皮革服饰配件的记载，如革带："鞶，大带也。《易》曰：'或锡之鞶带。'男子带鞶，妇人带丝。"《段注》有："鞶，革带也，故字从革。"《礼记·内则》有："男鞶革，女鞶丝"，注有："鞶，小囊，盛帨巾者，男用韦，女用缯。有饰缘之，则是鞶。裂与《诗》云'垂带如厉'，纪子帛名裂缯，字虽今异，意实同也。"因此，"鞶"即是革带之义。此外还有"韠，韨也。所以蔽前者，以韦，下广二尺，上广一尺，其颈五寸。一命缊韠，再命赤韠。"《诗经》有："庶见素韠兮"[60]131，韠即是古代朝服的蔽膝，以皮制衣。还有"韝，臂衣也"，即是古代射箭时戴的皮制臂套。

古人的鞋通常是由皮革所制，《说文解字》对其相关记载有："鞮""靸""鞮""鞜""鞵""鞾""鞥""靬"。"鞮，履空也"，《段注》："小徐曰：'履空犹履殼也。'按，空、腔古今字，履腔如今人言鞋帮也。"《吕氏春秋》有："南家工人也，为鞮者也。"[62]东汉高诱注："鞮，履也，作履之工也。""鞮"即指古代的鞋帮。现代的陇东、关中等地方言中仍有使用"鞮"来指在鞋面上覆盖的一层布面。[63]"靸，小儿履也。"《释名》有："䩕，韦履深头者之名也"[64]，䩕即是皮制的儿童鞋。"鞮，革履也。胡人履连胫，谓之络鞮。"《周礼》注有："鞮鞻，四夷舞者所扉也"[59]263，即是西域少数民族舞者所穿的皮鞋。"鞅，鞅鞅沙也。"《段注》有："谓鞅之名鞅沙者也"，即是皮鞋中名叫鞅沙的靴子。"靸，靸角，鞮属。"《方言》有："禅者谓之鞮，丝作之者谓之履，麻作之者谓之不借。粗者谓之屦，东北朝鲜洌水之间谓之靸角，南楚江沔之间总谓之粗，西南梁益之间或谓之屦，或谓之䇶。履其通语也。徐土邳圻之间，大粗谓之靸角。"[65]《急就篇》注有："印角，形若今之木履而下有齿"[66]，结合"鞮属"可知其乃是类似木屐齿的皮鞋。此外还有"鞵，鞮属"，同属于皮鞋一类。

以上鞋子种类未注明有生熟皮之分，但有"鞙，生革鞮也"，即是生皮革制的鞋子。除鞋以外，还有补鞋底的操作，即是"靪，补履下也。"鞋上的部件有"靲，鞮也。"《玉篇》有："靲，鞻也"，即是皮制的鞋或皮制鞋的鞋带。鞋中的部件："鞗，履后帖也。"《段注》有："凡履跟必帮帖之，令坚厚，不则易敝"，即是鞋后跟的帮贴。古人所穿的袜："韤，足衣也。"《段注》引《左传》："褚师声子韤而登席"，并注："谓燕礼宜跣也"，即古人脚上穿的袜子。皮革制品中存在的褶皱也有专用字："鞶，革中辨谓之鞶。"《尔雅·释器》有："革中绝谓之辨"，注有："中断皮也""革中辨谓之鞶"。《段注》："衣部襞下云'韏衣也'，衣襦，古曰韏，亦曰襞积，亦曰缞，然则皮之绉文韏韏者曰鞶何疑。"

（3）**制革操作**。以上精美的皮革与皮革制品的存在记录表明当时已有较成熟的脱毛制革方法。关于治理皮革的操作有："鞣，奘也。"韩愈《曹成王碑》有："大鞣长平"[67]，即是鞣制皮革之意，使生皮成为柔软的熟皮地操作，因此其也有柔软之意。"鞨，柔韦也。凡鞨之属皆从鞨。"《段注》有："柔者，治之使鞣也；韦，可用之皮也。""㪅，柔皮也。"《周礼》有："革欲其荼白，而疾澣之，则坚；欲其柔滑，而腥脂之，则需。"[59]98《广雅》有："㪅，弱也。"王筠《说文句读》有："叉、又皆手，乃柔皮之工之手也。"因此可知其为使皮革柔软之意。[68]

皮革的染色不同于普通的纺织纤维，其专用字有："靺，茅蒐染韦也。一入曰靺。"《玉篇·韦部》有："靺，茅蒐，染草也。"因此"靺"即是用茅蒐染熟皮的操作。染色必碰水，而长时间浸泡在水中会使皮革组织受到破坏。《说文解字》也有相关字："霏，雨濡革也"，即是指皮革被雨水浸湿而隆起的样子。

（4）**制革工匠**。除皮革制作的字以外，《说文解字》还有相关工匠的记载："鞄，柔革工也。"《周礼》有"攻皮之工：函、鲍、韗、韦、裘。柔皮之工鲍氏。"[59]93《段注》有："许云'鲍即鞄'者，谓《周礼》之鲍，即《仓颉篇》之鞄，鞄正字，鲍假借。"因此，"鞄"即治理皮革的工人。

第二节 | 《说文解字》中植物纤维的纺织 工序记录

　　《说文解字》中有大量描述植物纤维处理工艺的字。植物纤维是我国古人最早用于纺织的材料，在人们有意识地种桑养蚕、纺纱织布以前，原始先民通过采葛种麻获得纺织品原料。尽管中国古代丝织技术代表了中国古代纺织技术的巅峰，但植物纤维的纺用和织造仍是丝织技术的基础。由于蚕丝的产量不高，且生产成本高，因此只有具有一定身份和地位的人才能穿用。并且由于葛麻纤维的需求量大，种植比较普遍，故葛麻纺织业远盛于丝纺织业。笔者根据植物纤维操作工序的不同进行分类撰写，整理《说文解字》全文，发现与其相关的字共有14个，分布在7个部首内，大部分字的部首集中在系部。

一、分离茎皮

　　笔者将植物纤维处理过程归纳为分离茎皮、脱胶、分劈、纺纱、织造五个步骤。首先是分离茎皮，以麻为例，该操作是在麻秆收获后及时将麻皮与麻茎分离，进行剥制加工的工艺。《说文解字》中关于该操作的字有："乂，芟艸也""朮，分枲茎皮也"。[6]926在分离茎皮前的操作是将植物根茎割离。"乂"即割草之意，《诗经》有："是刈是濩，为絺为绤。"[60]2表现了古人割葛、煮练脱胶的场景。因此，"乂"有割葛、麻等植物之意。"朮"从其小篆字体可以看出，"朮"从中，八象枲之皮。"枲"即麻，"朮"字两旁的"八"像已被剥离麻秆的麻皮。并且根据《段注》："谓分擘枲茎之皮也。两旁者，其皮分离之象也。"可知该字即是在麻秆收获后，将麻秆的茎与皮分离的操作。

　　古人最早加工植物纤维的方法是直接剥取法，对葛、麻等植物纤维的利用在很长一段时间内都是直接分离茎皮，揭取茎皮纤维，粗略整理后不进行脱胶直接使用，形成手工剥麻与脱胶的源头。该方法所制取的纤维粗脆易断，无法长时间利用，后来便很少被采用了。浙江余姚河姆渡遗址出土的部分绳头所用的纤维均呈片状，没有脱胶痕迹，推测可能就是利用该方法制取的。[5]69

　　此外，《说文解字》中"络"除有"絮也"之意外，还指"麻未沤也"。《段注》有："按未沤者曰络，犹生丝之未涷也。""涷"即脱除蚕丝纤维的丝胶，这里段玉裁将没有浸泡过的麻叫作"络"，类比未脱胶的生丝，表明二者相同的状态。笔者推测"络"所述的麻纤维状态应属于分离茎皮之后脱胶之前，否则不会特地强调"未沤"。

二、脱胶

脱胶是植物纤维处理中最关键的一个步骤，即通过将植物茎皮中的可纺纤维与胶质分离、提取出来的操作。植物纤维性能的优良程度与脱胶技术有着直接的关系，技术越先进，纱线就越精细，所纺织的织物质量就越高。目前已知的古代脱胶工艺主要有煮练法、沤渍法与灰治法。在主流纤维葛与麻中，其脱胶工艺略有不同。

葛纤维的处理除直接剥取法以外还有煮练法，关于该方法的最早文献记载见于《诗经》："葛之覃兮，施于中谷，维叶莫莫。是刈是濩，为絺为绤，服之无斁。"[60]2 煮练法主要用于葛纤维的加工，主要工序是剥皮、刮青、脱胶、分劈，该方法相较于沤渍法脱胶更为均匀，水温和时间的控制与脱胶程度有着很大的关系。也因葛纤维生长慢、脱胶繁复的特点，导致人们对葛的种植、利用减少，逐渐被大麻纤维所取代。秦汉时期以后，煮练法被广泛运用在苎麻的脱胶之中。刮青这一操作在分离茎皮操作之后，是指用刀刃刮去植物表皮上的表壳等杂质。[69]

除葛以外的其他茎皮纤维属于相对较长的纤维，其脱胶工艺先后为沤渍法与灰治法。植物纤维的胶质大部分可溶于水，因此沤渍法的主要目的就是通过长时间的浸泡，使纤维呈束状裸露出来，达到脱胶的效果。沤渍法的工序与煮练法不同，分别为剥皮、刮青、分劈、脱胶。沤渍法即是微生物脱胶，其主要原理是通过植物茎皮分解的碳水化合物供给水中的微生物，又通过微生物分泌的生物酶将胶质与结构松散的半纤维素和胶质分解，来实现脱胶的目的。《说文解字》中关于沤渍法的记载为"渍，沤也""沤，久渍也"。《段注》对二字的注解："言久渍者，略别于渍也。上统言，此析言，互相足也"[70]，表明二字的差异，"沤"更贴近沤渍法名称的来源，即长时间浸泡的意思。当然，沤渍的时间并不如其字面解释，时间越长就越好，沤渍时间的长短往往会影响麻纤维质量的好坏。北魏贾思勰《齐民要术》记载："沤欲清水，生熟合宜"，注有："浊水则麻黑，水少则麻脆。生则难剥，大烂则不任。暖泉不冰冻，冬日沤者，最为柔韧也"[71]，表明了对沤麻的水质、水量、时间这些条件的要求。浑浊的水沤麻会导致污染物附着在麻纤维上使之发黑，水过少则无法浸没麻缕，导致脱胶不彻底，使麻纤维不柔韧、易断。若沤渍时间过短，则会使脱胶不到位，影响麻纤维的分剥。若时间过长，麻纤维则会遭到破坏，导致绩捻后的麻线柔韧性不足，容易崩断，因此有俗语"喝了一杯茶，误了一池麻"的说法。《诗经》有："东门之池，可以沤麻"，[60]125 这是对沤渍法最早的文献记载。从中可以看出东面的光照条件好，因而水温较高，利于水中微生物的繁殖，从而加速分解脱胶。关于沤渍的具体季节与时间，在西汉《氾胜之书》记载："夏至后二十日沤枲，枲和如丝。"[72]夏至二十日后的气温较高，池水温度也高，加速了微生物的繁殖与生物酶的分泌，更便于分解纤维上的胶质与半纤维素。《说文解字》中"缉"对沤渍法的主要操作过程描述得更为清晰："麻事与蚕事相似，故亦从糸。凡麻枲先分其茎与皮曰木"，麻纤维的处理、加工与蚕丝纤维相似，所以二者皆从糸字旁。处理麻纤维需先将麻的茎与皮分离；"因而沤之，取所沤之麻而林之"即分离茎皮后进行沤渍，将沤渍过的麻撕得细小、零碎；"林之为言微也，微纤为功，析其皮如丝"细小的麻皮所析出的麻纤维像丝一样[25]1842。沤渍法最开始使用是在新石器时代中期以后，浙江钱山漾新石器时代遗址出土的苎麻布纤维，在显微镜下有明显的脱胶痕迹，证明了纤维可能经过沤渍。对沤渍法有最早的场景描述的是内蒙古和林格尔东汉墓壁画中的沤麻场景（图2-21）。

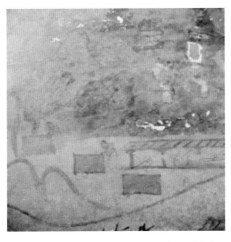

图2-21　和林格尔东汉墓后室南壁画中的沤麻操作

扫一扫见"植物茎皮纤维的初加工"视频

灰治法主要是将半脱胶的纤维绩捻成纱后放入碱性草木灰水中浸泡，使胶质继续脱落，从而达到伸纤维更加柔软、精细的目的。灰治法最早的使用证明是在陕西宝鸡西高泉春秋墓葬出土的苎麻布及湖北江陵西汉墓出土的麻絮，前者是纤维表面光滑，无胶块、杂质，后者是纤维表面附着钙、镁离子，这便可证明灰治法最晚是在春秋战国时期开始使用。[6]72而关于灰治法最早的文献记载则见于《周礼》中的："以涗水沤其丝"，这里的"涗"根据《说文解字》："涗，财温水也"，郑司农注有："湄水，温水也。玄谓涗水，以灰所沸水也"，这里郑玄释为过滤后的碱性灰水，虽《段注》有："许则字从涗，而释从大郑"，[70]1558这里的"大郑"指郑司农，表示许慎所释的该字的本意为微温的水。虽二者在释意上有所不同，但间接证明了灰治法的存在。且根据《周礼》："涑帛，以栏为灰，渥淳其帛，实诸泽器，淫之以蜃，清其灰而盝之，而挥之，而沃之，而盝之，而涂之，而宿之，明日，沃而盝之"，[49]99这里的"栏"即楝树，楝叶灰水呈碱性，"蜃"乃蚌壳，其灰含有氧化钙等碱性物质，通

过将丝帛浸泡在碱性溶液中脱去丝胶。蚕丝纤维的脱胶工艺与植物纤维的脱胶工艺有相似之处，且对植物纤维的利用远早于蚕丝纤维，以蚕丝的脱胶技术管窥植物纤维的脱胶进展，具有一定的借鉴作用，因此可推测出灰治法处理植物纤维存在的可能性。

三、分劈

生麻脱胶以后，便可将其分散成纤维。《说文解字》有："柀，分离也"，"柀"字从林，分柀之意也。[6]926《说文解字》"布"下有："其草曰枲，曰莩。析其皮曰林，曰木。"《说文解字》"析"下有："破木也。一曰折也。以斤破木，以斤断草"[6]748，意为将麻皮中的纤维分离出来，因此可推断"柀"为分劈麻纤维之意。

四、纺纱

植物纤维的纺纱操作专用字与蚕丝纤维不同，最早的植物纤维纺纱技术叫作绩纱、接绩。但其流程大致相同，都需将纤维绩捻成线，才能进行下一步的织造。植物纤维纺纱的工序叫作"绩""缉"，是一种具有高度技巧的手艺。《说文解字》中也有相关记载："绩，缉也""缉，绩也""欯，绩所未缉者"，"绩""缉"二字互训，可视为同义字。《段注》引《诗经》："八月载绩"，《传》曰："载绩，丝事毕而麻事起矣"，并注有："绩之言积也。积短为长，积少为多"，可知绩麻就是将原来分散的较短的麻纤维接续成连续的长麻线。《说文解字》"缉"下中除描述沤渍法的流程以外，还有关于绩麻的操作流程："而撋之，而划之，而续之，而后为缕，是曰绩。"脱胶后将麻纤维进行加捻、接续，纺为单根线缕后再合股使之成为麻缕的步骤叫作"绩"。"缉"也引申为缝纫之意，《段注》有："用缕以缝衣亦为缉。"

关于"欯"，即绩续麻捻为线之意。通过《段注》："两缕相接而后为缉，未撋接之前，豫林纤微诸缕以储待之，是为欯，令其次弟可用也。"[25]1842可知，"欯"的意思是在没有加捻、接续为麻线之前，预先已绩续聚合细小的单根麻缕用以储备。此外，《说文句读》作"绩所缉也"，注有："盖谓先缉之者今又绩之也。先缉为单缘，今谓之麻撋，再绩为合线，今谓之麻综。故曰绩所缉也"，[68]1900虽其义不同，但可判断"欯"在"缉绩"之间。宋元时期以前，麻纤维的需求量是植物纤维中最大的一种，因此《说文解字》中关于接绩的字多用于麻纤维。

植物纤维的纺与蚕丝纤维的纺除了都是为织造织物提供基本的纱线以外，还有一个不同之处，即起到绳的作用，用于捆、扎、绕、连接等。搓绳是植物纤维加捻中最简单、最原始的方式。手工搓绳以植物韧皮为材料，将松散的纤维束搓捻成单向的绳。分劈绩接则是在搓绳的基础上进一步发展，由劈分和加捻两个步骤相组成的。[73]

五、织造

《说文解字》中关于织造这一操作的字不分纤维类别，唯有织成的纺织成品叫法不同。《说文解字》系部有："织，作布帛之总名也"，即是织造布与帛的操作总称。《说文解字》"布"下有："其荢曰枲，曰葩。析其皮曰林，曰木。屋下治之曰麻。绩而绩之曰线，曰缕，曰纑。织而成之曰布。布之属曰绀，曰缛，曰绘，曰缌，曰缎，曰缬赀，曰幓，曰幏。古者无今之木绵布，但有布及葛布而已。"[6]1005可知麻纤维所织成的织物即是布，且根据麻纤维的精细程度可织成不同品质的布，《说文解字》记载的葛布与麻布种类共达15种，可见古代织造技术的高超。《说文解字》还有："缏，交枲也"，即是把麻交织成辫子。[74]

第三节 |《说文解字》中丝织工序

《说文解字》中蕴含着大量的丝织工艺信息，对于这部分内容的整理和解读，有利于我们理解汉代丝织技术水平。当前，学术界已有学者对《说文解字》中丝织工艺相关信息做出整理，但整体上都仅停留在整理信息本身，缺少相关图像信息进行佐证，缺乏明确的工艺分类。本节整理《说文解字》全文，发现与丝纤维纺织工艺相关的字主要分布在5个部首内，绝大部分字的部首集中在系部。

一、《说文解字》中的蚕丝纤维前处理信息

1.《说文解字》中的缫丝信息

缫丝工艺是丝织品特有的，是制丝的主要工序，也是丝处理过程的第一步。缫丝是把若干粒煮熟或浸泡的蚕茧中的茧与丝离解，合并制成生丝的工艺操作。缫丝是丝织工艺中的关键工序。《说文解字》有："缫，绎茧为丝也。"何谓"绎"？下文有："绎，摺丝也"，那么"摺"又指何意呢？根据段玉裁对其注解："摺者，引也。引申为凡骆驿、温寻之称。"那么"绎"则是抽丝、引丝之意，便可推出"缫"乃抽茧为丝之意。其引申之意"骆驿"即"络绎"，成语中有"络绎不绝"，可以理解为丝之连续不断。而根据工艺的顺序，"络"应在"绎"后。[75]此外《段注》还有："俗作缲。乃帛如绀色之字"，可知"缫"通作"缲"。《国语》有："王后亲缫其服。"[58]381《周礼》有："五采缫，十有二就。"[49]69由于《周礼》成书时间尚有争议，因此笔者

推断"缫"字在春秋时期可能存在两种可能：其一是与"缲"字并用，其二是"缫"字还未出现。直到《孟子》："夫人蚕缫，以为衣服。"[46]53 才能确定"缫"字在战国时已存在。而《说文解字》中的"缫"字释义与其有很大的差异："缫，帛如绀色。或曰深缯"，已是丝织品之意。此外，与缫丝工艺相关的字还有："绎，抽丝也。"根据《段注》："谓抽绎而治之。凡治乱必得其绪而后设法治之"，即是抽出丝之头绪并进行治理的意思，因此其也有治丝之意。治丝是将缫过的丝进行整理后绕在收丝器上的操作。《说文解字·言部》有："䜌，乱也。一曰治也。"《说文解字·受部》有："乱，治也。幺子相乱，受治之也。一曰理也。"根据杨树达的《积微居小学述林》[76]中释乱的观点："乱从爪从又者，人以一手持丝，又一手持互以收之，丝易乱，以互收之，则有条不紊，故字训治训理也"，描述了"乱"字是古代绕丝的操作过程，从其小篆体有所对应（图2-22）。

图2-22 "乱"字小篆字体

2.《说文解字》中的络丝、并丝信息

络丝在缫丝工序之后，是指将由多根丝并在一起的丝缕，通过丝钩并合加捻，缠绕到纺车的竹管上的操作。络丝的作用主要是清除丝线上的结点、瑕疵以提升丝线品质，以及将丝线整理加工成具有适宜密度、良好成形性、大容量的筒子，以提供给后续工序。关于络丝工艺最早的文献记载可见于《方言》："河济之间，络谓之格。"[77]这里的络就是转动篗子的操作，便可推断络丝工艺最晚应出现于西汉末年。并丝在络丝之后，并丝是指将两根或两根以上的生丝合并成一根股线，或是根据丝线粗细的需要，将同样两根合并过的股线再合并成一根复合股线的操作。中国古代最早的并丝图像则记录在东汉画像石中（图2-23）。

图2-23 江苏省徐州市贾汪区青山泉子房出土的东汉画像石上的并丝操作

笔者对《说文解字》中与络丝、并丝相关的操作进行整理分类，发现其所涉及的字皆在系部。并且可以发现这些字所包含的含义并不能简单地进行分类，在蚕丝纤维处理以及纺织过程中，都会或多或少地涉及这些字，因此笔者将络丝与并丝工艺操作相关的字放在一块进行阐释。许慎用同训、互训、递训的方式阐述了络丝与并丝操作反复的过程，也从侧面说明了纺织操作工序的复杂、繁复。

　　《说文解字》有大量与络丝操作相关的字："繀，箸丝于筟车也。"何谓筟车？根据《说文解字·竹部》的记载："筟，筳也。筳，繀丝筦也。筦，筟也。"三字相互训释，段玉裁对"筟"的注解是："自其箸丝之筳言之，谓之繀车，亦谓之筟车，实即今之篗车也。"何谓篗？《说文解字·竹部》有："篗，所以收丝者也"，是一种络丝工具。而最早的篗子实物出土于新疆吐鲁番阿斯塔那的晋代墓葬（图2-24），最早的络丝图像信息则在山东滕州造纸厂出土的东汉画像石上可以看到（图2-25）。由此可知，"繀"即是将丝放在络车的收丝器上的操作。绕丝是蚕丝纤维前处理过程中都会出现的操作，《说文解字》中记载的这些字主要有："缠，绕也""缭，缠也""绕，缠也""纱，纱转也""缳，落也"。"缠""缭""绕"三字相互释义，皆为缠绕之意。关于"纱"，《考工记》有："老牛之角纱而昔。"关于"缳"，《段注》有："落者，今之络字。古假落，不作络，谓包络也"，即包裹缠绕之意。关于"纱"，《段注》有："纱转盖古语，郑司农《考工记》注之捛纱，即纱转二字也。"

图2-24　新疆吐鲁番阿斯塔那墓出土的晋代篗子　　图2-25　山东滕州造纸厂出土东汉画像石中的络丝图（局部）

　　此外，《说文解字》中与绕丝操作相近的字有："萦，收卷也""纡，萦也"。根据注解"萦者，环之相积。纡则曲之而已"，以及"收卷长绳，重叠如环，是为萦"。且《诗经》有："葛藟萦之"，[60]4 可知，"纡""萦"乃缠绕、收卷成圆环之意，多用于绳类。

此外，除缠丝这一操作外，《说文解字》还有大量记载了与缠束相关的字，缠束比缠绕多一步操作，即束缚，故笔者将二者分开阐述。主要为："系，縣也。从糸""纽，系也。一曰结而可解。""绷，束也。""总，聚束也。""约，缠束也。""暴，约也。""终，绤丝也。""缪，一曰绸缪也。""绸，缪也。""系"的本义为相联系，《说文解字·鼎部》有："縣者，系也"，而根据该字从糸及《段注》："糸，细丝也，縣物者不必粗"，可知"系"也有细丝之意，这也从侧面表明古时人们是用丝线等较细的物品来束缚东西。关于"纽"，根据《段注》："今本系下曰：'系也'，系者，结束也"，表绑束之意。关于"绷"，《墨子》有："桐棺三寸，葛以绷之。"[78]《段注》有："今《墨子·节葬篇》，此句三见，皆作绷，古蒸、侵二部音转最近也。"而关于"緘"，《说文解字》有："所以束箧也"，《段注》有："箧者，笥也，束者，缚也，束之者曰緘"，因此緘与绷同义。"总"根据《段注》有："谓聚而缚之也。总（悤）有散意，糸以束之。"根据"总"的繁体，"总"本身有松散的意思，加丝字旁后就描述出了束缚的动作，因此"总"有将物体聚集后束缚之意。"绸"是现在丝织品的通称，其跟"缪"在《诗经》记载有："绸缪束薪。"[60]106, 107"绸缪"注有缠绵、捆束之意。除以上操作外，还有表示缠丝紧密状态的字。它们分别为"绚，急引也""绤，急也""绍，紧纠也"。《诗经》有："不竞不绤。"[60]351"绍"《段注》有："紧者，缠丝急也。纠者，三合绳也。"可知，"绍"表示为快速地将三条绳子缠绕在一起。

此外还有聚合之意的字，主要为"缉，合也""缀，合箸也"。根据《段注》："众丝之合曰缉，如衣部五采相合曰襍也。""缉""缀"皆为聚合之意。根据其意，笔者认为这些字多与并丝工艺相关。《说文解字》中还有其他操作相关的字，表增加之意"绳，增益也"，表停止之意"绲，止也"。描述断丝之字有："绝，断丝也。古文绝。象不连体绝二丝。"根据《段注》："断之则为二，是曰绝。"从刀会意，意为用刀

图2-26 "断"字金文大篆体

将丝断为二，从其金文大篆字体（图2-26）也可看出断绝两束丝为两体之意。

3.《说文解字》中的练丝信息

为了追求更高质量的原材料，络丝之后还要对蚕丝进行进一步的加工和漂白，这一过程称为练丝。蚕丝由丝纤维和丝胶组成，没有去除丝胶的蚕丝称作"生丝"，去除丝胶、精练润滑后的被称为"熟丝"。而去除丝胶的步骤则叫作"涑"。"涑"不

仅用于蚕丝，还用于植物纤维中。《说文解字》有："涷，渍也"，关于"涷"的最早的文献记载记录于《周礼》中："帺氏涷丝，以说水沤其丝七日，去地尺暴之。昼暴诸日，夜宿诸井，七日七夜，是谓水涷。"[48]99此外还有："凡染，春暴练"，注有："暴练，练其素而暴之。"[59]623《段注》有："按，此练当作涷。已涷之帛曰练。帺氏如法涷之，暴之，而后丝帛之质精，而后染人可加染。涷之以去其瑕，如渍米之去康枲，其用一也，故许以渍释涷。"从该文字描述中可知，战国时期古人将生丝放入碱性温水中浸泡后，在阳光下暴晒，重复多次后完成涷丝。涷的作用主要是像淘米一样，去除丝中的杂质、瑕疵。《玉篇》有："涷，煮丝绢熟也。"[7]90以此可知，涷也有使丝、帛变得更为柔软洁白的作用。此外，还有"练，涷缯也"，"涷"与"练"不同之处在于，"练"除有把丝织品沤煮的柔软洁白之意，还代表已涷的丝帛之意。

二、《说文解字》中的纺织

1.《说文解字》中的纺

纺纱源于古代茎皮纤维的劈分技术和绩接技术的改进，是将较短的纤维运用捻接的方式使其抱合成为具有无限延伸连续性的纱线。而劈分和绩接本身都是制作绳索的工序。从本质上来说纺纱工序是密度更精细的制绳索工序，纱、线、绳、索的区别只在于精细方面的差别。较早的纺纱图像信息可见于山东滕州龙阳店出土的汉画像石纺织图，这些图像展示了汉代纺织生产的景象（图2-27）。古代关于纺纱，《说文解字》中有以下记载："纺，纺丝也。"《段注》有："丝之纺，犹布缕之绩缉也。"可知，古代"纺"指纺丝，如同绩麻，因此"纺"即是将丝结为纱线的意思。且《左传》记载："莒妇人纺焉以度而去之"，段玉裁对其进行注解："盖缉布缕为绳，亦用纺名也"，更证明了纺纱技术来自绩接技术的改进。

除"纺"以外，还有"续，连也""继，续也""绍，继也""给，相足也""緜，联微也"等字，描述绩接纺纱的操作。"緜"由系、由帛会意,《段注》："联者，连也。微者，眇也。其相连者甚微眇，是曰緜。引申为凡联属之称。"

图2-27　山东滕州龙阳店出土的《狩猎、纺织、车骑出行画像》（局部）

2.《说文解字》中的织

织造工艺起源于编织，编织可分为竹篾编织和纱线编织。纱线编织则是编织与织造之间的过渡性产物。关于纱线编织，《说文解字》中有相关记载："辬，交也""缠，交枲也"。《昭明文选》中记载："辬贞亮以为擊兮。"[79] 这里的"辬"就是交织、编织的意思，而"缠"注有："谓以枲二股交辬之也。交丝为辬，交枲为缠。"辬与缠则分别是丝与麻的织组。

而真正意义上的织造则需要具备织轴、经轴、分经棒、打纬刀这几种工具，《说文解字》中对这一操作也有记载："织，作布帛之总名也""𢇇，织以丝毌杼也"。"织"根据《段注》有："布者麻缕所成，帛者丝所成，作之皆谓之织。经与纬相成曰织。"可知，织即是制作麻织品和丝织品的操作的总名称，经纱与纬纱相交也叫作织。关于"𢇇"，《段注》记载："杼者，机之持纬者。毌，穿物持之也。以丝贯于杼中而后织，是之谓𢇇。杼之往来，如关机合开也。"毌是用梭子贯穿的意思，那么"𢇇"即是指在织绢时用丝贯穿梭子的操作。

三、《说文解字》中的其他丝操作

1.《说文解字》中的治絮信息

关于治絮的字有："绤，治敝絮也""𡙡，一曰以囊絮涷也""潎，于水中击絮也"。何谓敝絮，《段注》有："敝絮犹故絮也。"因此"绤"意为治理破旧的丝绵。丝绵是由下脚茧、次等茧及其茧壳表面的浮丝为原料，经过精练等工序后用于制作冬衣、被子等御寒的材料。整治丝绵的操作则就叫作治絮或漂絮法（图2-28），将蚕茧经过煮练后放在囊袋或竹席中浸入水中反复捶打后使之变成丝绵。"𡙡"根据《段注》："别一义，谓以囊盛丝绵其中，于水涷之也"，即用袋子装着丝绵进行漂洗。根据《庄子》"洴澼絖"，[80] 可知，潎皆是在水中漂击丝絮的意思。《急就篇》有："绛缇𡙡紬丝絮绵。"唐朝颜师古注："渍茧擘之，精者为绵，粗者为絮。今则谓新者为绵，故者为絮。古亦谓绵为纩。纩字或作绒。"[66]124

2.《说文解字》中丝织物后加工

后加工中必不可少染色这一操作，《说文解字》有："染，以缯染为色"，染色分染丝与染帛，《周礼》记载："染人掌染丝帛。凡染，春暴练，夏纁玄，秋染夏，冬献功"[14]17，描述了染人一年中染事的步骤。丝织品织成后，往往需要进行后加工，如绣、绘、画，《说文解字》有："绣，五采备也""绘，会五采绣也""缋，一曰画也"。

《周礼》记载："设色之工，画、缋、钟、筐、帧。"又有："画缋之事，杂五采。五采备，谓之绣绣。"[49]98《段注》记载："今人分《呇繇谟》绘绣为二事，古者二事不分，统谓之设色之工而已。古者缋训画，绘训绣。"因此许慎所言的"绘"与"绣"一义，皆为会合五彩的刺绣之意。《尚书》中对"绘"的相关记载有："日、月、星辰、群山、龙、华虫、宗彝、藻、火、粉米、黼、黻"[48]28，表示"十二章"是用绘的方法表现于衣上的。此外，还有在鞋面做装饰的字："繐，以丝介履也。"《段注》记载："介者，画也，谓以丝介画履问为饰也"，即是用丝在鞋面上盘画作装饰的意思。

丝织品通过缝纫可成为衣，《说文解字》记载大量与缝纫有关字："缝，以针紩衣也""缉，缠衣也""紩，缝也""组，补缝也""缮，补也"。五字虽都意为缝，但还是存在区别。"缝"本义为用针将布帛连缀成衣，"缉"根据《段注》："缉者，缠其边也。"《说文解字·糸部》的"缠"还有一义，为："一曰缉衣也"，二者互训。《汉书》有："白縠之表，薄纨之里，缉以偏诸"，注有："缉，谓以偏诸缠著之"[81]，可知乃缝合衣边之意。"组"，根据《段注》："补者，完衣也。古者衣缝解曰组，今俗谓绽也。以针补之曰组"，意为缝补衣服，"缮"同义。

图2-28 漂絮法（摘引自潘吉星的《中国造纸技术史稿》）

第四节 | 小结

我国古代纺织技术凝结着古代先民的智慧和汗水，其发展创新是由丝织技术以及纺织贵族化所推动的，然而没有代表平民的植物纤维纺织技术则不会有丝纺织业与棉纺织业的快速发展。古代植物纤维的核心工艺主要为脱胶、纺纱、织造三部分，其工艺的发展是中国传统纺织文化的重要组成部分，代表着古代植物纤维纺织技术的高峰。研究《说文解字》中植物纤维的纺织工艺对研究中国传统纺织文化具有重要意义，笔者撰写此文是希望能有更多人重视古代植物纤维纺织工艺的历史发展，以及其纺织文化的内涵与外延。

我国西北地区特殊的自然条件决定了其独特的生产生活方式，皮、毛织物在当地居民的日常生活中有着广泛的用途。通过对《说文解字》进行纺织服饰中皮、毛相关信息的整理，可以了解东汉时期皮毛、皮革业的发展状况，对学者研究古代服饰材质也有重要意义。

关于蚕丝纤维部分只是许慎在《说文解字》中描述古代纺织业的一小部分，将蚕丝的每一部分、状态、特性都用文字进行记录。以描写丝之粗细的字为例，只纤细之字就有5个，而不同作用的线缕都有其专属"编号"，由此反映出古人已发展出许多实用的规格与标准，以及成熟的工艺。透过对蚕丝纤维材料特性部分的整理，可以发现古人对丝织业的重视，也反映了古时已逐渐具备了比较全面的质量观念。从上述内容足以看出古人当时丝织技艺的高超与严谨，也可从另一角度窥探出东汉时期丝织业的发达，以及影响范围之广。

[1] 王春华.中国古代字书综述[J].晋图学刊,2007(6):72-74.

[2] 思履.彩图全解五经[M].北京:中国华侨出版社,2013:109.

[3] 成雄伟.我国苎麻纺织工业历史现状及发展[J].中国麻业科学,2007(S1):77-85.

[4] 李强,李斌.图说中国古代纺织技术史[M].北京:中国纺织出版社,2018.

[5] 李强,李斌,梁文倩,等.中国古代纺织史话[M].武汉:华中科技大学出版社,2020:34-35.

[6] 许慎.说文解字2[M].段玉裁,注.北京:中国戏剧出版社,2008:668.

[7] 顾野王.大广益会玉篇[M].北京:中华书局,1987:63.

[8] 嵇含.南方草木状[M].广州:广东科技出版社,2009:19.

[9] 许慎.说文解字1[M].段玉裁,注.北京:中国戏剧出版社,2008:73-85.

[10] 诗经[M].陈淑玲,陈晓清,译注.广州:广州出版社,2001:134.

[11] 尔雅[M].邓启铜,注.殷光熹,审读.南京:东南大学出版社,2015:219.

[12] 陆玑.毛诗草木鸟兽虫鱼疏[M].北京:中华书局,1985:20.

[13] 尔雅注疏[M].郭璞,注.邢昺疏,编.黄侃,句读.上海:上海古籍出版社,1990:135.

[14] 仪礼[M].崔高维,校点.沈阳:辽宁教育出版社,2000:78.

[15] 聂崇义.新定三礼图第2册[M].上海:上海古籍出版社,1985:60.

[16] 邓艳辉.白茅菅草的再生综合利用基础研究[D].长春:吉林大学,2009.

[17] 李索.左传正宗[M].北京:华夏出版社,2011:279.

[18] 司马迁.史记[M].胡怀琛,选注,卢福成,校订.武汉:崇文书局,2014:163.

[19] 杨富裕.非饲用草产品的开发与利用[C]//中国草学会,农业部草原监理中心.2006中国草业发展论坛论文集,2006:120-124.

[20] 曲礼·礼运[M].邓柳胜,叶国,译注.广州:广州出版社,2001:53.

[21] 礼记[M].陈澔,注.金晓东,校点.上海:上海古籍出版社,2016:38-39.

[22] 孙晨阳,张珂.中国古代服饰辞典[Z].北京:中华书局,2015:4.

[23] 范晔.后汉书[M].西安:太白文艺出版社,2006:533.

[24] 程梦雨,程梦奇,汪祝方,等.不同耐盐植物协同复合填料强化人工湿地净化含盐废水效果研究[J].环境工程:1-14.

[25] 许慎.说文解字4[M].北京:中国戏剧出版社,2008.

[26] 王瑞.基于蚕丝纤维绿色加工的应用基础研究[D].杭州:浙江理工大学,2020:36.

[27] 孔子.论语[M].长沙:岳麓书社,2018:109,110.

[28] 郑玄注.仪礼注疏:中[M].上海:上海古籍出版社,2008:865.

[29] 李强,李斌,梁文倩.《论语》中的纺织服饰考辨[J].丝绸,2019,56(2):96-101.

[30] 王祯.王祯农书[M].王毓瑚,校.北京:农业出版社,1981:389.

[31] 宋应星.天工开物[M].中共新余市委政策研究室,译.南昌:江西科学技术出版社,2018:74.

[32] 郭鹏.论中国古代文学"传统"的内在作用机制及相关理论表征[J].文史哲,2016(5):103.

[33] 刘安,等.淮南子[M].高诱,注.上海:上海古籍出版社,1989:220,146.

[34] 礼记[M].陈澔,注.金晓东,校点.上海:上海古籍出版社,2016:277.

[35] 周婵,曾秀,吕金凤,等.蚕丝生丝和熟丝在大鼠皮下降解的实验研究[J].现代生物医学进展,2015,15(34):6619.

[36] 仪礼[M].崔高维,校点.沈阳:辽宁教育出版社,2000:108.

[37] 胡培翚.仪礼正义5[M].桂林:广西师范大学出版社,2018:2785.

[38] 聂崇义.新定三礼图:第1册[M].上海:上海古籍出版社,1985:33.

[39] 诗经[M].陈淑玲,陈晓清,译注.广州:广州出版社,2001:269.

[40] 郑玄.礼记正义:下[M].上海:上海古籍出版社,2008:1642.

[41] 刘向.列女传 [M].刘晓东,校点.沈阳:辽宁教育出版社,1998:9.

[42] 范宁注.春秋穀梁传注疏 [M].上海:上海古籍出版社,1990:44.

[43] 尚书 [M].徐奇堂,译注.广州:广州出版社,2001:34,57.

[44] 郑玄.尚书郑注 [M].王应麟,辑.孔广林,增订.商务印书馆,1937:25.

[45] 贾谊,扬雄.贾谊新书扬子法言 [M].上海:上海古籍出版社,1989:46.

[46] 孟轲.孟子 [M].李郁,编译.西安:三秦出版社,2018:26.

[47] 刘向.楚辞 [M].王逸,注.洪兴祖,补注.孙雪霄,校点.上海:上海古籍出版社,2015:371,372.

[48] 冀昀.尚书 [M].北京:线装书局,2007:34.

[49] 周礼 [M].崔高维,校点.沈阳:辽宁教育出版社,2000:15.

[50] 皇甫谧,宋翔凤,钱宝塘.逸周书 [M].沈阳:辽宁教育出版社,1997:63.

[51] 赵岐.景宋蜀刻本孟子赵注 [M].桂林:广西师范大学出版社,2018:167.

[52] 司马迁.史记 [M].胡怀琛,选注.卢福咸,校订.武汉:崇文书局,2014:192.

[53] 上海商务印书馆.四部丛刊初编:经部 (017):说文解字系传通释 1[M].北京:商务印书馆,1922:59.

[54] 敬果.韩非子 [M].武汉:崇文书局,2014:81.

[55] 刘向,王逸.楚辞 [M].周游,译注.上海:文瑞楼,2018:141.

[56] 孔子.论语 [M].杨伯峻,杨逢彬,注译.长沙:岳麓书社,2018:49.

[57] 吴林伯.《文心雕龙》义疏 [M].武汉:武汉大学出版社,2002:369.

[58] 左丘明.国语 [M].上海:上海古籍出版社,2015:159.

[59] 郑玄,贾公彦.周礼注疏 [M].上海:上海古籍出版社,1990:106.

[60] 诗经 [M].张南峭,注译.郑州:河南人民出版社,2020:16.

[61] 毛公传,郑玄,孔颖达,等.毛诗正义 [M].上海:上海古籍出版社,1990:57.

[62] 高诱,毕沅,徐小蛮.吕氏春秋 [M].上海:上海古籍出版社,2014:489.

[63] 彭波,朱君孝.《说文·革部》略说先秦皮革 [J].陇东学院学报,2012,23(6):1-3.

[64] 王先谦,龚抗云.释名疏证补 [M].长沙:湖南大学出版社,2019:245.

[65] 扬雄.方言 [M].郭璞,注.北京:商务印书馆,1936:41.

[66] 史游.急就篇 [M].曾仲珊,校点.长沙:岳麓书社,1989:149.

[67] 陈志坚.历代古文精粹 [M].北京:北京燕山出版社,2007:179.

[68] 王筠.说文句读 [M].上海:上海古籍书店,1983:1144.

[69] 王祯.农书译注:下 [M].缪启愉,缪桂龙,译注.济南:齐鲁书社,2009:793.

[70] 许慎.说文解字 3[M].段玉裁,注.北京:中国戏剧出版社,2008:1551.

[71] 贾思勰.齐民要术 [M].北京:团结出版社,1996:48.

[72] 万国鼎.氾胜之书辑释 [M].北京:农业出版社,1980:147.

[73] 廖江波.夏布源流及其工艺与布艺研究[D].上海:东华大学,2018:70.

[74] 余晓芸,梁文倩,李强,等.《说文解字》中纺织工艺解析(一)[J].服饰导刊,2021,10(6):16-20.

[75] 夏克尔·赛塔尔,李斌,李强,等.中国古代成语中的纺织考[J].丝绸,2012,49(12):59-64.

[76] 杨树达.积微居小学述林:7卷[M].北京:中国科学院,1954:88,89.

[77] 扬雄.方言[M].郭璞,注.商务印书馆,1936:52.

[78] 墨子.墨子[M].唐敬杲,选注.余欣然,校订.武汉:崇文书局,2014:61.

[79] 萧统.昭明文选[M].于平,等,注释.北京:华夏出版社,2000:448.

[80] 庄子.庄子[M].贾云,编译.西安:三秦出版社,2018:11.

[81] 庄适,司马朝军.汉书[M].武汉:崇文书局,2014:90.

第三章

中国古代成语中的纺织考

古代成语是中国语言文学宝库中的瑰宝。从表面看，它们出自古代的诗文、神话、寓言、历史故事等；而从本质上看，它们却深深根植于古代的生产和生活。纺织技术一直伴随着人类自身的进化和社会的发展，[1]其在生产、生活中地位突出。[2]纺织技术包括纺纱和织造两个方面的工艺，而纺织方面的考证包括工艺考证和文化考证。基于中国古代成语，本章试图考证各种纺织工艺的根源和流变，以及中国古代纺织的灿烂文化。

第一节 | 成语中的丝纺工艺

一、从成语看古代茧蛹处理技术

"作茧自缚"是指蚕吐丝作茧把自己裹在里面，蚕作茧并不是为了自缚，而是为了保护自己在化蛹、羽化过程中免受不利的自然环境袭扰和天敌的侵害。"作茧自缚"与李商隐"春蚕到死丝方尽"一样，一直被人们误解。蚕并不是一直吐丝至死，还要成蛹化蛾，何来"到死丝方尽"？此外，"春蚕到死丝方尽"一句并非赞美奉献精神，其实李商隐用此句比喻一个女人想念情人直到死亡，思念（"丝"通"思"）方才到尽头而已，笔者窃以为李商隐对蚕的习性了解甚少，故出现如此之流传千年的经典误句。诚然，野蚕作茧避免了很多自然界的天敌伤害，却不想最终还是被人杀蛹、取蚕丝用。

茧蛹处理技术主要是指在不破坏茧的前提下杀死蛹的方法。中国古代的茧蛹处理技术经历了五个阶段。

第一阶段（西周时期及其以前）：直接缫丝，它要求缫工必须在几天时间内煮茧缫丝，不然茧蛹化蛾，成为断丝，便不能缫丝了。《礼记·月令》载周礼："后妃齐戒，亲东乡躬桑，禁妇女毋观，省妇使，以劝蚕事。蚕事既登，分茧称丝效功，以共郊庙之服，无有敢惰"[3]，可见茧蛹处理的时令性和紧迫性，"分茧称丝效功"强调后妃们以缫好丝的重量作为考核成绩，足见她们是抢时间缫丝，不然不会考核的。

第二阶段（春秋时期到南北朝之间）：先后出现阴摊法和日晒杀蛹法。春秋时期"礼崩乐坏"，丝织品逐渐被皇族、贵族、士阶层所用，不再仅限于天子祭祀所用。丝织品使用的普及化导致蚕桑规模扩大，大量茧蛹必须在化蛾前进行处理，不然蚕丝会失去效用。阴摊法是利用低温控制，推迟茧蛹化蛾一两天，为缫丝赢得时间。日晒法杀蛹是在日光下曝晒茧蛹，杀死蛹，将缫丝期无限推迟。可推定日晒法杀蛹应该在阴摊法之后、盐腌法之前采用。因为贾思勰在《齐民要术》中明确阐明新发明的盐腌法较老法日晒法优势更多，他认为："用盐杀茧，易缫而丝韧；日曝死者，虽白而薄脆。缣练衣着，几将倍矣，甚者，虚失岁功，坚脆悬绝，资生要理，安可不知之哉？"[4]可见，日晒法杀蛹明显早于南北朝时期的盐腌法。

第三阶段（南北朝时期至南宋之间）：盐腌法被普遍采用。北方《齐民要术》中有关于盐腌法的介绍，见上段描述；在南方，齐、梁时期著名医药学家陶弘景（456—536）所著《药总诀》也有盐腌法的记载："凡藏茧必用盐官者"。可知南北朝时期南北都采用盐腌法杀蛹，可见其方法的普及；北宋文学家秦观（1049—1100）所著《蚕书》中记载有盐腌法的具体操作："凡泡茧，列埋大瓮地上。瓮中先铺竹簀，次以大桐叶覆之，乃铺茧一重。以十斤为率，掺盐二两。上又以桐叶平铺，如此重重隔之，以至满瓮。然后密盖，以泥封之。七日之后出而缲之频频换水。"[5]南宋吴皇后题注《蚕织图》和明代刊行《便民图纂》中都有盐腌法（即窑茧）的图像信息（图3-1、图3-2）。

图3-1 南宋吴皇后题注《蚕织图》中的《窑茧》（局部）

图3-2 明代刊行《便民图纂》中的盐腌法（局部）

第四阶段（元代）：出现笼蒸工艺。盐腌法虽好，但操作复杂，用时较长，此外由于当时丝织手工工场的兴盛，迫切需要处理时间短且不影响茧丝品质的茧蛹处理技术。笼蒸工艺正是在这样的需求下被发明出来的。元代的《农桑直说》《农书》和明代的《农政全书》中都有关于笼蒸法（图3-3）的介绍，且表述都一样，正见其引用关系："杀茧有三，一曰日晒；二曰盐泡；三曰笼蒸，笼蒸最好""用笼三扇，以软草扎圈，加于釜口，以笼两扇坐于其上。笼内匀铺茧，厚三指许，频于茧上，以手试之，如手不禁热，可取去底扇，却续添一扇在上。如此登倒上下，故必用笼也。不要蒸得过了，过则软了，丝头亦不要蒸得不及，不及则蚕必钻了，如手不禁热，恰得合宜，……釜汤内，用盐一两，油半两，所蒸茧，不致干了丝头。"

第五阶段（晚清时期）：出现火力焙茧和烘茧法。很多专

图3-3 王祯《农书》中关于笼蒸法的版画

著都认为明清出现火力焙茧和烘茧法，笔者对此有些疑问：首先，如果明代就出现火力焙茧和烘茧法，那为什么明代弘治十五年（1502年）刊行的《便民图纂》中的茧蛹处理技术还是采用窑茧法（盐腌法）[6]呢？那为什么明末成书的《农政全书》中也仅有笼蒸工艺的介绍呢？《农政全书》作为一部技术专著必然是介绍和推广新工艺的，不可能不介绍火力焙茧和烘茧法这种新工艺的，显然明代没有出现火力焙茧和烘茧法。其次，如果清代已出现火力焙茧和烘茧法，那为什么雍正《耕织图》、光绪《蚕桑图》中都没有火力焙茧和烘茧法的介绍呢？笔者认为火力焙茧和烘茧法是舶来之物，是洋务派学者在同治末年向西方考求而来。证据一，《清史稿》中有一段关于徐寿向西方学习烘茧法记载："同治末……无锡产桑宜蚕，西商购茧夺民利，寿考求烘茧法，倡设烘灶，及机器缫丝法，育蚕者利骤增。"[7]证据二，据文献《安徽古代蚕业史略》记载安徽直到1924年才采用烘茧法，[8]如果不是西法，为何安徽直到民国时期才采用呢？

二、从成语看缫丝工艺

"满腹经纶"之"经纶"原意是指整理过的蚕丝以备丝织之用，引申为人的才学、本领。到底怎样整理蚕丝才能用于丝织呢？从"络绎不绝""余音绕梁"之"绎""络"和"绕"，可见一斑。

"绎"在古代字典中皆有解释，《说文解字》中"绎，抽丝也"，《方言》中"绎，理也。丝曰绎之"，《三苍》中"绎，抽也"。三本书中关于"绎"的解释其实都是一样的，即是缫丝时找绪头。关于"络"的解释，《广雅》释义为："络，缠也。"络亦可解释为绕丝、绕纱的器具。络丝是指将缫车上脱下的生丝转络到籰（篗）子上，这一工艺就是当代纺纱技术的络筒工艺。[9]从工艺先后顺序上看，成语"络绎不绝"应该是颠倒了工艺的先后顺序，笔者认为一直为人们沿用的"络绎不绝"应该为"绎络不绝"。而"余音绕梁"之"绕"的本意应该与"络"一样，因为《说文解字》："绕，缠也。"

"络""绕"操作工艺的变迁与缫丝工艺、器具的演变密切相关。中国古代缫丝工艺中包括抽丝和蚕丝合股两道工序，这两道工序经历了分流到合流。考察中国新石器时代中期的文化遗址，笔者发现大型的纺轮占纺轮总数的绝大部分，但其中也有极少数重量轻和形体小的纺轮存在。一方面证明这些小型的纺轮可能用于蚕丝的合股，说明丝织业开始产生，另一方面证明当时缫丝工艺是分流的。

1979年江西贵溪战国时期的崖墓出土了一批纺织工具，其中就有三件"I"形、三件"X"形绕丝架。缫工从水中抽丝后，将蚕丝绕在绕丝架上，然后再用纺轮将多个蚕丝合股。从《诗经》中可知春秋晚期还在使用纺轮纺纱，这说明春秋战国时期可能缫丝工艺仍是分流。到西汉时期出现缫车（纺车的形制），但缫丝仍然是分流的，因为从现有的汉画像石中并没有看见缫丝工艺合流的图像信息。笔者从唐诗中发现唐代出现了手摇缫丝，具体是什么形制不太清楚，因为诗中的信息比较模糊。直到从北宋秦观的《蚕书》中才发现缫丝工艺合流的迹象，应该是抽丝和蚕丝合股两道工序合流的手摇缫车。南宋吴皇后题注《蚕织图》中绘有一脚踏缫车，并且抽丝和蚕丝合股两道工序明显合流。元代以后有关工序合流的缫车记载多且详细，《农书》《农政全书》《天工开物》《豳风广义》都有文字记载和图考，其中既有手摇缫车也有脚踏缫车。

由此可见，中国古代缫丝工艺、工具的演变大致为：以绕丝架取蚕丝，纺专合股蚕丝（战国、战国之前）→以绕丝架取蚕丝，出现纺车合股蚕丝（西汉）→手摇缫车同时抽丝、合股（唐、北宋）→脚踏缫车同时抽丝、合股（南宋）。

第二节 | 成语中的织造工艺

一、从成语看织造的起源

罗是中国古代丝织物的一种，凡经线起绞、纬线平行交织的丝织物均可称为罗织物，其组织即为罗组织。[10]因为罗组织稀疏，古时多用于生产家纺品（如罗帐、罗扇等），以及作为捕鸟之用的网。成语中"天罗地网""包罗万象""门可罗雀"之"罗"皆可释义为网，从"罗"与"网"的通用即可见织造和结网的关系，其实织物的织造起源于编织（结网是编织的一种）。

首先，从中国纺织考古发现物来看，中国迄今发现最早的织物是葛罗织物（当然是最原始的组织结构），其发掘于苏州吴中区草鞋山新石器时代文化遗址第10层。[11]这一中国最早发现的织物组织，一方面说明织造源于编织；另一方面它又是对关于"平纹织物是最早出现的织物组织形态"传统观点的有力驳斥。笔者认为织物组织形态的发展先后经历了罗组织（当然是最原始的罗组织）、平纹组织、斜纹组织、缎纹组织，以及更复杂的复合组织，这是织造源于编织使然。

其次，从神话学研究中也可窥见罗与网关系之一斑。虽然神话带有夸张的成分，但其毕竟源于生活，适当地选取其中材料进行研究，可以对历史研究起到一定的补充作用。从《淮南子·汜论》中"伯余之初作衣也，緂麻索缕，手经指挂，其成犹网罗"可知，伯余（一说为黄帝，另一说为黄帝的大臣）刚开始教人们制作衣裳的时候，搓麻绳，捻麻线，用手牵拉经线，靠手编结做成的那种"衣裳"就像捕捉鱼虾禽兽的罗网。[12]这则材料其人物是否可信，暂不可考，但关于纺织的工艺应该是可信的，它证明了最初的"衣裳"组织形态应该是罗织物（最原始形态的）。

二、从成语看织机的发展

成语中关于"机"的意思都是指"机会"之意，如"当机立断""投机取巧""见机行事""灵机一动""可乘之机""见机而动"，殊不知只有"当机立断"反映了"机"的本义和"断"的原因。"当机立断"的"机"是指织机，而其"断"是指"断布成匹"。机之所以指织机，可从它的繁体字"機"可见一斑，它的左侧是一个"木"字，表示织机是用木头做的，右侧的下面是一个"戍"是踏板结构的侧视图，而"戍"上面的两个"幺"，象征着经纱装在织机上端的经轴上，显然表明它是一个倾斜的机面，由此可见"機"的原意是一架踏板斜织机。[13]之所以当机立断，是因为织物不断则不能成匹，自周代以来政府就对织物有明确的规定，不符合规定的织物是不能买卖和充当实物税赋的。

中国古代织机的发展谱系并非简单的线性发展。根据中国古代美术作品中的织机信息和相关文献，笔者认为中国古代织机的发展大致先后经历了原始腰机（新石器时代）、双轴织机（春秋时期）、综蹑织机（东汉）、小花楼提花织机（唐代）、大花楼提花织机（明代）。但综蹑织机的发展呈现出多样性，有单综单蹑织机（东汉）、单综双蹑织机（东汉）、多综多蹑织机（东汉）、踏板立机（唐代）、单动式双综双蹑织机（南宋）、互动式双综双蹑织机（清代），并不是所有类型的综蹑织机都早于小花楼提花织机、大花楼提花织机，这是因为中国古代织机沿着贵族化和平民化两条路径发展所致。

贵族化发展路径要求提花工艺不断发展，其先后经历了三个阶段：首先，在织平纹的织机上进行综杆提花、挑花的初级阶段；其次，以多综多蹑织机出现为标志的专业性提花织机的发展阶段；最后，以小花楼提花织机、大花楼提花织机出现为标志的提花织机发展成熟和高峰阶段。同时，平民化发展路径要求的织机类型是可快速地织出结实且耐用的平纹织物。从原始腰机、双轴织机、单综单蹑织机、单综双蹑织机、踏板立机、单动式双综双蹑织机、互动式双综双蹑织机的基本构造发现，其机型主要是为了织平纹织物。[14]

三、从成语看相关织造机具的发展

成语"不足（何足）挂齿""丝丝入扣"反映了中国古代定经、打纬机具从分流到合流的变迁过程。

（1）从"不足（何足）挂齿"到"丝丝入扣"的变化。"不足（何足）挂齿"之"齿"原意是指织机上的定经齿，并不是指人的牙齿。早在河姆渡新石器文化遗址就发现很多齿状物，经考察即是原始腰机上的定经机具（图3-4）。丝织如果没有定经齿,似乎很难提高效率和质量,因为丝织特别需要锯形物来增加丝线的经线密度,只有这样在丝织过程中才能避免丝线的经常性折断。可能由于定经齿的发明,才使丝织成为一种极普遍的可操作性织造技术,不再仅限于能工巧匠了。因此,能挂在齿上的丝,说明其可以用于丝织,成为美丽的织锦;而不能挂在齿上的丝,则说明其丝质量不能用于丝织。最后"挂齿"引申为"重要的事物",逐渐成为现在所用的喻义。

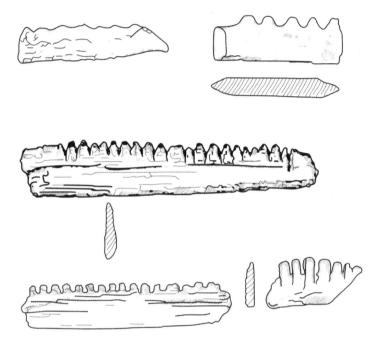

图3-4　河姆渡文化遗址出土的定经齿

"丝丝入扣"之"扣"通"筘",筘是织机上的主要部件之一,它有三个功能,一是固定经纱,二是控制经纱的密度,三是打纬。织布时每条丝线都要从筘齿间穿过。比喻做得十分细致,有条不紊,一一合拍。其实,筘的三个作用最初是由不同的机具完成的。固定经纱和控制经纱密度应该由定经齿来完成,打纬由打纬刀完成,最后,三个功能从分流到合流——筘的出现。

（2）**中国古代打纬工具的发展历程**。中国古代打纬工具先后经历了打纬刀、祈刀、筘三个发展阶段。

中国历史上出现的打纬工具,直到现代都可看到。打纬刀在西南少数民族原始腰机上还在使用,祈刀在手工织造纱罗织物时必须使用,而筘则在操作水平织机包括花楼提花织机时必不可少。

打纬刀（图3-5）在中国新石器时代可能已经出现。1975～1978年两次发掘河姆渡新石器时代遗址时,就出土过一把长硬木制造的木刀,其长430厘米,背部平直,厚8毫米，刃部较薄，呈圆弧形。经民俗学对照研究，学者认为木刀是原始腰机上的打纬刀。此外，1978年在江西贵溪仙水岩春秋战国崖墓群中，也出土过打纬刀。

斫刀（图3-6）的使用是打纬工具发展的第二个阶段，它将投纬、打纬合二为一，其大约出现在春秋战国时期，并在两汉时期广泛使用在斜织机上，这可从江苏泗洪曹庙出土的东汉画像石中得到证明。元代薛景石所著《梓人遗制》就有斫刀的相关介绍，斫刀中的纡子是构成斫刀的主要部件，从其形制上看，显然创造斫刀的人在设计它时，认真思考过梭和木刀的特点，有意以之嵌入其内，使其既可投纬又可打纬。[15]

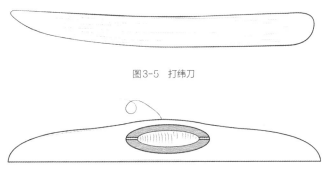

图3-5 打纬刀

图3-6 斫刀

筘（图3-7）的使用是打纬工具发展的第三个阶段，最迟应该出现在西汉时期，因为湖南长沙马王堆一号汉墓出土了有明显筘路的绢纱类织物，这可证明筘的存在。从筘的外形看，创造者无疑受木梳篦的启发，将经纱依次穿入筘齿之间，既可控制和固定经纱疏密、布幅宽度，拉筘后又可利用筘齿均匀打纬。其实，控制经纱疏密部件——定经齿早在河姆渡新石器时代遗址中就已经发现，笔者推测控制经纱疏密和打纬经历了一个从分流到合流的过程，这一变迁与水平织机的广泛使用密不可分。

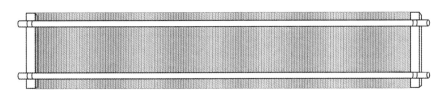

图3-7 筘

站在"齿"和"筘"发展变迁的维度上看，笔者发现投纬、打纬、定经三个机具的关系变迁十分复杂（图3-8），它们经历了分流、合流，再分合流的变迁过程。在图3-8中需要解释"梭"，梭即一个小木棍，纱线系在其上，用于投纬，与黎族原始腰机上的投纬工具一样。新石器时代梭、打纬刀、齿状物并用。随着斜织机的广泛使用和罗纱织物的织造要求，投纬工具、打纬工具合二为一，杼刀出现。之所以杼刀会出现在斜织机和罗纱织物织造上，因为斜织机和罗纱织物织造上筘不能且不便被使用，而杼刀却可以在斜织机上灵活使用。其后，随着水平织机的广泛使用，梭子、筘又从投纬和打纬中分流出来，但筘却又对打纬和定经进行了一次合流。水平织机的水平织面状态使梭子、筘的操作更方便。当然，斜织机和水平织机在中国古代纺织技术史上一直被持续使用，斜织机更多地用于平纹织物的织造，而水平织机逐渐向花楼提花织机转化，用于复杂纹样织物的织造。

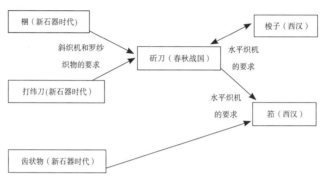

图3-8 投纬、打纬、定经工具的变迁发展关系

第三节 | 成语中纺织文化的表征

纺织文化是指在纺织工艺发展时期内形成的思想、理念、行为、风俗、习惯、代表人物，以及由纺织活动从事者整体意识所辐射出来的一切活动。成语中蕴含着丰富的纺织文化。

一、从成语看纺织文化的含义

成语中"文过饰非""文质彬彬"之"文"，现在多释义为"语言"，其实"文"通"纹"。只有完全理解"文质彬彬，然后君子"一句，才能对"文"有本源的理解。该句中"文"指织物上的花纹，"质"指织物上的地组织，"彬彬"则是指花纹和地组织的和谐之态。"文质彬彬，然后君子"全句本义应是"君子在衣着上，应该穿花纹和地组织相互协调的服饰"，其后该句才引申强调君子表里如一、表面和内心相互协调，反映了中国古代的中庸之道。

成语中"下笔成章""顺理成章"之"章"，今人多误读为"文章"之意，殊不知古时"章"是指刺绣的图案。《左传》："中国有礼仪之大，故称夏；有服章之美，谓之华"，可见刺绣在先秦时期是华夷之辨的一个因素。《尚书·虞书》也有"天子衮服十二章"起源的记载，其后帝服十二章一直在充实和沿用，这说明精美的刺绣是中国古代昭明辨等的主要标志[16]。"章"在随后的岁月里逐渐引申为"美好事物"的意思，如"下笔成章""顺理成章"之"章"。

"文""章"两字连用本意指最美好的事物，因为两个美好的事物——"文"和"章"在一起岂不是"最美好的事物"之意。其后，逐渐引申为现在的文章之意。但人们应该明白，书写者写出来的文章一定是他最好的文字。可见"文章"一词中深刻的纺织文化内涵。

此外，成语中"锦""绣"因其表现出美丽的织物纹样，最终也像"文""章"一样都引申出"美好事物之意"，并广为流传，如"锦上添花""锦绣前程""锦绣山河""锦囊妙计""衣锦还乡""花团锦簇""繁华似锦"，足见这些成语背后浓厚的中国纺织文化。

二、"经天纬地"与中国古代经锦的兴盛

成语"经天纬地"中，经是指织物的纵线，纬是指织物的横线，经、纬指织造，比喻治理天下。人们对"经天纬地"喻意有些不解：既然经、纬指织造，为什么"经天纬地"不是"经纬天地"呢？只有溯其出处，才能知其引申意。"经天纬地"出自《国语·周语下》："天六地五，数之常也。经之以天，纬之以地。"其意为"天有阴、阳、风、雨、晦、明六气（六种气象），地有金、木、水、火、土五行（五种物质），这是天地的常数。以天的六气为经，以地的五行为纬，有条有理地管理天下。"[17]这句话融儒家学说和道家学说（包括阴阳五行学说)为一体。"经之以天，纬之以地"反映了中国古代"天人感应""顺天命"正统儒学思想，丝织物上的经线成为联系天的介质，而纬线则是联系地包括人在内的介质。所以经线成为织物之根本，织物经线显花成为文化信仰，于是就出现了大量经锦。

此外，道学思想早在黄帝时代就产生，其"无为"崇尚节俭。纬线显花工艺较经线显花工艺耗费更多的原料和工时，在生产力极其有限的情况下不可能被采用。战国时期纬线显花织物的少量出现，体现了社会信仰的混乱，因为这一时期是"礼崩乐坏""窃国者侯"、私欲横行、价值观百家争鸣的时代，商、周时期成形的丝、丝织物崇拜遭到破坏。而到汉初，黄老之术和儒学并用，周礼复兴，节俭之风再盛，这样纬线显花工艺不可能有生存的空间。南北朝时期"五胡乱华"，儒、道两学再次势弱，加上带有西北少数民族血统的北朝、隋唐统治者采取兼容并包的文化政策，在生产力不断提高的前提下，导致热衷于奇巧之物，纬线显花工艺——纬锦的出现是这一时代不可避免的产物。[18]由此可见，"经天纬地"的儒学思想是古代经锦兴盛

的一个重要原因。

第四节 | 小结

中国古代成语中蕴藏着大量的纺织信息，这里面既包含着丰富的纺织工艺信息，也包含着灿烂的纺织文化信息。文化最根本的特性就在于独特性，纺织工艺史和纺织文化都是中华文明的一个重要表征形式，也是展示其民族文化独特性的重要载体。如何使一种文化永远立足于世界文化之林？那就是既要充分展示其传统文化的独特性，又要展示其文化的现代性和与时俱进。那么从文化中寻找纺织，在纺织中寻找文化，则是联系传统纺织和现代纺织的中间桥梁，也是中华文化长立于世界文化之林的坚实根基。

[1] 李强,杨小明.中国原始纺织技术起源新考[J].纺织科技进展,2010(2):13-16.

[2] 李强,杨小明.纺织技术社会史中的蝴蝶效应举隅[J].纺织科技进展,2010(6):3-7.

[3] 吕友仁.礼记全译·孝经全译[M].吕咏梅,译注.贵阳:贵州人民出版社,1998:312,319,847.

[4] 郭超,夏于全.传世名著百部·百科名著·第五十七卷·齐民要术[M].北京:蓝天出版社,1998:76.

[5] 王祯.王祯农书[M].王毓瑚,校订.北京:农业出版社,1981:385.

[6] 中国农业博物馆.中国古代耕织图选集[M].北京:中国农业博物馆,1986:27.

[7] 赵尔巽.二十五史清史稿:下[M].上海:上海古籍出版社、上海书店,1986:10389-10390.

[8] 吴健.安徽古代蚕业史略[J].农业考古,1990(2):281-285.

[9] 蒋耀兴,冯岑.纺织概论[M].北京:中国纺织出版社,2005:187.

[10] 赵丰.中国丝绸艺术史[M].北京:文物出版社,2005:53.

[11] 陈维稷.中国纺织科学技术史:古代部分[M].北京:科学出版社,1984:27,28.

[12] 刘安.淮南子全译[M].许匡一,译注.贵阳:贵州人民出版社,1993:755.

[13] 路甬祥.走进殿堂的中国古代科技史:中[M].上海:上海交通大学出版社,2009:290.

[14] 李强.中国古代美术作品中的纺织技术研究[D].上海:东华大学,2011.

[15] 薛景石.梓人遗制图说[M].济南:山东画报出版社,2006:86.

[16] 李宏.绣品鉴藏[M].天津:百花文艺出版社,2007:1-3.

[17] 黄永堂.国语全译[M].贵阳:贵州人民出版社,1995:107.

[18] 李斌,李强,杨小明.联珠纹与中国古代织造技术[J].南通大学学报:社会科学版,2011(4):85-90.

古代典籍中的纺织篇

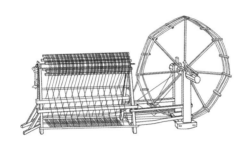

　　古代典籍主要有"四书""五经""六经""十三经"与《三字经》《千字文》《百家姓》《唐诗三百首》《文选》《古文观止》《二十四史》《史记》《资治通鉴》《太平广记》。其中以"四书""五经"最为重要，被历代士子和官方重视。而《三字经》《百家姓》作为儒家蒙学经典，成为士子童年必学之内容。本篇将以"四书""五经"和《三字经》《百家姓》为研究对象，梳理其中的纺织信息，试图从儒家思想层面来了解中国古代纺织技术和纺织文化。

第四章

四书中的纺织考辨

四书是《论语》《孟子》《大学》《中庸》的合称，又称四子书，为历代儒客学子研习之核心书经。南宋理学家朱熹（1130—1200）从《礼记》中摘出《中庸》《大学》两篇分章断句，加以注释，与《论语》《孟子》合为"四书"。四书增删注释包括孔子的弟子及再传弟子、孟子、程子、朱熹等，其编撰时间间隔长达一千八百年。宋元以后，《大学》《中庸》成为学校官定教科书和科举考试必读书，对中国古代教育产生了极大的影响。它蕴含了儒家思想的核心内容，是儒学认识论和方法论的集中体现。其在中华思想史上产生了深远影响。这四部书中蕴藏着大量的纺织服饰信息，便于我们理解成书时代的纺织技术、服饰文化。

第一节 │《论语》中的纺织考辨

　　《论语》是记录孔子（前551—前479）及其弟子言行的专著，两千多年来一直受到儒家先贤、大儒们的重视和注疏。《论语》中的相关信息涵盖著书时代的方方面面，从思想史来看，它有治国平天下之表述；从礼仪史来看，它有复周礼之决心……从纺织技术史来看，它蕴藏着大量纺织服饰的相关信息。而这些相关信息并没有得到相应的重视，缺乏系统的研究和考据，以致多被当下一些文化界甚至纺织服饰界的研究者所误解，其观点流传甚广。思之甚为憾事，所幸古人关于《论语》之注疏世代累积，可为我辈研究提供大量的考辨信息，故撰文以补遗阙。

一、前素与后素、绘与绣之辨

　　《论语·八佾篇》第八章有：子夏问曰："'巧笑倩兮，美目盼兮，素以为绚兮。'何谓也？"子曰："绘事后素。"对于"绘事后素"，一些学者直接解释为"绘画先有白地子，然后才画上画"[1]，即"绘事后于素"，也即先素说，此说出自朱熹，《论语·八佾篇》朱注："绘事，绘画之事也。后素，后于素也。"另一些学者用"绘事后素"解释《考工记·设色之工》中的"画缋"（这些学者认为画缋是局部染色），认为"绘事后素"是"当时的画工已经知道，图案背景的洁白可以突出花纹，加强效果，因而，必须在上色彩后再画白色花纹加以衬托"，[2]即"绘事后再素"。此说来源于郑玄，《考工记》郑注："素，白采也，后布之。为其易渍污也。"《论语·八佾篇》"绘事后素"郑注："绘画，文也。凡绘画先布众色，然后以素分布其间，以成其文。喻美女虽有情、盼美质，亦须礼以成之。"[3]

　　笔者认为此两种解释有待商榷。其一，关于"绘事后素"之"后"的解读，笔者倾向于第二类学者的观点，但笔者只认同郑玄的相关注解，即"绘事后再素"，而非全部认同郑玄的观点和第二类学者的观点。笔者之所以认同郑玄"绘事后再素"的观点，在于《考工记》郑注中将素解释为白采，这与"素"在《说文解字》中的解释一致。"素"在《说文解字》中乃是"白致缯也"，是作为一种白而细的丝织品的代名词。笔者认为此处的"素"并非白色的质地，乃是绣白色的丝线，即郑玄所谓"白采也"。其二，关于"绘"，笔者认为并不是绘画之意，既不赞同郑玄也不赞同朱熹的观点——二者都有绘画之意。这是因为古今文字之变，古者缋训画，绘训绣。譬如《说文解字》："绘，会五采绣也。"所谓"会五采之绣"是指用五种颜色的绣线进行刺绣。[4]

二、身份象征之辨

《论语·公冶长篇》第八章有："……'赤也何如？'子曰：'赤也，束带立于朝，可使与宾客言也，不知其仁也。'……"古今儒家学者多释"束带"为"整饰衣冠，表端庄"，因为清代考据学者刘宝楠（1791—1855）的《论语正义》中解释有："带，系缭於（于）要（腰），所以整束其衣，故曰束带。"对于"束带"的解释当下各版本《论语》中的解释多为"穿上官服"，[5]这从整体上来看是正确的，但着重于细节处，却是对中国纺织服饰文化不甚了解，不利于传播纺织服饰文化。

带，乃是中国古代一种腰饰。在唐代以前官服等级体系，如官服的颜色、补子的纹样等还没有形成之前，带的一个重要功能就是区别尊卑，特别是大带（图4-1）。上述《论语·公冶长篇》中的"带"即是大带。所谓大带，最晚在东周已出现（图4-2），它是用丝帛裁制成条状的朝服腰饰之一。仕宦阶层朝会时系于腰间，由后

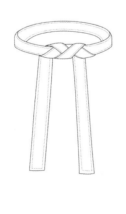
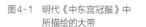

图4-1　明代《中东宫冠服》中
　　　　所描绘的大带

图4-2　山西侯马东周墓中出土的系大带的陶范

绕前，于腰前缚结，结束后将大带多余部分垂下，下垂部分称为"绅"。绅的长短与地位高低呈正比，以示尊卑。此外，色彩、材料、装饰等根据地位不同均有规定，可从《礼记·玉藻》中得到印证："天子素带朱里，终辟；（诸侯）而素带，终辟；大夫素带，辟垂；士练带，率，下辟；居士锦带；弟子缟带。"[6]

《论语·公冶长篇》第二十六章有："颜渊、季路侍。子曰：'盍各言尔志？'子路曰：'愿车马，衣轻裘，与朋友共，敝之而无憾。'……"又《论语·雍也篇》第四章有："……子曰：'赤之适齐也，乘肥马，衣轻裘。吾闻之也，君子周急不继富。'"正因为有这两个表达，后世将"乘肥衣轻""乘肥马，衣轻裘"变成了奢侈生活的代名词。而西汉元帝（前48—前33年）时黄门令史游所作蒙学课本《急就篇》中有："旃裘鞑鞨蛮夷民。"[7]旃通毡，乃是一种毛制品，通过物理加压、加湿将兽毛加工成片状物。裘是指毛在外、皮在里的一种皮服。因此，有些学者将旃裘两字分开，解释"旃裘鞑鞨蛮夷民"为"毡、裘、鞑鞨的使用是不文明的蛮夷所为"。根据这些学者对《急就篇》"旃裘鞑鞨蛮夷民"的解读，会使一些学人包括曾经的笔者在内都有这样的疑问：既然裘是华夏文明（其后发展成汉文明）所鄙视的蛮夷民穿戴之物，那么一生强调"克己复礼"、崇尚周礼的孔子会让他的学生公西华（文中的赤）去穿戴吗？这确实让人费解，到底是《论语》错了，还是《急就篇》错了？其实认真分析"旃裘"两字的含义，即可得出合理解释。"旃裘"两字不能分开解释。其原因有二：一是《急就篇》中"旃裘鞑鞨蛮夷民"一句中"旃裘"后面"鞑鞨"二字作为一个词使用，颜师古注："鞑鞨，胡履之缺前雍者也"，即露出脚趾的皮鞋。《急就篇》是蒙学，字句强调对称并列，因此"旃裘"与"鞑鞨"是并列两个词。笔者认为"旃裘"应该是指毡衣，毡子本身制作粗糙、味道较重，所以毡衣才被华夏文明所鄙视。二是《周礼》中记载天官有司裘之职，出现这一职务则说明周代官僚体制中的制裘有着重要的政治或经济目的。而"司裘掌为大裘，以共王祀天之服，献良裘，王乃行羽物。季秋，献功裘，以待颁赐"，则说明在周代政治体系中皮裘作为非常重要的政治工具和手段，维系着整个等级体系，因为它是周天子祀天和赏赐诸侯臣下必备之物。[8]此时期裘的华服形制和质量绝非少数民族的裘服、旃裘所能比。笔者认为华夏文明及其后的汉文明从来就没有歧视过裘服，甚至被大用，不然不会有华夏文明始祖伏羲"冬裘夏葛"的记载。认为华夏民族歧裘的观点可能源于《急就篇》，且有把"裘"与"旃裘"未作区分之误。

《论语·泰伯篇》第二十一章有："子曰：'禹，吾无间然矣。菲饮食而致孝乎鬼神，恶衣服而致美乎黻冕……'"其中黼，乃是一种斧形纹样，后世作为天子礼服上十二章纹样之一。其纹样为半白半黑，似斧刃白而身黑，取能断意。一说白，西方色；黑，北方色，西北黑白之交，乾阳位焉，刚健能断，故画黼以黑白为文。此处

黼则代表天子礼服。冕则指天子礼帽。黼冕则代指天子的祭祀服饰。

《论语·子罕篇》第二十七章有："子曰：'衣敝缊袍，与衣狐貉者立，而不耻者，其由也与……'"其中缊袍夹层中的填充物值得回味。所谓缊袍乃是一种衣长过膝的中式服饰，袍内纳有乱麻或絮旧绵（指丝絮）以御寒。古代华夏族甚至南宋之前的汉族地区并没有植棉，所以缊袍夹层中只能填充麻絮或丝絮。缊袍为贫困者的礼仪性服饰，特指贫困但又不失其志之人。《论语·先进篇》第五章有："子曰：'孝哉闵子骞！人不间于其父母昆弟之言。'"这一句被后世编辑成《二十四孝·单衣顺母》。而"单衣顺母"的故事多被编辑成："周闵损，字子骞，早丧母。父娶后母，生二子，衣以棉絮；妒损，衣以芦花。父令损御车，体寒，失纼。父察知故，欲出后母。损曰：'母在一子寒，母去三子单。'"[9]春秋时期华夏地区居然有棉，这是不是笔误，将"绵"写成"棉"，抑或根本就是编撰者在杜撰，导致当下很多资料一再沿用其错。无独有偶，在一些博物馆中经常也可以看到一些春秋战国时期的袍服下面标注"棉袍"，这显然也是错误的。

三、质与文之辨

《论语·雍也篇》第十八章有："子曰：'质胜文则野，文胜质则史。文质彬彬，然后君子。'"对于这一章的解释多数《论语》注释本将"质"释为质朴、"文"释为华丽的装饰、"野"释为粗俗野蛮、"史"释为言辞浮夸的史官，因此这句话的解释为"质朴胜过了文采，便像（不开化的）乡下人显得粗俗野蛮；文采排挤了质朴，便像言辞浮夸的史官。文采和质朴配合恰当，才像个君子。"这样的解释非常精彩，但不过是后世对孔子言论的注释和拔高而已，并非孔子本意。孔子在这章所谈的是君子的着装，其原因在于"文"在东汉时期的字典《说文解字》中都没有华丽的装饰之意，更何况在此之前的春秋时期。《说文解字》释："质，以物相赘。"譬如春秋时期诸侯交换质子，就是这个意思。引申其义为朴也，地也。可见质的引申意有质朴或织物的地组织之意。特别是作织物地组织之意时，时常固定搭配"有质有文"，[10]而《说文解字》中关于"文"的解释只有一种："文，错画也。象交交。凡文之属皆从文"，即文通纹，指花纹之意。[11]这样看来，《论语·雍也篇》第十八章谈的是君子着装的纹样和地组织要搭配协调，才能体现君子的中庸之道。

四、纺织度量之辨

《论语·子罕篇》第三章有："麻冕，礼也；今也纯，俭……"对于这句话的理解，很多当下流行的《论语》注释本都没有很好地解释，只是以"用麻做礼帽，这是符合礼节的规定的；现在用丝做，省工了"来解释。这就让人很迷惑，麻纱比丝一般要粗，怎么会做工更费时呢？另外，《论语·子罕篇》第十章有："子见齐衰者，冕衣裳者与瞽者，见之，虽少，必作；过之，必趋。"这里齐衰乃是中国丧服中五服之一，五服的穿戴体现血缘亲疏和尚礼。要深层次理解两句话，必须了解中国古代的纺织服饰文化和中国古代纺织品的度量。

所谓"麻冕，礼也"，是指麻冕乃是周代非常重要的祭帽。而齐衰则是中国古代人们哀悼祖父母的丧服，其所用布料为麻织物。为什么祭祀和丧葬都有麻织物（丧服也用葛织物）呢？《白虎通·绂冕篇》："麻冕者何？周宗庙之冠也。"《尚书》曰："王麻冕。"周代葛麻乃是百姓所衣用的主要原料，那为什么周王室要用寻常百姓衣用的原料——麻做天子之冕呢？难道周王室缺少比较珍贵的纺织原料吗？显然不是。刘宝楠《论语正义》载："冕所以用麻为之者，女工之始，示不忘本也。"关于如何做麻冕，刘宝楠《论语正义》云："论语麻冕，盖以木为干，而用布衣之，上玄下朱，取天地之色。"丧服用麻、葛，一则百姓获取容易，可不增加百姓的麻烦；二则传说麻在风中摇曳可见其哀叫，故以麻作丧服示悲伤之情。

所谓"今也纯"，是指"而今天用丝冕代替麻冕"。因为孔安国注言："纯，丝也。"《说文解字》释义："纯，丝也，从糸，屯声。"丝乃纯之本义也，故其字从糸。[4]

为什么说制作麻冕会比丝冕费时，那是因为冕的标准是三十升布。前文已证明三十升布要求每根纱线的直径是0.210毫米。显然麻缕要制成这样的规格比丝线难得多。[12]

所谓齐衰是哀悼祖父母的五种丧服之一，所用布为4~6升，而在此处却泛指丧服。丧服形为衣裳，实则为中国古代孝文化的体现，而孝文化的实质是以血缘亲疏为依据，故有五服体现血缘亲疏之论，有"出五服""在五服"之说。笔者根据汉代《仪礼·丧服》的记载，对五服信息进行整理（表4-1）。

表4-1 《仪礼·丧服》中记载的五服信息

丧服名称	哀悼对象	用布升数/升	经密/（根·cm^{-1}）
斩衰	父母	3	4.74
齐衰	祖父母	4~6	6.32~9.48
大功	兄弟姐妹	7~9	11.06~14.22
小功	父母辈亲属	10~12	15.80~18.96
缌麻	远房亲戚	7	11.06

从表4-1中可以看出两点疑问：其一，五服用布升数并不是完全固定，父母、远房亲戚却是固定，而对祖父母、兄弟姐妹、父母辈亲属却是不固定；其二，从用布

升数来看，根据血缘亲疏，用布升数越少表示关系越亲密，按此逻辑远房亲戚的用布升数应该比较高，但实质上其却与兄弟姐妹的用布升数相等。笔者认为，对父母用布升数固定，说明在中国古代父子（女）、母子（女）关系是一种核心关系，不受任何情况的影响而改变。对远房亲戚用布升数固定且较高，这是一种礼的表现。之所以对祖父母、兄弟姐妹、父母辈亲属的用布升数可以浮动，主要根据所服之人与其亲人在世时关系亲疏来定，这是一种间接反映孝的程度，也在某种程度上起到奖惩孝行的作用。[13]

五、君子服饰搭配、穿着与形制之辨

《论语·乡党篇》中第六章对君子的服饰搭配有详细的描写："君子不以绀緅饰，红紫不以为亵服。当暑，袗絺绤，必表而出之。缁衣，羔裘；素衣，麑裘；黄衣，狐裘。亵裘长，短右袂。必有寝衣，长一身有半。狐貉之厚以居。去丧，无所不佩。非帷裳，必杀之。羔裘玄冠不以吊。吉月，必朝服而朝。"

在颜色的搭配上，君子着丝织物有严格的规定。"不以绀緅饰"中的"绀"，《说文解字》曰："绀，帛深青而扬赤色也"，即丝织品呈深青色而又散发着赤光。而"緅"在《玉篇》中指"青赤色"，在《说文新附》中指"帛青赤色"。可见，君子穿丝织品时不能用深青色和青赤色作为衣服领子和袖子的装饰。而对君子的便服或内衣也有颜色要求。"红紫不以为亵服"中的"亵服"，《说文解字》曰："亵，私服也。"可见，亵服即家居便服或内衣，君子则不能用红紫色做便服或内衣。之所以不能用深青色、青赤色、红紫色，一则郑玄认为绀緅紫色类乎玄色，红色类乎缁色，而玄、缁乃是祭服颜色，所以不宜做镶边、亵衣；二则此三色非正色，古人讨厌其夺了正色的地位。此外，君子穿不同的裘服，其罩衣的颜色各不同。"缁衣，羔裘；素衣，麑裘；黄衣，狐裘。"其实，缁衣、素衣、黄衣分别与羔裘、麑裘、狐裘之色一致。刘宝楠正义："郑注云：'缁衣羔裘，诸侯视朝之服，亦卿、大夫、士祭于君之服。'……经传凡言羔裘，皆谓黑裘，若今称紫羔矣。"麑裘，则为初生之鹿的皮制成的白色皮衣。狐裘则为黄色，《史记·田敬仲完世家》有："狐裘虽敝，不可补以黄狗之皮。"最后，君子服装与玉饰、帽子的搭配也都有讲究。"去丧，无所不佩"是指丧期过后便可以佩带各种玉饰，反过来的意思就是丧期君子不能佩带任何玉饰。而"羔裘玄冠不以吊"则是指不穿黑羔羊皮袍和黑帽子去吊丧，"吉月，必朝服而朝"是指农历每月初一一定要穿上朝服去拜见君主。

在穿着方面，君子尤其讲究。①"非帷裳，必杀之"中"帷裳"，刘宝楠正义："郑注云，帷裳，谓朝祭之服，其制，正幅如帷也。"可见，帷裳是用整幅布制成，不加裁剪。②"当暑，袗絺绤，必表而出之。"袗，指单衣，在此句中名字活用动词，意为"以……做单衣"。絺，指细葛布；绤，指粗葛布。"絺绤"则代指葛布。"必表而出之"则表示单衣在内衣之外。"亵裘长，短右袂。必有寝衣，长一身有半"是指在家所穿的皮裘要长些，右边的袖子要短些，相当于现代的睡袋之功用。古人有寝衣之说，其长度为一个半身长，相当于一个小被子。当代的懒人服与古代亵裘、寝衣也有同样的设计思维。

在坐具方面，君子以"狐貉之厚以居"，即用狐貉的厚皮毛做坐垫。这一句的理解必须要有一个文化背景，古代华夏族甚至汉族形成后直到"五胡乱华"之前，人们室内家居无坐具，均席地而坐，[14]故坐垫可以使腿脚更舒服，这就可以理解选择狐貉的厚皮毛做坐垫的必要性。

第二节 |《孟子》中关于纺织的考辨

《孟子》是儒家的经典著作，是战国中期孟子（约前372—前289）及其弟子万章、公孙丑等所著，其中隐藏着一些纺织的信息，容易被人忽略，殊不知其中有深刻的纺织文化内涵。

一、孝与丝崇拜

《孟子·梁惠王上》中有"五亩之宅，树之以桑，五十者可以衣帛矣""七十者（老者）衣帛食肉，黎民不饥不寒，然而不王者，未之有也"，[15]《孟子·尽心上》有"五亩之宅，树墙下以桑，匹妇蚕之，则老者足以衣帛矣"，[15]268都似乎在教育人们要孝敬老人，给老人穿丝绸、吃肉。但笔者在此反问为什么要让老人穿丝绸呢？难道让老人穿丝绸就是为了舒适吗？显然不是，而是以示尊重。这其实可以从《孟子·滕文公下》中得到答案，"……《礼》曰：'诸侯耕助以供粢盛，夫人蚕缫以为衣服。牺牲不成，粢盛不絜，衣服不备，不敢以祭。惟士无田，则亦不祭。'牺杀、器皿、衣服不备，不敢以祭，则不敢以宴，亦不足吊乎？"[15]110说明缫丝是为了做衣服，这里的衣服不是指我们现代意义的衣服，而是指比较正式的服装，这些丝织的衣服是为了祭祀用的。让老人们着丝织的服装去主持祭祀，这是对他们的尊重。同时祭祀祖先也不是一般家庭所被允许的，必须是有祭田的士阶层才可以祭祀。

丝绸在那时承担着宗教和祭祀任务，也可以从《孟子》中找到依据：依据一，《孟子·滕文公上》有"许子必织布而后衣乎？"[15]95《孟子·滕文公下》有"曰：'子不通功易事，以羡补不足，则农有余粟，女有余布'""曰：'是何伤哉？彼身织屦，妻辟纑，以易之也'"，[15]112、125从这三句可以看到，许子生活所用的衣是布，与"粟"

相对的是"布"而非帛，与男人编鞋相对的是绩麻，这样说来老百姓的生活衣物主要还是麻织物。依据二，《孟子·梁惠王下》有"曰：'何哉，君所谓逾者？前以士，后以大夫；前以三鼎，而后以五鼎与？'曰：'否。谓棺椁衣衾之美也。'"[15]41《孟子·滕文公上》有"'许子冠乎？'曰：'冠。'曰：'奚冠？'曰：'冠素。'"[15]95由此二句可见，古人用丝织物制作寿衣（《韩非子·内储说上》："齐国好厚葬，布帛尽于衣衾，材木尽于棺椁"，由此可知厚葬中寿衣是用丝织物的，而《孟子·梁惠王下》中谈到"棺椁衣衾之美"，那必然用到丝织物），用丝织物（素是指白色的丝织物）来制作冠。但相对于日常生活中麻葛织物的用量来说，丝织物的用量还是比较少的，这也是丝的崇拜所致。其实《孟子·离娄上》中"有孺子歌曰：'沧浪之水清兮，可以濯我缨；沧浪之水浊兮，可以濯我足。'孔子曰：'小子听之！清斯濯缨，浊斯濯足矣，自取之也。'"[15]135这里的缨（冠上的带子）以清水洗之也说明了丝之崇拜。《孟子·离娄下》中亦有"披发缨冠"[15]165，可知缨在古代的重要，因为以缨正冠，这从另一个侧面可解释丝崇拜深藏在文化基因内部。依据三，《孟子·尽心下》有"孟子曰：'舜之饭糗茹草也，若将终身焉；及其为天子也，被袗衣，鼓琴，二女果，若固有之。'"[15]286很多人对这句话可能有误解，认为袗衣（麻葛单衣）是很差的衣服，事实上当时麻葛单衣可以精细到与丝一样的程度，舜穿麻葛织物是当时比较高级的待遇，而丝织物在舜时代似乎并不为人所享用，后来才逐渐被人所僭越，用在冠和身上。

其实《孟子》以上的言论体现了中国的孝与丝崇拜是密切联系在一起的，这也是中国成为丝绸故乡的原因。中国古人观察到蚕可以变幻形体，这让他们误认为蚕可以永生和不死。永生和不死是人类早期孜孜不倦的追求，譬如古埃及的金字塔和木乃伊、古代中国人的丝绸裹尸布等的使用，都与人们希望永生和不死有关。因此，中国古人对蚕形成了崇拜，浙江余姚河姆渡文化遗址出土的蚕纹盅木质蝶形器（图4-3）就印证了这一点。由于蚕会吐丝结茧，丝才是其具有神秘力量的关键，因此蚕图腾又转化为丝崇拜，并有了像蚕一样用丝裹着身体就可以再生的认识。这种再生的认识几经变化，最后由肉体再生转变为灵魂再生或升天，至此，丝织物最终成为裹尸布和沟通人神的媒介。这可从商代青铜器用丝绸包裹陪葬品，以及马王堆一号汉墓主人辛追身裹18层丝绸服饰入葬（图4-4）得到印证。古人为了表达对先人的尊重，希望先人可以再生，所以偏爱丝绸，这样形成了对丝的生产和开发。在世界其他地方都没有发明丝绸，一方面，主要在于丝绸的生产成本在古代过高，相对于麻、毛都不经济。另一方面，没有丝崇拜提供生产动力。因此，丝崇拜是中国成为丝绸故乡的关键因素。

图4-3　浙江余姚河姆渡文化遗址出土的蚕纹盅
木质蝶形器（现藏于河姆渡遗址博物馆）

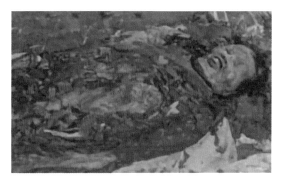

图4-4　马王堆一号汉墓主人辛追身裹18层丝绸服饰

二、对纺织品充当一般等价物的解读

人们对于战国时期的纺织品商品经济，总存在着一些误解，因为那个时代处于奴隶社会向封建社会过渡的时期，常以男耕女织的自给自足的小农经济来表征那个时代。事实上，并非如此。《孟子·公孙丑上》中有"廛，无夫里之布，则天下之民皆悦而愿为之氓矣。"[15]58此处"布"是指什么？是指一种货币——布币（图4-5），因形状似铲，又称铲布，是从青铜农具铸演变而来的。春秋战国时期，铲状工具曾是民间交易的媒介，所以最早出现的铸币是铲状。最初的布币，保留着其作为工具的模样，留有装柄的銎，原始而厚重，后来逐渐减轻，变薄，变小，币身完全成为片状，便于铸造和携带。《诗经》中"抱布贸丝"中的"布"不是指实际的布，而是指货币。"布"这个字作为货币的单位，说明在铲作为一般等价物和货币前，实际上布一直充当着一般等价物，只是随着青铜器被广泛使用，才被铲状工具取代。在战

图4-5　战国时期的布币

国时期，夫布为无固定职业不能亲自服力役之民交纳的代役钱，里布是对有宅不种桑麻者所征的罚赋，合称夫里之布。这说明出现商品经济，因为可以靠出钱来交纳劳役和替代惩罚。《孟子·滕文公上》有关于农家许行投靠滕文公的事，他专心农耕，其他生活日用品都是以粟易之，这说明战国时期商品经济还是比较发达的，只是还没有出现货币，物物交换是非常发达的。从"曰：'许子奚为不自织？'曰：'害于耕'"[15]95可知，有以耕种为主业的人，那么必有以织布为主业的人，那时商品经济还是很普遍的。

其实"币"这个词也与纺织相关。《孟子·梁惠王下》中有"孟子对曰：'昔者大王（周的先祖）居邠，狄人侵之。事之以皮币，不得免焉'"。[15]40《孟子·万章上》中有"汤使人以币聘之"。[15]186"皮"在此是指裘，"币"指丝绸。从"币"字形也可窥其一斑，有一个"巾"。裘、丝绸作为一种珍贵之物祭祀祖先，被作为贡品贿赂强国，所以才有"事之以皮币"一说。随后"币"才有财物、货币之意，如两宋时期的"岁币"。笔者在此有两点疑惑。其一，为什么裘没有成为货币，没有"货皮"一说；其二，那么"币"这个字的出现，是否说明丝绸在周朝初期和布一起作为一般等价物？笔者认为这是不可能的。但丝绸在后世成为一般等价物是可以肯定的，而裘不可能成为一般等价物，因为在产量和生产普及性不高的情况下，人民手上并没有很多裘、丝绸，也不是经常消费，所以它们充当一般等价物会很不方便。但随着丝绸生产技术和生产区域的扩大，丝绸在很多朝代都成为一般等价物，作为赏赐和保值的商品。但是裘不行，一是动物皮毛的获取不易，二是消费量的不足，导致其只能充当宝物，而不是一般等价物。

三、对战国时期衣生活的解读

《孟子》成书于战国时期，其中有些涉及纺织服装句章，可以反映当时的衣生活。

《孟子·公孙丑上》有"伯夷……立于恶人之朝，与恶人言，如以朝衣朝冠坐于涂炭"。[15]62这句话虽假借谈论伯夷的事迹，说明战国时期的人对衣、冠的重视。也可从《孟子·告子下》中"子服尧之服，诵尧之言，行尧之行，是尧而已矣；子服桀服，诵桀之言，行桀之行，是桀而已矣"[15]236从服、言、行的排序，可知儒家对服饰的重视，他们认为服饰对人的言和行都可起到约束的作用。

《孟子·滕文公上》有"其徒数十人，皆衣褐，捆屦织席以为食""布帛长短同，则贾相若；麻缕丝絮轻重同，则贾相若；五谷多寡同，则贾相若；屦大小同，则贾相若"[15]95, 97，由此可知当时老百姓的生活。从"皆衣褐"可知这是底层老百姓的衣料，即麻织物。从"布帛长短同，则贾相若"可知市场上可以买到麻织物和丝织物，说明当时麻织物、丝织物被老百姓服用。从"麻缕丝絮轻重同，则贾相若"则可知作为冬季衣服的填充物有两种，一种是麻缕，另一种是丝绵。当然"缕"的解释，《说文解字》："缕，线也。"段注："凡蚕者为丝，麻者为缕。"但在此处却不能如此解读，因为缕前还有一个麻，而麻缕与丝絮是一对并列式名词，说明缕在此处不能作麻线解，只能作不能纺用的非常细的麻絮，用于强调只能作为衣物的填充物，用于保暖。缕如果没有和麻在一起，那就可作为纱线解，这可从《孟子·尽心下》"孟子曰：'有布缕之征……'"[15]296窥其含义，因为此处布缕是指麻织物和麻线，用于征税。

《孟子·尽心上》有"曰：'舜视弃天下，犹弃敝蹝也'"，[15]275这句话说明草鞋在舜所处的时代是很容易制作和获取的，所以不是很重要，那么破旧草鞋更是被轻视。中国古人重首轻足，这与首、足在生活中的地位不同有关。冠在首上，一眼可见，通过冠可明等级、辨贵贱，冠具有展示社会功能的作用，故有重冠一说。足在下，人眼在首上，所视的范围多在首上，足更多的是自然功能，即行走，其消耗鞋的量也大，故其必须选择比较便宜的原材料做鞋子才合适。

《孟子·滕文公上》有"三年之丧，齐疏之服"，《孟子·尽心上》有"不能三年之丧，而缌、小功之察"[15]282。齐疏、缌、小功是指丧服。赵岐注："齐疏，齐衰也。"朱熹集注："齐，衣下缝也。不缉曰斩衰，缉之曰齐衰。疏，麤（粗）也，麤布也。"关系亲疏不同，丧期和丧服各不相同。"三年之丧"是指为父母守孝，齐衰属于仅次于斩衰的第二大重孝，为4～6升的丧服。升是指古代布的精密单位，1升是指幅宽（汉幅50.6厘米）上有80根经纱，那么2升是指幅宽上有2倍80根经纱……15升布为百姓日常所服用。所以丧服一般是低于15升。丧服升数越小，越粗糙越说明关系密切和心情悲切。缌、小功属于轻孝，分别用布7升、10～12升，一般是指为关系较远的亲属服丧的丧服。这似乎在说明古人认为阳间和阴间是相反的世界，用相反形制来表达。

《孟子·尽心下》有"曰：'……恶紫，恐其乱朱也……'"[15]303，这说明战国时期喜正色、轻间色。笔者认为，并不是正色美、间色不美，而是其文化中传递、强化血统论的一种表现。从春秋时期齐桓公好紫服来看，常服的穿着并没有那么讲究。只是其后，随着封建制度的强化，这种文化不停地被强化，才出现服色制度。

第三节 |《大学》中的纺织服饰考辨

《大学》相传为曾子（前505—前435）所作，实为秦汉时儒家作品，自朱熹作《大学章句集注》后，从《小戴礼记》第四十二篇中独立出来，与《中庸》《论语》

《孟子》并称"四书"，它对中国古代教育理论起到重要作用。一直以来关于《大学》的研究多围绕作者、成书、版本、篇名含义等问题展开[16]，没有涉及技术史（包括纺织服饰技术史研究），但《大学》中有一些关于纺织服饰的信息还是值得玩味，仔细推敲还是十分有趣的。为此，本节对《大学》中的"斐""缉""孝""机"展开研究。

一、"有斐君子"之"斐"辨

《大学》有"诗云：'……有斐君子……'"，[17]其实《诗经·小雅·巷伯》中并没有"有斐君子"四字，仅有"萋兮斐兮，成是贝锦"。[18]唐朝经学家孔颖达（574—648）疏："《论语》云：'斐然成章。'是斐为文章之貌，萋与斐同类而云成锦，故为文章相错也。"可见，孔颖达认为斐是文章之意，殊不知古代"文章"本意并不是指论文，而是指织物上的纹样，如古代皇帝龙袍上的"十二章"正是此意。于是有些国学研究者据孔颖达的解释望文生义地将"有斐"引申译为"文雅""有文章"等，[17]5显然这是不妥的。笔者认为"斐"为织物纹样之意。

那为什么"斐"和"君子"在一起呢？笔者认为只有理解《论语》中"质胜文则野，文胜质则史。文质彬彬，然后君子"的含义，才能理解"斐"和君子的关系。笔者曾经著文说明"文质彬彬，然后君子"，乃是孔子谈君子的着装要让服饰上的纹样和地组织搭配协调，不能太炫，也不能太素，才能体现君子的中庸之道。[19]所以，一些注释本将《大学》中的"有斐"译为"文质彬彬"是有一定道理的。[20]笔者在此还要将"斐"的意思向更深处推进一步，即"孔子克己复礼"，其本意是以礼来规范人的行为，达到天下大治。斐作为织物上的纹样，应该和玉一样，起着警醒着装的君子注意言行的作用，否则不会有"有斐君子"一说。因此，"有斐君子"和"君子怀玉"是同义。

二、"於缉熙敬止"之"缉"考

《大学》中："《诗》云：'穆穆文王，於缉熙敬止。'"有的译本解释"缉熙"为"光明"，源于《大雅》传曰"缉熙，光明也"，这是后世对《大雅》句章的解读。因而全句的解释为《诗经》说：'肃穆的周文王，归宿到光明庄敬。'"[17]5笔者认为这一解释不太妥当，皆因不理解"缉"字的纺织之源。从《说文解字》"绩，缉也""缉，绩也"可知，缉就是绩。由成书早于《说文解字》的《诗经》中"不绩其麻""八月载绩"可知，绩在春秋时期是指纺茎皮纤维为纱，可从《天工开物·乃服第二·夏服》中"取芭蕉皮析缉为之"证明其意一直在传承，[21]"成绩"一词就是由纺茎皮纤维为纱成功之意[22]引申而来。直到最早战国时期成书的《尔雅》"释诂"才有"绩，继也，事也，业也，功也，成也"，笔者怀疑现存《尔雅》"释诂"的相关内容一定晚于东汉时成书的《说文解字》的编撰时间，不然为何时间在前关于"绩"的解释多于时间在后的解释。此外，《诗经》中还有"维禹之积"常被人误认为"维禹之绩"，故"绩"在春秋时期成书的《诗经》中被人误解又有"功也"之另一层意思。这可能都是误传。从《诗经》中可知"绩""缉"在春秋时期可能只有纺茎皮纤维为纱的意思。

笔者认为"缉熙"并不是光明之意，乃是"庶缉咸熙"的简略形式，因为"庶缉咸熙"的出处《尚书·尧典》成书于春秋时期[23]，明显早于《大学》成书的秦汉时期，故才有后面《大学》中简略的表述。春秋时期"缉"（绩）只有纺的意思，这与后世对"庶缉咸熙"的解读又有不同之处。究其原因是对"庶缉咸熙"前面一句"允厘百工"的解读不同所致。很多译注者对"百工"中的"工"理解为手工业，故根据上下文"庶缉"理解为"各行各业"，全句的意思则为"各行各业都很兴旺"。笔者在此有些疑惑：①根据上下文来解释难道没有错误吗？如果上句的解释是错误的，那么下句必定是错误的。历来对统治阶级而言，最重要的职业是官僚阶层，而手工业则是次之又次之，才有"士农工商"一说，"百工"的意思似乎为百官为好。此外，"允厘"之意是公平、公正，其修辞百官比各行各业要好些。如果"百工"为百官之意，则其下文解释为各行各业的繁荣是不妥的。②《诗经》中反映"绩"（通"缉"）是纺茎皮纤维，而无成绩之说，那同为春秋时期成书的《尚书》不可能有成绩、成就之说。《尚书·周书·洛诰》中"万邦咸休，惟王有成绩"是被传最早关于成绩的表达，但笔者通过查阅线装本发现其"绩"是"续"，故不可作为"绩"在春秋时期有成功的一层含义。笔者认为，"庶缉咸熙"应该是指老百姓纺纱之风蔚然，由于"黄帝垂衣裳而天下治"反映的是服饰在礼制中的地位，则引申为百姓知礼。因此，"缉熙"是指百姓知礼，全句的意思是"肃穆的周文王，使礼教治国成功而受百姓的敬仰"。

三、"孝者，所以事君也"中"孝"的另解

《大学》有"孝者，所以事君也"，其中的"孝"字与"教"有共同的部分，以致一些从事古文字艺术者将篆体"孝"写成篆体"教"的"孝"部分，当然这一做法也是受《康熙字典》中将篆体"教"的左半部分的字体作为与篆体"孝"的异体字[24]的影响。但这种研究方法是不对的，显然是对教的纺织字源与孝的形体关系字源解释忽视所致。

从甲骨文来看，"教"字源于纺织，而其今文中"老"（左边上部）形原本为网状，"子"乃小儿状，其反文形（右边）乃是手执教鞭状，其整个字的形象是教小

孩子纺织，具体推导及论证过程参见笔者《甲骨文中的纺织考辨》[25]一文。为什么如今"教"字演变为左边形体是"孝"的形体？因为这种转变是儒家对"教"的纺织起源的忽视，对"孝"的极端崇拜所致。理由一，从字形上看，手执教鞭学习"孝"，这不正反映儒家对"孝"的重视。理由二，从两字出现的顺序来看，"教"先于"孝"字出现（孝的行为可能早就出现），说明"教"字形体上突变的人为因素较大。

"孝"字源于父与子的一种关系，这种关系既是字形的关系，也是关于孝最初理解为一种老与子的交互性关系。《说文解字》如是解释："孝，善事父母者。从老省，从子，子承老也。"其中"子承老"是解释字的结构，并无他意，而有一些学者将"子承老"解释为具体的行为子驮老，这解释是有问题的。因为从金文和篆体的形体上看"老"形在"子"形的头上，这显然不对，"老"在"子"的背后才对。笔者认为"孝"的形体将"老"和"子"组合在一起，体现的就是老人与儿子的关系。之所以说是一种充满爱的人际关系，在《论语·阳货》中得到孔子的解释。子曰："予之不仁也！子生三年，然后免于父母之怀。夫三年之丧，天下之通丧也。予也有三年之爱于其父母乎？"正是因为小孩婴儿期是在父母（注意包括母亲）怀中度过，父母之艰辛可想而知，为父母守孝三年就是报答父母之爱。[26]

可见，"孝"与"教"之间今字形体相近，在内涵上却相差甚远。基于两字字体演变可见最初纺织技术对人们生活的重要性，从技术的普及性到其后的衰落，一方面说明技术的进步，其地位在下降，另一方面从深层次上来看与士人阶层的兴起和孝文化发展有关。

四、"其机如此"之"机"的初意考

《大学》云："一家仁，一国兴仁；一家让，一国兴让；一人贪戾，一国作乱。其机如此，此谓一言偾事，一人定国。"其中的单个"机"字的解读，在纺织史学界很长一段时间内都认为"机"是指织机，因为机的繁体字"機"左边表木质，右边上部表示悬挂的整经的经纱，右边下部则是一个人脚踏踏板进行提综，这与东汉时期在画像石出现的综蹑织机形式相似。从形体上看似乎很有道理，难怪英国著名的中国科学技术史学家李约瑟也认为"在中国古代汉语中，机不只是指织机（笔者注：这表明李约瑟认为机是指织机），而且指机智及智慧"，[27]甚至包括笔者曾经也认为"机"之初义是织机。[28]另外，《说文解字》中"滕""杼""榎"的解字却间接证明"机"是织机，如"滕，机持经者""杼，机持纬者""榎，机持缯者"，此三处"机"只能作织机解。

但笔者对"机"的初意乃织机之论断还是有些疑惑。其一，从字形上看，《说文解字》中对"幾"的解读即可否定"機"为织机之论断。"幾，微也。殆也。
从，从戍。戍，兵守也。而兵守者危也。"另外，从"一言偾事"可反推"其机
如此"之"机"乃微小之意。可见，认为"机"是指织机观点的学者将繁体字
"機"为织机的解读过于望形生义。其二，从"机"字的解字来看，"机，主发谓
之机。从木，几声"，根本上没有织机之意。然而，在《说文解字》中"机"与
"几""滕""杼""榎"的解读就形成矛盾，为什么一个字在一本古代字典中会产生
两种不同的解读呢？到底哪一个是对的或两个都是对的。笔者认为，"滕""杼""榎"
字并非东汉时期出现，而是之后出现，后世对《说文解字》进行了增补，才形成今
日此四字之矛盾之处。其三，一方面，西汉前期成书的《韩诗外传》和西汉末年成书
《列女传》中记载孟母事迹时仅有"以刀断其织"而没有关于"机"所指织机的描
写。[29]另一方面，《列女传》中关于"敬姜说织"内容时也仅有"尽在治经"而没
有"机"之表述。最早关于"机"为织机的解释除《说文解字》外，是东晋成书的
《列子》中关于"纪昌学射"的"偃卧其妻之机下"的表述。可见"机"有织机之意
最早应该在东晋时期出现。[28]148 到宋代"机"又多了一个解释——织轴。宋代字书
《集韵》中有"机以转轴，杼以持纬"，[30]此处"机"仅指织轴，并没有代表织机
之意。

　　如果东汉许慎的《说文解字》祖本中没有出现与"机"相关的"杼"这个字，
那么杼在中国出现时间又需要再审视了，主要原因在于杼（特指梭子）这一机件在
《列女传·鲁敬姜说织》中没有出现，这似乎可证明"杼"字出现必定晚于春秋时
期，因为敬姜是春秋时期的人，甚至可能晚于西汉时期（《列女传》成书于西汉）。
但《诗经·小雅·大东》（小雅成书于西周时期）中"小东、大东，杼柚其空"中
有"杼"，《左传》（成书于春秋晚期）中崔杼弑君中"崔杼"这一人名有"杼"一
字，这是什么原因？然而杼的前身　　斫刀出现的最早实物是江苏泗洪曹庙出土的
东汉时期画像石织机图上的图像信息，东汉时期尚没有杼出现，难道西周或春秋已
出现杼，显然这并不合理。笔者认为，"杼"出现在《诗经》《左传》中是后世误写
的。另外，从技术进化角度来看，杼和箵应该是同时出现，是从斫刀中分流出来的。
在《说文解字》中没有"箵"字出现，这是否从一个侧面说明《说文解字》中出现
"杼"是不可能的，也应该是后世误撰。有些学者包括笔者也曾经相信长沙马王堆一
号西汉墓中出土了有明显箵路的绢纱织物，证明西汉时期箵已出现。[28]199 但笔者现
在不相信这一表述，理由有二：其一，东汉成书的《说文解字》中没有"箵"字出
现，它与"西汉有箵出现"这一表述相悖；其二，明显箵路出现，也有可能是织机
的经轴上做了很多固定经线的小槽，是固定经纱所致。所以，笔者认为：中国古代
的"机"的最初意并不是指织机，而中国古代杼与箵的出现应该是东汉以后。

第四节 │《中庸》中的纺织考辨

《中庸》是儒家重要经典，乃孔子之孙孔伋（字子思，前483—前402）所著，为儒家理论渊薮，至宋才为儒者重视。《中庸》虽为儒家修身的专著，但其中不乏一些纺织服饰信息，为我们认识中国古代纺织文化提供了第一手资料。

一、儒家对服饰的重视

《中庸》中明确表示儒家重视服饰对内心修为的警示作用。如《中庸·第十六章》中有"使天下之人，齐明盛服，以承祭祀，洋洋乎！如在其上，如在其左右"。再如《中庸·第二十章》有"齐明盛服，非礼不动，所以修身也"。[31]这两句中"齐明盛服"是儒家对"内化于心，外化于行"的具体表现。"齐明"是指内心虔诚，特指对心。"盛服"是指穿戴整齐体现虔诚，特指对物，表里如一。其实，"齐明"和"盛服"之间还有另一层含义，即盛服可以警示心明，儒家认为人类制作衣裳乃是文明之始，衣裳可以告诫穿着者有别于禽兽，[32]这与中国古代君子怀玉的作用一致。[33]可见儒家重视外物对内心的影响，这外物也即是"礼"，"礼"之重点之一是服饰。之所以这么说，可从《中庸·第十九章》中"春秋修其祖庙，陈其宗器，设其裳衣，荐其时食"可见一斑。将先祖衣裳摆在祖庙，供后人祭祀，这正是衣如其人的表现，这也可以说明孔府旧藏中为什么会有很多明代服饰的原因。[34]同时也说明中国历史上有衣冠葬形式的依据来源。

二、治丝与治天下

笔者认为儒家总以纺织工艺操作比喻治天下，而道家则认为治大国如烹小鲜。这两者的比喻，体现了两家的思想精髓。《中庸·第三十二章》中"唯天下至诚，为能经纶天下之大经"[31]144一句，一方面它可能是最早将治丝与治国联系起来的论述，因为其后《韩诗外传》《列女传》《后汉书》《三字经》中有孟母、敬姜、乐羊子妻等的说织、说经的行为，并对说织、说经进行详细的解读。[35]另一方面它又体现了中国古代丝崇拜的宗教观。经纶是指丝线，"经纶天下"是指用丝线操纵天下，那是谁操纵呢？显然是上天，而世俗的君主只是代替上天来管理。为什么用丝有这种功能呢？这与中国古代从蚕崇拜到丝崇拜有关。中国古人发现蚕可以变幻形体，而让当时的人误解其可以永生和不死。这又有一个问题，为什么中国古人会对蚕有图腾崇拜，而对苍蝇或其他形变昆虫没有图腾崇拜？笔者认为行动缓慢和通体白色让蚕充满庄重感和圣洁感，而苍蝇等昆虫奇怪的形状、刺激的气味和快速的动作给人一种邪恶感和厌恶感。经纬天下所反映的是一种丝崇拜，此外，也隐喻着每个人的命运都是通过丝被上天（命运）操纵，这也是一种宿命论的体现。[36]虽然儒家对鬼神命运敬而远之，但并不是不信，可从"经纬天下"这一表达中见到原始的宿命论在其观点中的痕迹，只是他们不愿提及而已。

第五节 ｜ 小结

　　历代《论语》的注疏有利于儒家学术思想的丰富与发展，但对于其所蕴藏的纺织服饰相关信息却有"以今观古"的误解，导致其背离孔子生活年代及《论语》成书年代的纺织服饰技术背景，形成错误的技术认识，一直影响到当下。通过文献考据和中国纺织服饰技术史的二维契合性比对，使我们发现："绘事后素"之绘是"绣"而非"绘画"，"素"指绣白色丝线；"束带立于朝"乃是束大带立于朝。裘没有因为是蛮夷之特产而受到鄙夷，反而得到推崇。黼冕、缊袍分别代指帝王、贫却不困之士的礼服；《论语·雍也篇》中"质"与"文"分别指代衣物上的地组织和花组织，不宜做过多的引申；《论语·子罕篇》中麻冕用工、用时多于丝冕，皆因中国古人对冕的织物密度的三十升布标准要求所致。此外，纺织度量与中国丧服礼制有着密切关系；君子穿衣搭配都有一定之规，无一不体现中国古代颜色观、礼制，但又不失其家居性。

　　通过对《孟子》的解读，使我们发现：①中国古代的孝与丝崇拜是密切联系在一起的。通过研究丝绸的起源动机，可以看到孝和追求灵魂再生的宗教观成就了中国的伟大发明——丝织。②纺织品是较早充当商品经济中的一般等价物的。"布"作为货币形式，说明麻葛织物作为一般等价物出现早于丝织物，作为丝织物的词语"币"，是随着丝织物生产技术和产品的普及而成为一般等价物的。

　　通过对《大学》中的纺织服饰信息的分析，有利于弘扬国学和传统纺织技术与文化。两者互为载体，共同关照：①儒家所追求的"内圣外王""修、齐、治、平"之境界，需要在物化的形式——服饰的纹样上进行提示警诫，以促进明君、贤臣的修为提升。②君王所追求的"咸熙"盛世是以百姓安天命为前提，"庶绩"特指百姓户户安于纺纱，引申为辨等级知礼仪。因此，庶绩才可咸熙。③士阶层所追求的"孝"和"教"，两者在形体上有相似之处，但"孝"是体现老与子的人际关系，而教则源于纺织。④"机"之原义并非指织机，而是机发论。通过对"机"的词源分析，可对杼和筘出现的时间有较晚的再认识。总之，深入考察《大学》中的纺织服饰字词，会对纺织技术史及文化有新的认识。

通过对《中庸》中的纺织服饰信息考察，我们发现：①儒家重视服装，是因为"齐明盛服"是儒家"内化于心，外化于行"的具体表现，他们需要假借外物来警示自己的行为。②中国古代经常性地将治丝与治国联系在一起，这说明中国古代有根深蒂固的丝崇拜的宗教观念。

[1] 论语通译[M].温梦,译注.北京:光明日报出版社,2009:17.

[2] 曹振宇,曹秋玲,王业宏,等.中国纺织科技史[M].上海:东华大学出版社,2012:39.

[3] 赵翰生.《考工记》"设色之工"研究的回顾与思考[J].服饰导刊,2017,6(3):4-13.

[4] 许慎.说文解字4[M].段玉裁,注.北京:中国戏剧出版社,2013:1795,1812,1850.

[5] 金波,秦侠.论语[M].上海:上海科学技术文献出版社,2006:93.

[6] 李芽.中国古代男子朝服中的腰饰[J].服饰导刊,2016,5(4):8-14.

[7] 史游.急就篇[M].杨月英,注.北京:中华书局,2014:80.

[8] 孙诒让.周礼正义一[M].北京:中华书局,2013:491-496.

[9] 李然,杨焄.二十四孝图说[M].上海:上海大学出版社,2006:38.

[10] 许慎.说文解字2[M].段玉裁,注.北京:中国戏剧出版社,2013:784.

[11] 许慎.说文解字3[M].段玉裁,注.北京:中国戏剧出版社,2013:1184.

[12] 李强,李斌,李建强.基于智鼎铭文"匹马束丝"的纺织度量考辨[J].丝绸,2015,52(4):58-62.

[13] 李强,杨锋,李斌.基于中国古代纺织服饰史研究的孝文化考辨[J].湖北工程学院学报,2015,35(4):26-30.

[14] 李强,李斌,杨小明.中国古代手摇纺车的历史变迁:基于刘仙洲先生《手摇纺车图》的考证[J].丝绸,2011,48(10):41-46.

[15] 孟子[M].方勇,译注.北京:中华书局,2020:5,14.

[16] 申淑华.《大学》研究现状及未来研究旨向[J].人民论坛·学术前沿,2019(6):96-99.

[17] 四书[M].陈蒲清,译注.广州:花城出版社,1998:4,5.

[18] 诗经[M].韩伦,译注.南昌:江西人民出版社,2017:192.

[19] 李强,李斌,梁文倩.《论语》中的纺织服饰考辨[J].丝绸,2019,56(2):96-101.

[20] 注音全译四书[M].窦秀艳,注音.王晓玮,注译.北京:新华出版社,2017:5.

[21] 宋应星.天工开物[M].兰州:甘肃文化出版社,2003:64.

[22] 陈维稷.中国纺织科学技术史:古代部分[M].北京:科学出版社,1984:1.

[23] 叶修成.论《尚书·尧典》之生成及其文体功能[J].华南农业大学学报:社会科学版,2009(2):98-105.

[24] 康熙字典[M].上海:上海书店,1985:300,515.

[25] 李强,李斌,李建强.甲骨文中的纺织考辨[J].武汉纺织大学学报,2014(1):19-22.

[26] 李强,杨锋,李斌.基于中国古代纺织服饰史研究的孝文化考辨[J].湖北工程学院学报,2015(4):26-30.

[27] 杨小明,任春光..庄子如何用"机"释道[N].解放日报:思想周刊,2018-07-24(12).

[28] 李强,李斌.图说中国古代纺织技术史[M].北京:中国纺织出版社,2018:118.

[29] 李斌,李强.《三字经》中的纺织考辨[J].服饰导刊,2018,7(2):12-14.

[30] 李志超.科技古汉语[M].北京:科学出版社,2017:71.

[31] 大学中庸[M].王国轩,译注.北京:中华书局,2016:91,108.

[32] 南怀瑾.话说中庸[M].北京:东方出版社,2020:82.

[33] 李强,李斌,梁文倩.《论语》中的纺织服饰考辨[M].丝绸,2019,56(2):96-101.

[34] 崔莎莎,胡晓东.孔府旧藏明代男子服饰结构选例分析[J].服饰导刊,2016,5(1):61-67.

[35] 李斌,李强.《三字经》中的纺织考辨[J].服饰导刊,2018,7(2):12-14.

[36] 李强,李斌,梁文倩,等.中国古代纺织史话[M].武汉:华中科技大学出版社,2020:27,28.

第五章

五经中的
纺织考辨

"五经"指的是《诗经》《尚书》《礼记》《周易》《春秋》，这五部书是我国保存至今的最古老的文献，也是我国古代儒家的主要经典。《诗》温柔宽厚，《书》疏通知远，《礼》恭俭庄敬，《易》洁静精微，《春秋》属词比事。五经中有一些纺织信息，值得考究。

第一节 │《诗经》中的纺织考辨

　　《诗经》中的纺织考证历来是研究春秋时期纺织技术史强有力的工具，这方面的研究成果很多，同时疑问也很多。基于对《诗经》中纺织句章进行重新考证和辨析，以期更清晰地了解春秋时期的纺织技术。

一、《诗经》中关于植物的纺用

1.葛及其葛产品

　　关于葛植物的描写集中在《周南·葛覃》《邶风·旄丘》《王风·采葛》《唐风·葛生》。春秋时期葛履、葛屦都是指葛鞋，葛鞋的描写集中在《齐风·南山》《魏风·葛屦》《小雅·大东》。絺指葛纤维织成的精细织物，绤指葛纤维织成的粗糙织物。关于絺的描写集中在《周南·葛覃》《鄘风·君子偕老》，绤的描写只在《周南·葛覃》中体现。

　　《诗经》中关于葛植物描写的解释有两个误解。

　　误解一，是对葛植物的利用没有区别对待。有的研究者认为凡是《诗经》中葛的描写就是用于纺织，[1]显然这是错误的。葛植物用途之一，葛藤蔓可供编织筐篓箱篚等。葛藤蔓的利用情况《诗经》中没有提到，但藤蔓的描写则在"葛之覃兮，施于中谷，维叶萋萋""葛之覃兮，施于中谷，维叶莫莫"（《周南·葛覃》）和"葛生蒙楚，蔹蔓于野""葛生蒙棘，蔹蔓于域"（《唐风·葛生》）中可见。葛植物用途之二，葛藤蔓用水煮泡后所剥取之茎皮纤维可与麻媲美，供纺织及鞋用。在《周南·葛覃》中明确描述了利用葛茎皮纤维纺织的过程，"葛之覃兮，施于中谷，维叶莫莫。是刈是濩，为絺为绤，服之无斁"。这句话提到葛纺前的两道工序"刈"和"濩"，同时提到絺、绤两种葛织物；除了《周南·葛覃》外，《鄘风·君子偕老》也有关于絺的描写，"蒙彼绉絺，是绁袢也"（上衣罩着的葛衫，是她素色的内衣啊），可见絺用于制衫。此外，关于葛鞋的描写有"葛履五两，冠緌双止"（《齐风·南山》），"纠纠葛屦，可以履霜"（《魏风·葛屦》），"纠纠葛屦，可以履霜？"（《小雅·大东》）。

不难发现《魏风·葛屦》和《小雅·大东》同是"纠纠葛屦，可以履霜"一句话，却意思完全相反。到底葛屦能不能履霜呢？可从《韩非子·五蠹》"夏葛冬裘"即可知葛植物纤维对于防霜防寒很勉强，所以周代葛类产品多用于内衣和春、夏、秋三季服用和鞋用。葛植物的用途之三，食用。葛根可以提取淀粉，称为葛粉，是上好的食品；葛的嫩叶还可作蔬菜食用。《诗经》中只有《王风·采葛》一诗中谈到葛植物的食用，诗中"彼采葛兮"显然是采取葛的嫩叶食用，因为"采"即是采嫩叶之意，如采桑、采茶等。葛植物的用途之四，药用，在《诗经》中没有论及。

误解二，有些学者从《王风·葛藟》"绵绵葛藟，在河之浒""绵绵葛藟，在河之涘""绵绵葛藟，在河之漘"中的"绵绵""河之浒""河之涘""河之漘"推知葛藟是一种用于纺织的纤维植物，且在春秋时期已经进行了人工栽培。[2]笔者认为葛藟并没有人工栽培，更不是一种纺织用的纤维植物。原因在于：第一，《中国果树分类学》《中国高等植物图鉴》都认为葛藟是一种野生葡萄。[3]第二，《周南·樛木》中有"南有樛木，葛藟累之""南有樛木，葛藟荒之""南有樛木，葛藟萦之"，从"累""萦"可知葛藟是一种藤蔓植物，从"荒"（使荒之的意思，说明其野生）可知葛藟是一种野生的藤蔓植物，并没有人工栽培。第三，直到战国时期的秦国才允许大规模开垦荒地，此前大部分华夏土地都一直实行井田制（虽然鲁国在公元前594年实行初税亩，变私田为公田，但真正废井田开阡陌是战国时期秦国商鞅变法完成的，可见井田制一直是战国时期各国的主要农业经济制度），井田之外的野地——河泽山川并不能任意开荒的，河泽山川之利属于王室所有，所以生长在"河之浒""河之涘""河之漘"并不能说明已经人工栽培了。

2.麻类植物及麻类织物

《诗经》中的"麻"特指大麻，中国早在新石器时代晚期，就开始人工种植大麻。中国最早所知的大麻织品实物是在河南荥阳青台村仰韶文化遗址中发现的碳化大麻织物，通过研究已证明大麻纤维为人工栽培。[4]《诗经》中沤麻类纤维的描写可在《陈风·东门之池》"东门之池，可以沤麻""东门之池，可以沤纻"句中得到反映，"麻"指大麻，"纻"指苎麻，大麻和苎麻是《诗经》中提到的两种麻类植物。孔颖达认为："然则沤是渐渍之名。此云沤，柔者。谓渐渍使之柔韧也。"[5]可见，春秋时期沤麻的方法是自然沤泡。成书于春秋战国之际的《考工记》，已明确提出自然沤麻后碱煮的重要性。[6]从《曹风·蜉蝣》"麻衣如雪"的描写中可以印证《考工记》沤麻、碱煮的存在，同时也可以推断至少春秋末期（因为《诗经·曹风》最迟成诗于春秋末期）已有碱煮的工艺。

麻类植物沤泡、碱煮后的下一步工序是绩麻。《说文解字》对"绩"的解释为把麻类纤维劈开接续起来搓成线。有的研究者将"绩"理解为把丝纺织成丝织品的过程，[7]这显然是错误的。从《陈风·东门之枌》中"不绩其麻，市也婆娑"和《豳风·七月》中"八月载绩"两句里可知，绩麻至迟在春秋时期已成为平民百姓的一项日常的生产活动。绩麻是最原始的纺纱工艺之一，中国在旧石器时期晚期就已经出现，刚开始用手搓绩，进入新石器时期后使用纺专，商、周时期麻纺的主要工具应该还是纺专。从第一章甲骨文"专"的图像分析中，[8]我们可以知道商代文字"专"表达纺专纺纱，从另一个层面上说明纺专纺纱的普及性。直到西汉、东汉的帛画、石画像中才有大量纺车的信息出现。在《小雅·斯干》中有"乃生女子，载寝之地，载衣之裼，载弄之瓦"，"瓦"即是纺专，全句的意思是生了女儿，放在地上睡，把她包上小裸被，给她玩纺专。看来纺专纺纱是女孩子从小必须学的。可见《诗经》中所描写的麻纺一定是以纺专为主，当时的纺纱工具正处于纺专向纺车普及的过渡时期。

虽然《诗经》中对麻类植物的描写只提及大麻、苎麻，但其麻类纺织品描写却集中反映在大麻织物和苘麻（俗称白麻）织物上。大麻织物描写为"麻衣如雪"（《曹风·蜉蝣》）；苘麻织物描写为"硕人其颀，衣锦褧衣"（《卫风·硕人》）和"衣锦褧衣，裳锦褧裳"（《郑风·丰》）。褧通苘，其意为用苘麻布制成的单罩衣，织物比较粗糙。苘麻除了做禅衣，还用于丧服，后来逐渐用作绳索之类的物品。[9]《诗经》中对大麻、苎麻、苘麻的织造过程并没有描述，但可以通过其他古代文献中的记载将织造水平勾勒出来。周代，平民和奴隶穿用的都是大麻布。此外，大麻纤维由于较粗也用于做丧服中的五服，五服也有各自标准：当哀悼父母时，子女应穿斩衰，它的经线密度仅有5根/厘米，说明它是很粗糙的织物，但斩衰是五服中最重要的服饰；当哀悼祖父母、曾祖父母时，哀悼的晚辈要穿戴齐衰，它的经线密度是6～10根/厘米；当哀悼兄弟姐妹时，哀悼者必须穿7～9升布制成的大功（80根经纱为1升。周代一匹的布幅2.2尺，合今0.508米，在这个固定宽度内观察其升数，可知布的精美程度），它的经线密度是11～15根/厘米；当哀悼叔叔、姑姑等父母辈的长辈时，哀悼者必须穿戴10～12升布制成的小功，它的经线密度是16～19根/厘米；当哀悼远房亲戚时，哀悼者必须穿戴7升布制成的缌麻，它的经线密度是11根/厘米。此外，周代苎麻布的生产也有精细的规格和标准，它们也可反映当时的纺纱水平：7～8升粗苎麻布供奴隶使用，或作包装之用；10～14升供一般平民用；15升以上细如丝绸，供贵族用；最精细达30升，供王公贵族制帽用。[10]由此可见，周代苎麻织物较大麻织物要高级些。

《诗经》中对麻类植物的描写也主要体现在大麻上，"黍稷重穋，禾麻菽麦"（《豳风·七月》），"丘中有麻"（《王风·丘中有麻》），"麻麦幪幪"（《大雅·生民》）。

对于种麻，《齐风·南山》有明确的描述，即"艺麻如之何？衡从其亩"（怎么种植那大麻？横的直的把地耙）。从这些描述中可得出春秋时期已开始人工种植大麻，但必须厘清的是上述描写的大麻主要用于食用而非纺织用。因为大麻的果实（苴，麻子）是商、周时期重要的粮食，曾被列为"五谷"之一；在《豳风·七月》中"八月载绩""九月叔苴""九月筑场圃，十月纳禾稼。黍稷重穋，禾麻菽麦"句章中，不难看出问题，如果"九月叔苴"（九月份收大麻种子，是《诗经》中描写拾麻种的仅有的一句），又如何"八月载绩"（八月人儿绩麻忙）呢？因为八月份大麻都被纺织用了，哪还会有九月结麻子呢？由此看来当时种大麻主要是为了获取麻子食用（商、周时期大麻作为果蔬食用，而非榨油。榨油用的芝麻直到西汉张骞通西域后才从大宛，即中亚传入华夏区域），绩大麻只是一种副业，八月绩的是上一年的大麻茎皮。

3.植物染料及其工艺

《诗经》中提及的衣饰颜色有"绿衣""缁（黑色）衣""锦（彩色）衣""素（白色）衣""黄裳""朱（红色）帻""毳衣如菼（芦苇般颜色）""毳衣如璊（红玉般的颜色）""青青（青色）子衿""缟（白）衣綦（绿色）巾""缟（白色）衣茹藘（绛红色）"等，可见春秋时期的染料丰富多彩。之所以春秋时期的染织如此发达，一是因为春秋时期已有红、黄、蓝三种原色植物染料，构成调色板的基本颜料，只要有红、黄、蓝三种原色即可调出各种各样的颜色。从诗经中"缟衣茹藘"（《郑风·出其东门》)"终朝采绿"（《小雅·采绿》)"终朝采蓝"（《小雅·采绿》）可知茹藘可染红色；绿即是荩草，可染黄色；蓝即是蓝靛，可染蓝色。二是因为春秋时期已有多次浸染法和套染法的工艺。多次浸染是指在同一染料中多次染物，这样可使染色浓艳。据青海海西都兰县诺木洪塔里他里哈遗址出土的纺织品可知，从实物层面上证明早在西周时期染匠已摸索出一套多次浸染和套染的工艺。《考工记》有载"三入为𬟽，五入为緅，七入为缁"，从文献层面上证明多次浸染法的存在。此外，《诗经·邶风·绿衣》有云"绿兮衣兮，绿衣黄里"，绿色并不是红、黄、蓝三种原色，一定是通过三种原色套染而成，故可以推定早在春秋时期中国纺织技术中已有套染法。[11]

二、《诗经》中关于动物纤维的利用

1.毛类制品

《诗经》中毛纺品的描写可见"无衣无褐，何以卒岁？"（《豳风·七月》），褐就是一种粗制的毛织品，当时所用的原料就是绵羊毛，《豳风》反映的是今陕西彬县一带，但羊毛纺织生产又何止在西北少数民族中进行呢？周代金文中即有"毛"的表达形式和"羊"的表达形式，可见毛和羊在当时社会生活中占有一席地位，否则是不会反映到文字上去的。《小雅·无羊》中"谁谓尔无羊？三百维群"反映的正是周人已从事畜牧业最有力的证据。

但毛纺织品在春秋时期并没有在贵族中流行。由于毛纺织源于少数民族，周人对华夏之外游牧民族文化多有鄙夷，从对少数民族所谓东夷、北狄、西戎、南蛮的称谓即可见一斑。此外，毛织物不如丝、麻织物精美。这样的文化心理和生产现状导致当时贵族们对毛纺并不看重。但毛褐却多被贫苦人借以御寒过冬，因此纺毛织褐的人，必定不在少数。[12]

兽皮的描写仅在"文茵畅毂"（《秦风·小戎》）"献其貔皮"（《大雅·韩奕》）中表达出来，"文茵"是虎皮，"貔皮"是狐皮。虎皮装饰车辆，狐皮作为珍贵的礼品，可见皮制品的服用非普通老百姓所能用的。《王风·大车》中有"大车槛槛，毳衣如菼""大车啍啍，毳衣如璊"，一方面反映早在春秋时期就已有制毡技术，因为"毳衣"是毛毡衣。《周礼·天官·掌皮》记载"共其毳皮为毡"，是用毛层层铺垫，潮湿后挤压引起缩绒而制毡。制毡是一种无纺布。从这个意思上讲，早在春秋时期已经出现了无纺布。另一方面，毛毡制品为贵族服用，因为周代尚礼，从车马服舆即可见主人身份，"大车"上穿毳衣的人必定是贵族了。裘服是《诗经》中描述最多的毛类制品，裘服以羔裘和狐裘为主，且多为贵族服用。在《邶风·旄丘》《郑风·羔裘》《唐风·羔裘》《秦风·终南》《桧风·羔裘》《小雅·都人士》中都可见"羔裘""狐裘"的描写。《桧风·羔裘》中"羔裘逍遥，狐裘以朝""羔裘翱翔，狐裘在堂"，从"朝""堂"可见穿羔裘、狐裘者的贵族身份。

2.丝织活动

丝织过程是一个复杂的过程，包括养蚕（备苇、整桑枝、养桑、采桑、采蘩）、缫丝、织帛。备苇在《豳风·七月》中有记载，"七月流火，八月萑苇"是指暑退将寒的八月要在湖中砍芦苇，把它编织成蚕箔，以供来年春天饲蚕之用。《诗经》中关于桑的描写涉及十八首诗二十四处，其中涉及桑的描写有七首诗八处之多。关于桑需要厘清两点：一是很多研究者认为凡是《诗经》中关于桑的描写都是蚕桑之用，其实不然。桑树是商周时代的神树，它是沟通人与神的媒介，是世界树、宇宙树、生命树。商、周二代有桑林和桑田之分，桑林是从事宗教仪式的场所，桑田为种桑养蚕所用。桑林树木高大，以便通神；而桑田矮小茂盛，以便采摘。商代开国之君曾在桑林祈雨，可见当时人们认为人在桑林中可与神相通。正是由于商、周之人对生殖的崇拜，桑林又成为男女爱情故事的场所，《鄘风·桑中》中有"期我乎桑中"，足见在桑林中男女幽会是受宗教保护的。二是桑分为鲁桑和荆桑。鲁桑（又名地桑）枝干条叶丰腴低矮，少葚，所以用于蚕桑；荆桑树型高大，多葚，用于食用桑葚。流传于陕西一带的《豳风·七月》中有"女执懿筐，遵彼微行，爰求柔桑"，诗句中描写采桑女只带筐，没有带上梯和竿，定是鲁桑无疑。原产于齐地的鲁桑不远千里已在秦地人工种植，可见鲁桑用于蚕桑。从嘉峪关魏晋墓七号墓室壁画一女提笼采桑图也可得到验证，只要气候允许，即使远在西北也可以种植矮小的鲁桑。

采蘩在《召南·采蘩》中有记载，"于以采蘩，于沼于沚"。采蘩的目的是水煮蘩草，浇向蚕卵可催其早生。

《诗经》中没有缫丝的描写，但缫丝却早在商代就已经存在了。可从第一章甲骨文中的纺织考辨中第四节甲骨文中纺织生产再究的相关内容得到印证。

织帛在《诗经》中没有直接出现，但却出现大量丝织品的描写，如绸、缟、锦、绢等，足见当时丝织技术的发达。《小雅·大东》中"小东大东，杼柚其空"就有织造工具的部件"杼""柚"的记载，对于这两部件的解释众多，但"杼柚"应该代指织机。春秋时期的织机应该介于原始腰机和踏板织机之间的双轴织机，因为踏板织机直到战国时期才出现。

第二节 | 其他四经中的纺织考辨

《尚书》列为重要核心儒家经典之一，历代儒家研习之基本书籍。"尚"即"上"，《尚书》就是上古时代的书，它是我国最早的一部历史文献汇编。传统《尚书》（又称《今文尚书》）由伏生传下来，传说是上古文化《三坟五典》遗留著作。《易经》是阐述天地世间万象变化的古老经典，是博大精深的辩证法哲学书，包括《连山》《归藏》《周易》三部易书，其中《连山》《归藏》已经失传，现存于世的只有《周易》。《春秋》是我国古代史类文学作品，又称《春秋经》《麟经》或《麟史》等。它是中国古代儒家典籍"六经"之一，是我国第一部编年体史书，也是周朝时期鲁国的国史，现存版本据传是由孔子修订而成。《礼记》又名《小戴礼记》《小戴记》，成书于汉代，为西汉礼学家戴圣所编。《礼记》是中国古代一部重要的典章制度选集，共二十卷四十九篇，书中内容主要写先秦的礼制，体现了先秦儒家的哲学思想（如天道观、宇宙观、人生观）、教育思想（如个人修身、教育制度、教学方法、学校管理）、政治思想（如以教化政、大同社会、礼制与刑律）、美学思想（如物动心感说、礼乐中和说），是研究先秦社会的重要资料，是一部儒家思想的资料汇编，其中涉及服饰的礼仪较多，涉及纺织的较少。

一、丝织品和服装的重要性

在《尚书》中丝织品和服装的重要性被充分表现出来：

其一，《尚书·舜典》有"岁二月，东巡守，至于岱宗，柴。望秩于山川。肆觐东后，协时月正日，同律度量衡，五礼，五玉，三帛，二生，一死贽。如五器，卒乃复。"五礼是指公、侯、伯、子、男五等朝聘之礼。五玉，即五瑞，拿着称瑞，陈列称玉。三帛，垫玉用的赤、黑、白三种颜色丝织品。二生，活着的羊羔和雁。一死，一只死去的野雉。这说明其将丝织品——帛作为包装用的产业用纺织品。但其实帛还有另一种神秘主义的宗教意味。为什么会选赤、黑、白三种颜色，就可以解释这种神性主义了。在先秦时期，赤色与黑色主要反映的是御和治疗的功能，那"御"是何意？实际上，这是一种先秦时期的重要祭祀典礼，主要目的是预防火灾、祛病除灾。"白"与"日"的关系匪浅，认为白字本义是日光，从而总结出白色具有洁净卫生、美好光明之义，阳光的照耀会令人感到舒服，所以在巫术仪式中，白色也被用来治病。

其二，《尚书·舜典》有"车服以庸"（庸是指功劳），说明服装作为具有政治意义的赏赐品，此外《尚书·金縢》中有"王与大夫尽弁以启金縢之书"，说明弁（古代一种尊贵的冠）在政治生活中很重要。无独有偶，《尚书·立政》有"王左右常伯、常任、准人、缀衣、虎贲"，其中缀衣（掌管君王衣服的官员）官职的存在，也说明服装的社会功能的重要性。

其二，服装颜色的重要性在《易经》中有所体现，《易经·坤卦》中"六五，黄裳元吉"，《易经·困卦》中"朱绂方来""赤绂"，说明黄色、红色在中国古代的重要性。

二、纺织特产和地名

关于记录特产的有《尚书·禹贡》，它将桑、纺织品作为描述地方特产的指标。冀州的岛夷进贡皮服；兖州产有花纹的丝织品；青州有丝、大麻织物，且产柞丝；徐州产黑色的细绸、白绢；扬州产棉织物；豫州产大麻织物、细葛布、苎麻布、细绢和细绵。这说明纺织在国家生活中的重要性。

《春秋·隐公五年》中有"宋人伐郑，围长葛"，出现一个地名"长葛"（今河南长葛），说明此地葛生长得很好，同时说明了豫州生产葛布。此外，《左传》中有载周室与郑国的繻葛（郑地，今河南长葛市北）之战（前707年），提及了繻葛这个地名。繻葛之战，学术界多关注于它在中国古代政治史上的地位，是郑国在繻葛大败周室联军的一次反击作战。繻葛之战使周天子的威严一落千丈，战后周王室开始衰弱，诸侯国势力大增，竞相争霸。但繻葛却给我们透露的信息是此地葛很多，此外葛纱的密度非常细，像繻一样细且彩色。因为繻是一种彩色且细密的丝织品。从这个地名来看，春秋初年葛纺织技术非常高，可以生产出像繻一样的葛纱，这也不难理解在春秋时期三十升的葛麻织物是完全可以生产出来的。

第三节 | 小结

考辨《诗经》中的纺织句章，可以发现春秋时代是中国古代纺织体系由原始纺织技术逐渐向手工机器纺织技术过渡的时期。在纺织用纤维获取方面，既有人工养育也有野生采刈，后世纺织主要用到的纤维——葛、大麻、苘麻、毛、丝都已普及，人们也在生产活动中总结出了丰富的经验。在染色方面，已能染出后世各种颜色，已掌握了多次浸染和套染工艺。在纺织机械方面，纺纱则以纺专为主；织机方面则出现了双轴织机，它是原始腰机向踏板织机过渡的中间环节。由此可见，春秋时期不仅在政治、经济、文化上处于变革转型时期，而且在纺织技术体系形成方面也是不可或缺的中间环节。其他四经由于是政治历史方面的文献，对于纺织技术方面涉及很少，但对于纺织特产在《尚书·禹贡》中有论及。《礼记》中虽然谈及了服饰礼仪，但对于纺织方面的表述还是比较少。

[1] 韩秋月.谈中国古代诗歌对中国古代纺织文化的折射 [J].天津工业大学学报,2002(3):76-79.

[2] 孙关龙.《诗经》中的纤维和染料植物 [J].植物杂志,1987(6):36-37.

[3] 胡淼.《诗经》的科学解读 [M].上海:上海人民出版社,2007:13.

[4] 张松林,高汉玉.荥阳青台遗址出土丝麻织品观察与研究 [J].中原文物,1999(3):10-16.

[5] 金启华.诗经全译 [M].南京:江苏古籍出版社,1984:294.

[6] 陈维稷.中国纺织科学技术史:古代部分 [M].北京:科学出版社,1984:71.

[7] 纪向宏.《诗经》中的丝绸描写 [J].苏州大学学报:工科版,2007(1):83-85.

[8] 高汉玉,赵文榜.中国纺织原始文字记录 [M]//中国大百科全书:纺织.北京:中国大百科全书出版社,1992:357.

[9] 洪之渊.《诗经》中的两种服饰考略 [J].社会科学战线,2007(2):307-308.

[10] 王其全.《诗经》工艺文化阐释 [M].杭州:中国美术学院出版社,2006:95.

[11] 李强,李斌,杨小明.中国古代造纸印刷工艺中的纺织考 [J].丝绸,2010(3):56-60.

[12] 李仁溥.中国古代纺织史稿 [M].长沙:岳麓书社,1983:20.

第六章

蒙学典籍中的
纺织

蒙学，是对我国传统的幼儿启蒙教育的一个统称。与小学、大学并列，是我国传统教育中的一个重要组成部分。蒙学经典作为旧时学校的启蒙教材，可谓家喻户晓。流传至广，深入人心。中国传统文化中影响最大的部分，除了官方所倡导的儒家正统经典外，就数这类普通的认知教育读物。蒙学经典书籍都出经入史。集百家之言，采其精华，并参以人们从长期生产生活实践中总结出的人生哲学、处世方略等，易学易懂，切近实用。蒙学经典在语言运用上，精当简洁，骈散得当，朗朗上口。蒙学经典很多，如《三字经》《百家姓》《千字文》《弟子规》《声律启蒙》《笠翁对韵》《神童诗》《续神童诗》《千家诗》《蒙求》《龙文鞭影》《幼学琼林》《童蒙须知》《名贤集》《童子礼》《家诫要言》《小儿语》《续小儿语》《增广贤文》《格言联璧》《急就篇》《小学》，但首推且被称为古代典籍的唯有《三字经》和《百家姓》。

第一节 |《三字经》中的纺织

　　《三字经》乃南宋学者王应麟（1223—1296）所著，此书为中国古代文化启蒙类书籍中流行最广、内容最为典型的一种。一经问世，经久不衰，700多年来为不同时代儒士增补。[1]中国古代称为"经"的典籍少之又少，而作为蒙学的《三字经》被冠以"经"，足见其经典程度。《三字经》的研究多集中于幼儿教育理念、编译本规范、版本流转等方面，对于《三字经》中的中国古代科学技术史，包括中国古代纺织技术史、文化史相关的研究几乎没有，实属可惜。《三字经》中仅有三句与纺织技术史有关，即"子不学，断机杼""匏土革，木石金，丝与竹，乃八音""蚕吐丝，蜂酿蜜，人不学，不如物"。但真正有研究价值的仅前面二句，因此二句看似简单，故学界很多研究者认为没有什么价值，未有人涉足。但笔者不以为然，认为此二句值得玩味。

一、"子不学，断机杼"的考辨

　　关于"机杼"之解释，后世有些《三字经》版本根据清代学者王相训诂中的解释"杼者，织机之梭。孟母平居，以织纺为事。孟子稍长，出从外傅，偶倦而返，孟母引刀自断其机……"，[2]认为杼为梭子或织机，但在其解释整句时又将其解释为布匹，[3-5]让人莫名不已。也有版本干脆未对"机杼"进行解释，只解释整句的意思。[6]各版本让人迷惑，虽为版本的问题，实则学界不严谨所致。

　　如若按王相的训诂，孟母应该是一个很严厉的母亲，孩子不学习，居然把自己的工作设备——织机给毁坏了。而现今版本的《三字经》又没有完全采纳王相的观点，皆是对此典故的一知半解所致，导致读者无所适从。

关于孟母断杼的典故最早出现在西汉前期成书的《韩诗外传》，其表述为：

> "孟子少时诵，其母方织。孟子辍然中止，乃复进。其母知其喧也，呼而问之曰：'何为中止？'对曰：'有所失，复得。'其母引刀裂其织，以此诫之。自是之后，孟子不复喧矣。"[7]

《列女传》有更详细的表达：

> "孟子之少也，既学而归，孟母方绩，问曰：'学何所至矣？'孟子曰：'自若也。'孟母以刀断其织。孟子惧而问其故，孟母曰：'子之废学，若吾断斯织也。夫君子学以立名，问则广知，是以居则安宁，动则远害。今而废之，是不免于斯役，而无以离于祸患也。何以异于织绩而食，中道废而不为，宁能衣其夫子，而长不乏粮食哉？女则废其所食，男则堕于修德，不为窃盗，则为虏役矣。'孟子惧，旦夕勤学不息，师事子思，遂成天下之名儒。君子谓孟母知为人母之道矣。"[8]

从这两则材料的表达中并没有看见孟母断机杼一说，《韩诗外传》中"其母引刀裂其织"，《列女传》中也是"孟母以刀断其织"，可见并不是《三字经》中所言"断机杼"。那为何从《韩诗外传》，传至《列女传》，终于《三字经》，其表达会有这样的差异呢？笔者认为，这与儒家的说教有关，其理由有三：①前面成书的《韩诗外传》相对后面成书的《列女传》而言，其中关于孟母责备孟子的原因有所不同，《韩诗外传》是因为孟子诵读不认真而引刀裂其织，可见孟母之严苛。因为小孩子诵读不认真在现代看来，这是孩子的天性，好好鼓励即可，这种引刀毁布的做法，过于暴力，甚至不近情理。《列女传》对这一情节进行了修改，改为孟子在外求学却私自回家，这样事情就严重多了，孟母才以刀断其织，《列女传》中的孟母更加合乎一个讲道理的慈母的形象，这也更加符合儒家所宣传的理想化的慈母形象。故《三字经》中王相训诂关于孟母责备孟子的原因也是采纳了《列女传》的内容。②《韩诗外传》中孟母没有解释原因，让人感觉孟母似乎并没有像后世《列女传》所描述的那样文言化，或许只是用行为告诫孟子，你不好好读书，我就不想活了，以死相逼。而《列女传》中孟母的话就多了不少。一个战国时期的妇人竟说出如此有道理的话，让人感觉此孟母的言语更像《列女传》作者所说的。③《韩诗外传》和《列女传》在动作上又略有不同，《韩诗外传》是"其母方织"而后"引刀裂其织"，说明孟母是即兴的，动作是连贯，这符合孟母当时的情况。而《列女传》中却是"孟母方绩"，即孟母当时正在纺纱，而其后却是"孟母引刀断其织"，于是就有了纺纱时怎么去断其织的疑问。[9]其实这并不矛盾，因为从儒家观点来看，这说明孟母教育孟子是经过深思熟虑的，其教育方式和语言都是事先想好了的。另外，孟子以后的成功说明这种教育的成功和孟子的听话、孝顺，这是中国古代教育理念的体现——严孝，严格的要求和孝顺密切相关，这从汉画像石中将"曾母投杼"放入祠堂中可见一斑。而到王应麟时程朱理学盛行，对于孝的理解却是异常单向的，"君要臣死，臣不得不死；父要子亡，子不得不亡"的理念更是体现"严孝忠"的三位一体，孟母越严苛越能体现孟圣人"孝""忠"，故才有《三字经》中孟母的严苛——不听话就毁织机。[10]

其实关于这则故事还有很多别的版本，像《后汉书·列女传》中的"乐羊子妻"有类似记载：

> "一年归来，妻跪问其故，羊子曰：'久行怀思，无它异也。'妻乃引刀趋机而言曰：'此织生自蚕茧，成于机杼。一丝而累，以至于寸，累寸不已，遂成丈匹。今若断斯织也，则捐失成功，稽废时日。夫子积学，当'日知其所亡'，以就懿德；若中道而归，何异断斯织乎？'羊子感其言，复还终业，遂七年不返。"

无非是时代由战国换成东汉，人物由孟子、孟母换成乐羊子和其妻，内容还是劝学，却少了孝的内容。其语言和动作都是一样的。古代女人劝学似乎只有织机了，《列女传》也有一篇鲁敬姜说织，以织机喻治国。这些话语到底是不是这些女人所说尚且有疑问，但《三字经》中的一句"子不学，断机杼"从裂织到毁机动作的变化却是与古代儒学教育的变迁有密切联系的。

二、"匏土革，木石金，丝与竹，乃八音"中的"丝"考

对于"匏土革，木石金，丝与竹，乃八音"中"丝"的解释，王相训诂："此言八音之器也……七曰丝，弦索也，用为琴瑟。"[2]17 传说神农氏"削桐为琴，绳丝为弦"，[11]可见传说"丝桐合为琴"。中国古代制丝琴可能是一种雅境、一种崇拜——丝的崇拜，非文人墨客自制琴不能久远。"几百年来，古琴家所用琴弦（笔者注：丝弦）都是杭州的手工业特产品，古琴家自制琴弦的习惯从宋代起就很少见"，[12]可见自宋后，文人墨客让度制琴于工匠，琴弦制作集中于杭州的一些手工作坊中，由于丝弦的一些弱点，逐渐被作坊中的工匠淘汰。加之，现今琴弦多用金属、羊肠或长丝塑料纤维制成，故蚕丝作为琴弦多让今人生疑。但笔者认为切不可采用"以今观古"之法揣度古昔。

从历代文献可证明中国古代确以蚕丝为弦。最早记录以蚕丝为弦的文献是汉代桓谭的《新论·琴道》，上文中传说神农氏"于是始削桐为琴，绳丝为弦"即为《新论·琴道》之语。倘若《新论·琴道》关于以丝为弦（不论发明者是否为神农氏）

的传说是不可信的话，那宋代的《琴书》和《太古遗音》，以及明代的《琴苑要录》《风宣玄品》《丝桐篇·内篇》《琴书大全》《太古正音琴经》《青莲舫琴雅》和清代的《琴苑心传全编》《二香琴谱》《与古斋琴谱》《天闻阁琴谱》都记录制弦所用原料为蚕丝，有的一并说明其中的相关过程。虽然，明、清两代相关琴谱多辑录宋代琴谱，譬如《琴书》《太古遗音》。可见，宋代《琴书》《太古遗音》流传之广，其实用性还是可信的。

此外，宋代琴书《琴书》《太古遗音》对于制琴选用的蚕丝都有要求。《琴书》："细白好丝。"《琴书大全·陈拙合弦法》："（禹贡）云：'厥篚厎丝，山桑，丝中琴瑟之弦，出青州。'"《琴书大全·齐嵩论弦法》："弦之所紧蜀者上也。秦中洛下者次也，山东江淮者下也，此由水土使然也。"《与古斋琴谱》："弦制出于江（苏州）、浙（杭州），杭省为最。"只有曾经用蚕丝制造过琴弦，才会有对比的品质、产地有要求，这从侧面也证明古代蚕丝制弦的存在。

最后，从制造工艺来看，历代琴书记录蚕丝制弦的制造工序为合弦、煮弦、晒弦、缠弦，为现代工匠复原蚕丝弦琴提供了技术准备。目前从事丝弦古琴制作的有潘国辉、黄树志等，他们的相关复原工作已证明中国古代蚕丝弦琴的制作可行、可信。

第二节 │《百家姓》中的纺织信息解读

《百家姓》是集中华姓氏为四言韵语的蒙学识字课本，作者佚名，一般认为它出自宋初五代十国的吴越宿儒之手，从"赵钱"之排序可见一斑。中华姓氏可以辨等级、明籍贯、晓职业等。贵族男子称氏，用来别贵贱；女子称姓，用来别婚姻。战国以后开始以氏为姓，到汉魏时期姓、氏逐渐合一，平民百姓也可以有姓了。本文说的姓包括氏。《百家姓》中不乏一些纺织的信息可究，值得思考。

一、关于纺织地名的姓

关于纺织地名的姓一般与纺织用植物或动物有关，连带表征着姓之始的封国或封邑（可辨等级）的纺织类植物和动物特产。

（1）**葛姓**。夏代有一诸侯国名葛（今河南长葛），[13]可想此处葛很多，才有此地名。葛是中国最早服用的大宗植物纤维，这可从其用于姓的时间在大宗纤维名作为姓最早使用中获得补证。葛之使用，有绤綌之分，细布葛衣谓之"绤"，粗布葛衣谓之"绤"。[14]《诗经·周南·葛覃》有云："葛之覃兮，施于中谷，维叶萋萋。黄鸟于飞，集于灌木，其鸣喈喈。葛之覃兮，施于中谷，维叶莫莫。是刈是濩，为絺为绤，服之无斁。"可见，春秋时期及之前（《诗经》成书于春秋时期）葛是野生采用，并受各阶层服用，是相当流行的，可谓是国计民生的重要物资。葛国国君封为伯爵，史称葛伯。葛伯后人于是以葛为氏，不足为奇。

（2）**皮姓**。皮姓也是因封邑而成氏。广为流传的说法是周公后裔仲山甫因辅佐周宣王有功，被封在樊国，称樊侯。樊侯后人有一支又封在皮氏邑，遂改以皮为氏。[13]80笔者在此有些疑问，既然有"皮氏邑"一说，那么最早以皮为氏的绝对不是樊侯之后。笔者认为地名"皮氏邑"邑名乃是源于周代天官中的掌皮一职，其职责为"掌秋敛皮，冬敛革，春献之，遂以式法颁皮革于百工。共其毳毛为毡，以待邦事，岁终，则会其财赍。"[15]明显掌皮是关于纺织的官职。周代官职世袭，掌皮世家所居之地为皮氏邑，并以皮为氏。或许曾经皮氏邑也是掌皮的封邑，后世获罪而被夺，其后为樊侯后人所得，他们也以皮为氏。此处，幸亏是周公的多世后人，不然此处文献不可信，因为周公制周礼才有掌皮这一官职。

（3）**毛姓**。毛姓有两源。一源周文王庶子叔郑封于毛国（今陕西岐山一带），另一源周文王之子伯聃被封毛邑（今河南宜阳），[13]82两者后代之一以封国为氏，之二以封邑为氏。毛姓一方面说明两地的经济基础是以毛纺织业，另一方面说明周初陕西岐山一带可能以畜牧业为主，农耕并不是主要经济形态，这也可从后世春秋文献中多见秦霸西戎的表达，印证陕西岐山一带西周时期属于游牧经济。同时也说明西周时期中原腹地的河南还存在着游牧经济，并非完全的农耕经济，这说明中华文明是不断融合周边少数民族而形成的民族集合。

（4）**麻姓**。麻姓多源，一源与纺织有关。春秋时期楚国有熊姓大夫食采于麻（今湖北麻城），其后代子孙以封邑命氏，改麻氏。[13]87麻这个地名与纺织有关，[16]继而使这个氏源与纺织有了关联。那麻在春秋时期是指用于食用的麻实植物还是用于纺织的麻植物呢？之所以有此疑问，在于"五谷"之中早先是有麻的。但笔者认为，此处麻邑还是指此地到处都有用于纺织的麻植物，因为周初周公设有典枲之职，说明最迟周初麻实在五谷中已经被剔除，此时古人将麻的用途固定在纺用上，不然不会设立典枲之职。此外，麻氏之名晚于葛氏之名充分说明葛麻利用的顺序。

有的姓氏与封地、封邑无关，但与其居住地即籍贯有关。在《百家姓》中涉及纺织的姓氏只有桑姓的其中一源。这一源是传说古代夷族首领少昊氏后代有居住于穷桑，子孙遂以地名中的桑字为姓。[13]116对于"穷桑"的解读有很多，如大地尽头的桑树；黄帝、少昊、颛顼三帝登基之地。对于桑树中国古人认为其通神，如商汤桑林求雨，说到底还是蚕崇拜。蚕的形变，让古人认为蚕可超越生死，想必中国古代的道教中的变化也是源于此，于是人有了对蚕的崇拜，连带对其生存的载体桑林和形变的载体丝都有了神秘主义的认识。正是有这种神秘性的认识才有了中国古代对桑树情有独钟，如日憩扶桑之上而升，这可从"东"的字源变化可见一斑。此外，这一神秘主义的认识成就了中国古代丝绸织造，使中国成为丝绸的故乡，这是一个宗教成就技术的典型案例。中国先民在对蚕图腾的崇拜过程中，逐渐认为蚕会吐丝结茧，丝才是其具有神秘力量的关键，于是有了丝的渴求，进而产生了丝织。[17]桑姓与丝织起源有着密切的联系。

二、与纺织类官职有关的姓

还有一类姓氏与纺织类官职有关。

（1）蓝姓。蓝姓有多源，只有楚国公子亹这一支蓝姓与纺织有关。相关书籍记载亹封于蓝，人称蓝尹，后人以蓝为氏。显然这是有问题的，因为楚昭王时期设蓝县（今湖北钟祥西北），[18]亹又是楚昭王时期的人，这可从《国语·卷十八楚语下》中有"蓝尹亹避昭王而不载"的故事得到证明。既然楚昭王时期已设蓝县，何来亹封于蓝一说？殊不知，楚国有"蓝尹"这种冠以职事的官职——职掌染湅的工官，一方面，说明制靛染色技术的存在。另一方面，说明蓝县蓝草很多。蓝草品种很多，如蓼蓝、菘蓝、木蓝、马蓝等，都可用于制靛染色。由此可知楚国公子亹这一支蓝姓的姓名是与蓝尹这一纺织类的职官有关，与封地并无关系。

（2）裘姓。裘姓有多源，其中最早一源与纺织有关。裘姓源于姬姓，出自周朝官名为司裘，属于以官职称谓为氏。司裘，又名裘官，专职负责制作皮质。在典籍《周礼·天官·司裘》中记载："司裘，掌为大裘，以供王祀天之服。中秋献良裘，季秋献功裘。救寒莫如重裘。"古时候中原地区冬季十分寒冷，王室宫廷里面保存了大量的皮裘衣裳。周王朝为了便于管理这些衣裳，设立了一种官职叫作司裘，专门司职宫廷衣裳制造、等级鉴定、库藏保管、论功行赏等方面的工作。

（3）复姓亓官。亓官姓源与周代官职有关。古代插住发髻和弁冕的簪子称笄，弁是贵族戴的一种帽子，冕是帝王、诸侯及卿大夫所戴的礼帽。自周代开始设立了专门执掌王侯冕服与等级的礼官弁师，又称笄官，因"笄"通"亓"，所以也称亓官，他们后代中遂有以祖上官职为姓者。

第三节 | 小结

《三字经》中仅有"子不学，断机杼""匏土革，木石金，丝与竹，乃八音"两句与纺织密切相关，但此两句中的相关信息值得考证。通过对相关文献进行考源分析，本章认为"子不学，断机杼"源于《韩诗外传》，成熟于《列女传》，流变于《三字经》，其意从裂织流变成毁机，这与古代儒学教育的变迁是有密切联系的；而蚕丝制琴弦这一工艺在中国古代是存在的，后世之流失，与文人制琴之传统消失、工匠制琴兴盛相关。工匠精神的弘扬在某种程度上弱化了文人的制器能力和一些中国上古的工艺，这些工艺可能有些缺陷，但它里面蕴含着一种文人情怀，值得学界再研究。

《百家姓》中与纺织有关的姓有八姓，但中华姓氏中与纺织相关的并不止此八姓，如缔姓等。之所以与纺织相关，其一在于地名，其二在于官职。地名多与动植物服用材料有关，且这类姓源最终形成多与封国、封邑的家族有关，一般这类姓源是多源姓氏中最早的姓源。还有一种以籍贯地名为姓源，这类姓氏也借强大的祖先活动地名为姓。官职纺织类姓源多与服务王室的官职有关。

[1] 王应麟.三字经[M].王永宽,注解.郑州:中州古籍出版社,2004:1.

[2] 王应麟.三字经训诂[M].王相,训诂.北京:中国书店,1991:4.

[3] 刘青文.三字经[M].北京:北京教育出版社,2015:14.

[4] 张浩逊.三字经[M].杭州:浙江少年儿童出版社,2006:8.

[5] 骆蔓,林荫.三字经[M].杭州:浙江少年儿童出版社,2007:4.

[6] 昆虫工作室.少儿国学经典读本·三字经[M].长春:吉林美术出版社,2014:10.

[7] 晨风,刘永平.韩诗外传选译[M].北京:书目文献出版社,1986:93-95.

[8] 张涛.列女传译注[M].济南:山东大学出版社,1990:38-42.

[9] 陈长虹.纺织题材图像与妇功——汉代列女图像考之一[J].考古与文物,2014(1):53-69.

[10] 李强,杨锋,李斌.基于中国古代纺织服饰史研究的孝文化考辨[J].湖北工程学院学报,2015(4):26-30.

[11] 桓谭.新论[M].上海:上海人民出版社,1977:63.

[12] 查阜西.传统的造琴法[M].北京:中央音乐学院民族音乐研究所,1957.

[13] 王应麟.三字经百家姓[M].李逸安,译注.北京:中华书局,2018:74.

[14] 李仁溥.中国古代纺织史稿[M].长沙:岳麓书社,1983:18.

[15] 孙诒让.周礼正义(一)[M].王锦文,陈玉霞,点校.北京:中华书局,2013:510,511.

[16] 李强,严蓉.湖北古今地名中的纺织考[M].服饰导刊,2021,10(4):1-3.

[17] 李强,李斌,梁文倩,等.中国古代纺织史话[M].武汉:华中科技大学出版社,2020:27,28.

[18] 徐兆奎,韩光辉.中国地名史话[M].北京:中国国际广播出版社,2021:17.

古代图像信息中的纺织技术篇

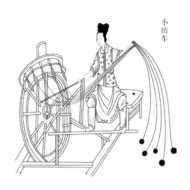

小纺车

　　古代图像包括壁画、帛画、画像石、画像砖、版画等。从技术史的角度看，一部中国古代图像信息史就是一部包括纺织技术史在内的中国古代技术史。中国现有的纺织技术史专著、论文，很多是以古代图像信息中纺织技术信息为基础进行证史和断代研究。然而，学术界对于古代图像信息中纺织技术图像信息的选取缺乏必要的甄别，不时导致写史的失真。本篇以中国古代图像信息中纺织技术的图像信息为研究对象，采用田野考古、历史文献、民俗调查的方法，对中国古代纺纱和织造技术进行尽可能系统的整理和研究，以期更加客观地展现中国古代纺织技术图史。

第七章

古代图像信息
中的纺纱

纺纱是指把纺织纤维加工成纱线的整个工艺过程。"纺"含有将纤维组成条子并拉细加捻成纱的意思。有些国家也把化学纤维喷丝和从蚕茧中抽丝称为纺纱，在中国则分别称为化学纤维纺丝和缫丝，不称为纺纱。纺纱过程包括除杂、松解、开松、梳理、精梳、牵伸、加捻。中国古代纺纱经历了徒手纺纱、纺专纺纱、手摇纺车纺纱、脚踏纺车纺纱、大纺车（水转大纺车）纺纱等一系列发展过程，每一步都是当时纺纱技术的伟大成就。

第一节 | 中国古代图像信息中的纺纱工具变迁

一、纺车纺纱

纺车不仅被用于纺纱，还用于络丝。络丝是指将多根丝并在一起的丝缕，通过丝钩并合加捻，络到纺车的竹管上的操作。用纺车纺纱和络丝的发明在古代绝对可以称得上是一项技术革命，因为纺专到纺车的应用完成了从简单纺纱工具到纺纱机械的巨变。纺纱机械包括三个构件：动力装置、传动装置、工作装置。纺专是一件没有动力装置和传动装置的工具，所以它并不是机械设备。而纺车的结构完全具备纺纱机械的三个构件，它的动力装置包括绳轮、曲柄；其传动装置则是连结着动力装置和工作装置的绳或皮带；其工作装置就是锭子。如果站在纺车发明的那个年代来考察这种机械，不得不惊叹它是一项"高科技"发明，因为纺车的发明很像一件工业设计品，它的设计展现了对当时轮轴传动等机械原理的认识，完全符合科学原理，当时真正做到了"科学"（可能当时仅仅只是一种经验认识，因为当时不可能出现"科学"一词）与技术的完美结合。

中国古代纺车的技术发展经历了小纺车阶段、大纺车阶段、水转大纺车阶段。小纺车包括手摇纺车和脚踏纺车，形制相对大纺车要小得多，锭子最多不超过五锭，而且只需一人操作即可；大纺车包括人力操作的大纺车和畜力操作的大纺车，形制要比小纺车大得多，锭子数量也多很多；水转大纺车则是在大纺车的基础上，采用水力作为动力进行操作的纺车。

中国古代手摇纺车经历了：手拨轮辐传动纺车（估计战国已出现，最晚在西汉时出现，图7-1）→手摇曲柄轮辐传动纺车（最晚在北宋出现，图7-2）→手摇曲柄轮制传动纺车（绳为辋，最晚在南宋钱选《子别母》中出现，图7-3）→手摇曲柄轮制传动纺车（木为辋，最晚在元代出现，图7-4左侧）。

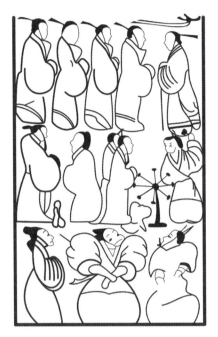

图7-1　西汉墓葬出土帛画中的纺绩图

图7-2　北宋王居正《纺车图》局部
（现藏于北京故宫博物院）

扫一扫见"近代手摇
曲柄轮制传动纺车"
视频

图7-3　近代手摇曲柄轮制传动纺车（绳为辋）

图7-4　王祯《农书》中的手摇纬车（纺车形制）

中国古代脚踏纺车经历了：脚踏单锭、二锭纺车（估计西晋末年，因为当时家用坐具才传入汉族，图7-5）→脚踏三锭纺车（估计东晋，图7-6）→脚踏五锭纺车（最晚元代，图7-7）。

扫一扫见"三锭棉纺车"视频

图7-5　王祯《农书》中的脚踏二锭棉线架
（纺车形制）
注：此图绘图有问题，纱锭放置在纺轮上，脚踏板和纺轮连接点的位置显然不对

图7-6《农政全书》中的脚踏三锭棉纺车
注：此图纱锭的位置是对的，但脚踏板和纺轮连接点的位置不对

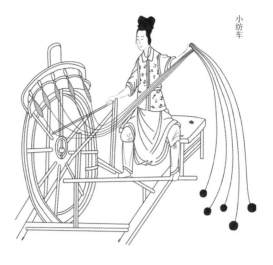

小纺车

扫一扫见"五锭麻纺车"视频

图7-7 王祯《农书》和《农政全书》中的脚踏五锭麻纺车
注：此图脚踏板和纺轮连接点的位置不对，纺棉和纺麻有明显区别，纺棉时纺好的
纱线要退绕到纱锭上，而纺麻时纺好的纱线则在一端由纱工绕成纱球

二、大纺车纺纱

　　大纺车相对于小纺车而言，具有锭子多、形制大的特点。现存最早关于大纺车的记载见于元代王祯《农书·农器图谱》（图7-8），明末徐光启的《农政全书》中亦有介绍，清末卫杰的《蚕桑萃编》中也介绍了江浙水纺车（它是大纺车，并不是水转大纺车）。大纺车一直沿用到近代，直到近代纺纱机出现才退出历史舞台。水转大纺车和大纺车结构大体相似，它比大纺车多了一个驱动水轮，它的图像信息仅出现在王祯《农书》中（图7-9）。水转大纺车似乎在元代存在过，但是它却没有大纺车那么幸运，据相关文献考证，它似乎在明代就已消失。大纺车以人力、畜力为动力纺纱，而水转大纺车以水力为动力纺纱，两者本质上是一样。

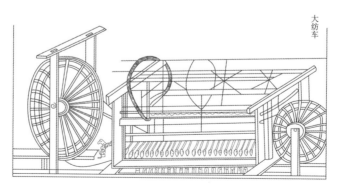

大纺车

图7-8 王祯《农书》中的大纺车

图7-9 王祯《农书》中的水转大纺车

由于水转大纺车的工作机、传输机的结构和大纺车一致，加之王祯《农书》对水转大纺车的描述仅寥寥十几字。因此，水转大纺车的工作机和传输机部分可以大纺车的结构为参照。根据王祯《农书》卷二十二中对大纺车的结构和工作的描述，水转大纺车的复原图如图7-10所示，锭子的形制如图7-11所示，纱线卷绕的部件和卷绕过程如图7-12所示。

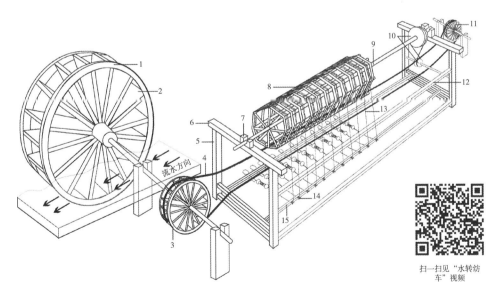

扫一扫见"水转纺车"视频

图7-10 水转大纺车复原图

1—水轮 2—叶片 3—左导轮 4—皮弦 5—立柱 6—枋木 7—山口 8—长轩 9—铁轴 10—旋鼓 11—右导轮 12—额枋 13—麻纱 14—小铁叉 15—导纱棒

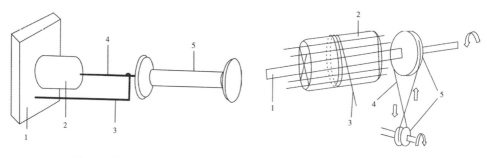

图7-11　锭子结构示意图
1—木座　2—臼　3—杖头铁环　4—镜底铁簧　5—纱管

图7-12　水轮顺时针旋转转纱线卷绕示意图
1—铁轴　2—长矸　3—麻纱　4—绳弦　5—旋鼓

从图7-10中可知，水转大纺车的动力由水流击打水轮中的叶片而产生，水轮带动轴承将转力传导到纺车机架左侧导轮上。左侧导轮的转动通过皮弦与右侧的导轮相连，左右两个导轮形成周而复始的圆周运动。下皮弦直接压在锭杆上，通过摩擦带动锭杆，从而带动锭子旋转；上皮弦则通过摩擦带动纱框铁轴上的旋鼓，进而使纱框转动。纱框的转动，则依靠一对装置相交的木轮（旋鼓）与绳弦的作用。因此，纱框铁轴上的木轮与压在上皮弦下轴承中木轮的转动方向是一致的（以木轮所在轴为中心顺时针或逆时针转动）。

水转大纺车在流水旁该如何安放？这要看水轮如何放置和转动，此时锭子也要相应地调整位置，分两种情况来考虑：①如果流水在工作机的左侧，则可采用图7-10中的水转大纺车水轮安装的形制。此时，若水轮是顺时针转动，则锭子也按图7-10中锭子头安装的位置，它置于皮弦远离流水的一侧。若水轮是逆时针转动，则锭子头要置于皮弦靠近流水的一侧。②如果流水在工作机的右侧，则需要将水轮安装在工作机的右侧。此时，若水轮是顺时针转动，其锭子头则置于皮弦靠近流水的一侧。若水轮是逆时针转动，则锭子头要置于皮弦远离流水的一侧。

为什么要按以上的办法安装呢？其实只需要考虑水轮转动时整个工作机的运动情况，就可知道答案。此时分为两种情况：

第一种，水轮如果是顺时针转动，水转大纺车左右两侧导轮和压在上皮弦下的轴承中的木轮也是顺时针方向运转，同时纱框铁轴上的木轮也是顺时针运转，因此纱线也是采取顺时针方向绕上纱框的，这时锭子头的安装一定如图7-12所示的那样朝向读者的方向。此时又分为两种情况：若水轮正好在图7-12中靠近读者的这一侧，则锭子头置于皮弦靠近流水的一侧；若水轮在图7-12中远离读者的那一侧，则锭子头置于皮弦远离流水的一侧。这样一来，纱线可以顺利绕上纱框。

第二种，水轮如果是逆时针转动，纱框铁轴上的木轮也是逆时针运转，很明显，纱线绕上纱框的方式也是逆时针绕纱，这时锭子头的安装一定如图7-13所示的那样远离读者的方向。此时又分为两种情况：若水轮正好在图7-13中靠近读者的这一侧，则锭子头置于皮弦远离流水的一侧；若水轮在图7-13中远离读者的那一侧，则锭子头置于皮弦靠近流水的一侧。只有这样放置锭子，才能顺利完成纱线的绕转。

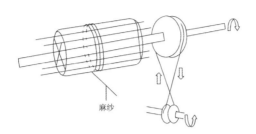

图7-13 水轮逆时针旋转纱线卷绕示意图

在宋元时代，纺麻的大纺车、水转纺车就开始向丝大纺车演进。关于丝大纺车的结构，可从晚清学者卫杰的著作《蚕桑萃编》中一幅名叫《江浙水纺图》的版画（图7-14）中窥见一斑，画中的纺丝机械从原理和操作上和大纺车有许多相同之处，但却比大纺车更加科学和有效。

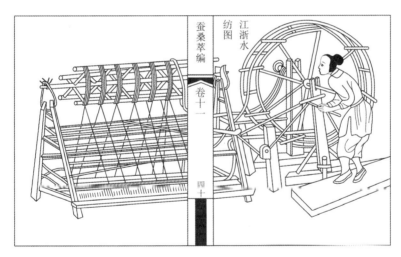

图7-14 江浙丝大纺车

从图7-14来看，这种纺车绝非清代才产生，考察图中所绘人物衣着和发式，可以肯定图中人物应该是明代或明代之前汉人的装束，因此这种丝大纺车的出现极有可能是宋元时期，但这还有待历史史料的考证。从这种纺车的结构上看，它比水转大纺车或大纺车有了更大的改进。第一，车架由长方形架体变为梯形，上窄下阔，稳定性更好。第二，锭子的排列由单面变为双面，有利于扩大纺车的锭子数。第三，在大纺车上装备给湿装置即竹壳水槽（江浙水纺车）或湿毡（四川旱纺车），使纱管上卷绕的丝条浸在水中，或者丝在加捻时经过湿毡的过湿，提高丝条张力，防止加捻时脱圈，同时对稳定捻度和涤净丝条等均有帮助，为产品质量的提高创造了有利条件。《蚕桑萃编》中将这幅图命名为《江浙水纺图》，其本质上并不是指这种丝大纺车是利用水力驱动，而是指利用竹壳水槽或湿毡给丝浸湿来命名这种纺丝方法。

《江浙水纺图》中有关纱框如何转动部分完全没有描绘清楚，但可以根据祝大震先生对同类型的湖北江陵丝纺车的复原，了解此类纺车的纱框的运作过程，江陵丝纺车复原图如图7-15所示。

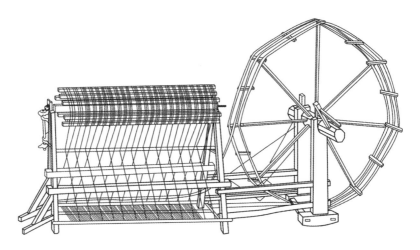

图7-15　江陵丝纺车

从图7-15可以看出，江陵丝纺车有两套动力系统，都由手摇大轮驱动。一套是机架下端锭子的转动，它由围绕手摇大轮上的幔带驱动；另一套是机架上端的纱框的转动，它由锭带驱动。通过一组滑轮，锭带连接手摇大轮上的转轴和机架上的纱框，形成动力传输带，完成纱框的转动。这条锭带的转动是由手摇大轮的转轴提供，并通过一组滑轮来传导和改变力的方向，使手摇大轮上锭带的横向运动转变成纱框上锭带的纵向运动，从而使纱框顺利地转动，对纺好的丝进行卷绕。观察《江浙水纺图》，也不难发现在江浙丝大纺车上也有锭带，并且也是绕在手摇大轮的转轴上。因此，笔者可以推断，江浙丝大纺车纱框的工作原理应该和江陵丝纺车一样，只是滑轮的摆放略有不同。那么，江浙丝大纺车在纱框的转动机制上为什么会有这种变化呢？根据力学原理，笔者可知，锭带由手摇大轮的转轴产生的拉力，通过滑轮的传导和变向，力的损失要远远小于通过皮弦带动纱框转动的大纺车或水转大纺车。利用这种力的传导装置，在使用水力资源上严格控制的中国古代封建社会，使用人力或畜力无疑要比水力来得稳定和划算些，这也是大纺车向各类丝大纺车转变的技术基础。[1]

第二节 ｜ 中国古代纺纱图像信息的一个考辨

在论述中国古代手摇纺车史的时候，很多专著、论文都用到著名机械史学家刘仙洲（1890—1975）先生所藏的一幅"汉代"《手摇纺车图》（图7-16），作为实物证据来佐证相关的论点。图7-16看上去很像汉代壁画上图像信息的拓片，让人相信其存在的真实性。一方面，图中展现了古代单锭纺车的构造：车架由2组横木相连在一起的左大右小2个木框构成，大木框架内放着绳轮，小木框架内置锭子；绳轮是由两组竹片或木片制成"米"字形轮辐构成，2组轮辐相距20～25厘米，固定在轮轴上，用绳索在2组轮辐顶端交叉攀紧成鼓状，便成为纺车的绳轮；[2]曲柄装在绳轮的轮轴一端，而锭子垂直于绳轮所在的面，绳轮和锭子则靠绳弦或皮带相连。另一方面，图中也展示了纺纱的操作过程：纺妇似乎坐在凳或椅上，右手转动曲柄，使绳轮旋转起来，通过做循环运动的绳弦或皮带摩擦锭杆，带动锭子旋转，从而给绕在锭子上的纱线加捻，同时纺妇左手则牵伸锭子上的纱线。但笔者对这幅图的真实性产生怀疑。

图7-16　手摇纺车图

一、对《手摇纺车图》出处的疑问

该图是刘仙洲先生在北京琉璃厂某一店铺购得的汉代壁画摹拟，早在1962年刘先生就将该图用于著作《中国机械工程发明史（第一编）》中。[3]其后，自20世纪80年代以来国内编纂了三部影响较大的纺织史专著：1984年陈维稷先生等主编的《中国纺织科学技术史（古代部分）》、2002年周启澄先生等编著的《纺织科技史导论》、

2002年赵承泽先生主编的《中国科学技术史·纺织卷》，这些专著中都引用了此图，但未对其进行认真考证。一方面，他们都没有说明其图像的来源类型（画像石、画像砖或壁画），导致读者认为其图像是来源于古代图像信息的误读，深信其图像的真实性；另一方面，对于该图的出处，这些著作却比较模糊。前两部专著均没有标明该图的出处，仅有赵承泽先生标明"手摇纺车图（今人摹拟）"。图像信息出处处理的不明确性和北京琉璃厂出售文物"泥沙俱下"的特点，是笔者对这幅《手摇纺车图》产生疑问的根源。此外，图7-16若是汉代画像石、画像砖的拓片或汉代壁画的摹拟，那它不可能如此清晰，这与汉代画像石、画像砖、壁画中图像信息普遍清晰程度不高的事实相悖。

二、对《手摇纺车图》中纺妇坐姿的疑问

图7-16中绳轮似乎过于高大，纺妇好像只有坐在坐具上才能比较舒服地进行纺纱，但这与汉代纺妇站立或席地而坐纺纱的事实相异。1978年山东临沂金雀山9号西汉墓曾出土一幅彩绘帛画，画面自上而下分为5组，其中第4组右边为妇孺纺绩图，图中清晰展现一位中老年妇女站立操作纺车进行纺纱（图7-1）。[4]通过考察山东滕县（今滕州市）龙阳店、江苏铜山洪楼等地出土的汉代画像石纺织图像信息，笔者亦发现汉代妇人纺纱多以跪坐双腿之上或站立从事纺纱活动。汉代帛画、画像石中的纺妇为什么没有坐具呢？因为汉代以前的家具都属低面家具，无坐具，人们席地而坐，只有案几而无桌子。直到东汉末年，北方游牧民族的"胡床"才传入，这里的"床"是坐具的含意，与眠床的床是不同概念。宋人高承在《事务纪原》中引《风俗通》的话说："汉灵帝好胡服，景师作胡床，此盖其始也，今交椅是也。"由于交椅可折叠，搬运方便，故在汉代常为野外郊游、围猎、行军作战所用，很少用于家具之用。

三、对《手摇纺车图》中纺妇发式的疑问

由于图7-16中纺妇的发式并不像是西汉和东汉妇人的发式，所以推断此图应该不是汉代壁画的摹拟。西汉时期妇女发式的主要特点是发髻不高梳，多梳于颅后或肩背处挽成发髻。当时主流式发式有两种：一种是先将头发中分或偏分，梳至肩背处挽成发髻，露出发梢，这种发式可从陕西西安任家坡西汉墓出土的女陶俑中得到印证（图7-17）；另一种是头顶头发中分成两部分，再将两部分头发同时梳至颅后中央，绾成一纂，发梢从纂的中心穿出，左鬓留出一缕垂梢髻，这种发式可从云南晋宁石寨山出土的西汉青铜贮贝器人物中得到说明（图7-18）。

图7-17　陕西西安任家坡　　　　　图7-18　云南晋宁石寨山西汉遗址出土的
　　　　西汉墓出土女陶俑　　　　　　　　　　青铜贮贝器人物

对比图7-16与图7-18两妇人的发髻，可见图7-16中纺妇与图7-18中西汉妇人发髻的明显不同；对比图7-16、图7-18，因为不能看见图7-16中纺妇左脸，所以不能断定图7-16纺妇是否有垂稍髻，但似乎图7-16纺妇颅后的发梢没有从纂的中心穿出，使其发式似乎很大，明显不像是第二种主流式发式。综合比较西汉两种发式的特点与图7-16中纺妇发式的特点，可以断定图7-16的纺妇形象应该不是西汉时期的人物。东汉时期妇女的发式已从颅后或肩背处移至头顶，发髻形式各异，变换无穷。有梳一个高髻的，有梳双髻的，有梳三髻的，有梳扇形的，还有盘髻的，等等。而垂稍仍是十分流行的梳发形式，这种发式可从河南新密打虎亭一号墓（东汉）出土画像石中的女性人物得到印证（图7-19）。[5]显然图7-16与图7-19的发式完全不同，可见图7-16中的纺妇应该也不是东汉时期的妇人。

图7-19　河南新密打虎亭东汉墓出土画像石中的女性人物

四、对《手摇纺车图》中曲柄使用的疑问

图7-16中明确画有手摇曲柄装置，这让笔者质疑。一方面，从直接证据方面入手，笔者考察汉代帛画、画像石、画像砖中的纺车图像信息，[6-8] 都没有发现手摇曲柄装置。即使纺车没有手摇曲柄装置，也不会影响其操作，因为可以徒手拨轮辐，使之转动纺纱。[9] 从山东滕州龙阳店出土的画像石纺织图（图7-20）中可看出，从事络纬的妇人正在用手转动轮辐，并没有手摇曲柄装置。

图7-20　山东滕州龙阳店出土画像石中纺织图（局部）

另一方面，从间接证据入手，考察中国古代机械工程方面中与纺车相似的手摇曲柄信息。虽然，立式手摇曲柄（指曲柄与水平面垂直）早在汉代就已应用于转磨中，但与纺车中的卧式手摇曲柄（指曲柄与水平面平行）有区别。因为古人技艺多囿于本领域，很少有交流，所以在此可暂不考察转磨对纺车的影响。古代辘轳中的手摇曲柄和纺车的卧式手摇曲柄有相似性。因为两者的工作轮面都是垂直于水平面，且它们的曲柄都是卧式，所以确定辘轳中手摇曲柄的应用时间可以佐证纺车中手摇曲柄应用时间的大致年代。迄今所见到的最早辘轳残件是湖北大冶铜绿山古矿遗址的后期遗址——战国中、晚期至西汉时期的矿井中发现的一根木制辘轳轴（图7-21），但它却不是用曲柄驱动的，而是靠固定在辘轳轴的横杆或者靠齿轮驱动，因此它不能作为曲柄出现的佐证。战国时期成书的《墨经·备高临》中提到守城用的"连弩之车"，有的学者认为"连弩之车"中已经使用了辘轳。[10] "连弩之车"是一种用绳扣系箭尾的长箭，射毕后可用辘轳将其卷收回来，以便再射，是谓连弩之意。据《史记·秦始皇本纪》说，秦始皇东至琅邪（今琅琊）时，曾使用这种连弩射捕海中之鱼（可能是鲸）。"连弩之车"中的辘轳应该是轮盘，并没有手摇曲柄装置。因为参考成书于北宋的《武经总要·器图》中的床弩图例（图7-22），弩的轮盘是由轴上插入木棍构成，并没有曲柄装置。[11] 到汉代的辘轳有两种：一为滑车式，河南洛阳出土的汉代陶辘轳即为滑车式（图7-23）；二为细腰式，辽宁辽阳三道壕汉墓壁画中的辘轳即为细腰式（图7-24）。两者之共同点是：只改变了力的方向而不省力，并没有手摇曲柄装置。直到唐代才有手摇曲柄装置的省力辘轳，张春辉先生著作所描述的辘轳即是这种省力辘轳（图7-25）。[9] 而中国古代最早涉及纺车卧式手摇曲柄信息（包括文字和美术信息）的是北宋画家王居正所作的《纺车图》，《纺车图》中某根轮辐上垂直钉入一根圆木，作为手柄，这根圆木与其固定在一起的轮辐形成简化的手摇曲柄装置。

可见汉代没有出现卧式手摇曲柄纺车，而图7-16却显示汉代有手摇曲柄纺车，因此推断图7-16可能不是汉代的文物摹扎人。

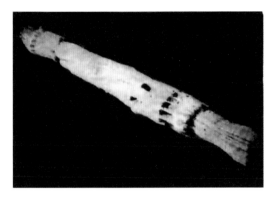

图7-21　湖北大冶铜绿山古矿遗址中的木制辘轳轴

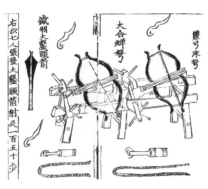

图7-22　床弩图例

图7-23　河南洛阳汉代滑车式陶辘轳

图7-24　汉墓壁画细腰式辘轳

图7-25　唐代辘轳

五、对《手摇纺车图》近代性的疑问

图7-16与1905年英美烟公司设计出品的《纺纱》烟画（图7-26）有惊人的相似度。从纺车的构造来看，两图中的纺车完全是一样的；从两图中纺妇所纺的纤维来看，都是棉花。图7-16中的纺妇左手处有一要很长的条状物，应该是棉条，因为韧皮纤维都不以拉条的方式纺纱而是以绩接、加捻的方式在纺车上纺纱。两幅图惊人地相似，即可说明图7-16的可疑性。棉花人工栽培的发源地在印度，其进入现在中国版图较早，但进入汉族区域的时间相对较晚。棉花传入汉族区域有两条路径：一条是从西域传入。棉花直到唐代才从西域传播到陕北地区，由于陕北地区湿度不够，棉纱易断，只能纺织较粗糙的棉布。更为重要的是引种的棉花品质差，越向内移，越会碰到丝织业的强大抗拒力，所以一直内移较慢。另一条是从云南传入。云南传入的棉花又分两路传播，一路从四川，一路从东南沿海向汉族区域传播。直到元代

棉花才普遍在长江和黄河流域种植，汉族人的纤维消费习惯彻底改变，当然这是一个漫长的过程[12]。图7-16中纺妇的衣着显然属汉族样式，若图7-16是汉代出土的图像信息，但为什么会出现汉族普通老百姓纺棉花的图像信息呢？这不得不让人对图7-16生疑，此图极可能系今人伪作。

图7-26 《纺纱》烟画

第三节 | 中国水转大纺车与近代工业革命缺席的分析

16世纪，中、英两国都曾出现过水力纺纱机。此后，英国以阿克莱特（1732—1792）的水力纺纱机为契机，进行工业革命，从而改变了英国和世界的面貌；而中国元代的水转大纺车却昙花一现，对社会并没有产生深刻的影响，默默地消失在历史的长河里。笔者曾在《丝绸》杂志2011年第7期发表过论文《中英水力纺纱机形制的比较研究》，[13]在这篇论文中笔者是从纺纱技术的角度，对中国水转大纺车和英国阿克莱特水力纺纱机在结构上进行了比较。笔者认为，中国元代的水转大纺车无法引爆工业革命，纺纱技术上的因素固然很重要，但社会制度上的阻碍似乎更重要。

一、水转大纺车发展的主要阻碍

水转大纺车的使用必须在水流丰富的地方，综观人类历史，对于水资源的使用无外乎航运、灌溉、水力三大类。由于中国古代封建统治阶级以儒学取仕，隋唐以后科举制的考试内容主要是文史类知识，大多数知识分子对技术类书籍漠不关心，因此，我们在现存为数不多的古代技术类书籍中难以寻找到有关水转大纺车的应用情况。为此，我们只能间接地从古代一些水权制度的资料上，说明水转大纺车的实际应用水平。

1.水资源使用次序导致毁碾时有发生

考察中国古代水资源的利用顺序，自汉代以来，都遵循着航运—灌溉—碾磨（水力机）的次序。《汉书·沟洫志》载："此渠皆可行舟，有余皆则用溉。"到了唐代，在水资源的使用次序上更加明确，"诸水碾硙，若拥水质泥塞渠，不自疏导，致令水溢渠坏，于公私有妨者，碾硙即令毁破"，说明唐代只有在不影响农田灌溉的前提之下，才能使用碾硙，碾硙不得与灌溉争利。[14]唐代的水利法典《水部式》中还规定，航运与灌溉不能兼顾时，优先满足通航要求。宋元时期的水权制度也大都依唐例，譬如元代《农桑》中规定："……处理安置水磨去处，如遇浇田时月，停住碾磨，浇溉田禾。若是水田浇毕，方许碾磨，依旧引水用度，务要各得其所。"

中国古代水资源使用的这种等级次序有着深层的社会原因。首先，中国古代遵循"普天之下莫非王土，率土之滨莫非王臣"的封建观念，形成大一统的思想。这就在制定水资源使用上，必然要维护皇帝的统治。航运优于灌溉，主要是由于各大城市需要大量的生活物资，只有水运才可能维持正常运转。同时，皇帝的统治力量主要集中于各大城市。因此，航运优于灌溉使用水资源是必然的。灌溉优于碾是因为皇帝统治的绝大多数人口是农民，也是统治的基础，中国古代历次改朝换代的起义力量都是农民，如何稳定和安抚农民也是皇帝关注的重点。其次，中国古代有"士农工商"的阶级排列次序，重农抑商几乎是古代中国的一项基本国策，特权阶级的利益必然高于农民的利益，农民的利益又高于工商者的利益。因此，在水资源利用上必然也是依照这个次序来分配。

这种水资源的使用顺序，当然是不利于水转大纺车的发展的。水转大纺车的使用范畴是属于碾这类。当各方用水利益发生冲突时，首先牺牲利用水转机械者的利益。唐高宗永徽六年（655年）、唐玄宗开元九年（721年）、唐代宗广德二年（764年）出现三次大规模毁碾、磨事件，起因是由于水碾、水磨的大量使用严重影响了灌溉用水。北宋元丰政和间（1078—1111年）水磨茶法之争，实质交织了官与商的矛盾、灌溉用水的矛盾、漕运用水的矛盾。[15]正如《宋史·河渠志》："右司谏苏辙言：近岁京城外创置水磨，因此汴水浅涩，阻隔官私舟船，其东门外水磨，下流汗漫无归，浸损民田一二百里，几败汉高祖坟。"[16]其结果也是可想而知，水磨茶罢之。

2.水转机械使用的限制无法促成水力工场的形成

中国封建社会不仅规定了水资源的使用次序，还对水碾使用规模和时间都作了一些限制。据唐代《水部式》，"每年八月卅日以后，正月一日以前听动用。自余之月，仰所管官司于用硙斗门下著锁封印，仍去却硙石，先尽百姓溉灌。"[17]可见，唐代规定水磨每年只准使用四个月的时间。明清时期，据《洪洞县水利志补》中节选的关于《通利渠册》记载："本渠各村原有水碓，嗣因渠水无常，历久作废，此后永不准复设，致碍浇灌。违者送究。"可见，明清时期都在明令禁止重新建造水转机械。此外，《通利渠册》还对水磨使用时间作了限定，"各渠水磨系个人利益。水利关乎万民生命，拟每年三月初一起，以至九月底停转磨，只准冬三月及春二月作为闲水转磨。每年先期示知，若为定章。违者重罚不贷。"[18]我们不难看出，封建统治阶级对水转机械的规模和使用时间的限制，无疑造成利用水力手工的工场无法正常产生。

通过中国封建社会水权制度的简要分析，可以看出，在这种水权制度下，对各种水力机械的应用限制太多。正因如此，自有元以来，再也没有形成以水力机械为动力的手工业区域。虽然，在有些地区还能见到水转机械。譬如朝鲜李朝著名学者朴趾源（1737—1805）于1780年在华北旅行时，亲眼目击了这些水力机械，他在回忆录中写道："当我路过河北三河县（今三河市）时，我看到各方面都使用了水力，熔炉和锻炉的鼓风机、缫丝、研磨谷物——没有什么工作不是利用水的冲击力来转动水轮进行的。"[19]但是，单一类型的水转机械并没有形成一定规模和集中于一定区域，因此，可以断定无法形成技术竞争和创新的动力机制，并且在受到严格限制的封建水权制度下，水力机械包括水转大纺车必然走向末路。

二、水转大纺车式纺棉机无法产生的原因分析

元代以来，棉花逐渐在中国长江流域广泛种植，特别当黄道婆（1245—1330）从海南黎族那里带回来棉纺织技术，并对棉纺织技术进行了改进和创新，大大促进了棉纺织手工业的发展，麻织物也逐渐为棉织物所取代，棉布成为普通老百姓的衣着之物。虽然大纺车广泛应用在丝纺上，并将中国的丝纺技术推向近代工业革命前的最高峰，但在棉纺织业大发展的时期，大纺车却没有应用于棉纺。这不禁让人产生一个疑问，大纺车就没有纺棉的可能吗？解答这个问题，我们不仅要从棉纺技术方面，还要从棉纺织生产制度方面进行探讨。

1.技术改进困难是一个重要因素

棉花作为短纤维，实质上是无法直接应用于麻、丝纺车上的，因为纺麻或丝只是对麻缕或丝束进行并捻合线，不需要牵伸麻缕或丝束，因此，麻、丝纺车的动力轮与锭子的速比较大。如果将这种纺车直接应用于棉纺，就会经常出现断头现象。

但元代的黄道婆通过减小动力轮直径的办法，解决了纺纱时断头现象，三锭脚踏棉纺车就是黄道婆对麻纺技术应用于棉纺的一项重大改革。

关于脚踏四锭、五锭棉纺车的存在，学术界一直都是有争议的，至于超过五锭以上的棉大纺车那更是闻所未闻。但关于棉大纺车，学术界还是有一些大胆的假设。陈维稷先生在《中国纺织科学技术史（古代部分）》一书中提到一种张力自控式多锭土纺车[20]，但是，他在注释中也指出，此种纺车在1958年始造，已经吸收了一些"洋法"机器的结构，锭子也是直立于机架上，但没有欧式的罗拉装置。如果我们将这种张力自控式多锭土纺车认同为历史上可能存在过的纺棉机，显然就有辉格史观的嫌疑了。众所周知，世界上第一台锭子直立的多锭纺纱机是由英国纺织工兼木匠哈格里夫斯（1721—1778）于1764年发明的珍妮纺纱机。那么，中国古代能不能产生纺棉专用的、并且锭子横卧的大纺车呢？赵冈先生在《中国棉纺织史》一书中指出完全是可能的，"我们可以试想把王祯《农书》中所绘的大纺车改为棉纺机，看看它将是什么样子。大纺车长20尺，想来一定需要装两条拉杆，每条由一个人去操作，另外一个人专门摇动转轮。于是，大纺车便将由单人操作的机具变成三人协力操作机器"。[21]

但是，我们认为，中国古人将大纺车改成棉纺机在技术上存在着一定困难。依赵冈先生所言，确实能解决棉条牵伸的问题，但在棉纱卷绕上却有些问题。考察古代棉和麻的纺纱过程，我们会发现古人纺棉和纺麻在卷绕上有所不同。纺棉是纺妇把搓好的细长棉条，按在锭子上，右手摇车把，左手轻轻上扬，匀称的棉线便抽了出来，然后将加捻好的这段线绕到纱管上。而纺麻则先将绩接好的麻缕绕缠在纱管上，通过"退绕加捻法"将麻缕加捻并条，如元代脚踏五锭小纺车（图7-7）所示，并没有将纺好的麻绕回到纱管上。因此，在中国古代，除了将人纺车改成陈维稷先生所提的张力自控式多锭土纺车，其他无法实现棉纱线的卷绕。

2.棉纺织生产制度的落后则是关键因素

众所周知，古代中国农村是一种自给自足的自然经济。以棉花为原料的纺纱、织造从开始取代麻时，一直是作为农村副业而存在，这种家庭式的生产或自用或为简单商品贴补家用，家中主要劳动力还是投入到农业生产上。那么棉纺织作为副业则强化了自给自足的自然经济，更是不容易催生出类似生产丝织物的手工工场。正是基于这种家庭手工生产的制度，棉纺织机械失去了向大纺车演化的动力。作为副业的棉纺织业，本来就是利用了家庭中的剩余劳动力，不存在所谓机会成本，即作为商品的内在要求并不是很高，对生产力成本并没有下限。如果棉纺纱机械向大纺车方向发展，必然要有专门操作这些机械的工人，并且工场要花费大量资金去制造这些机械和支付工人最基本的工资。在当时没有劳动力成本下限的家庭手工生产制度下，这种大规模的机械生产的成本并不比家庭生产成本低。况且，在植棉区来看，农村家家户户几乎都从事这种棉纺织生产，可见当地人的棉织物市场不是很大。因此，棉纺织业也就无法像丝织业一样出现大规模的民营工场。正如赵冈先生在《中国棉纺织史》中指出："中国棉纺织业的症结是在生产制度上，而不在纺织技术上，生产制度远远落后在技术水平之后，因而从14世纪开始的600多年来，中国的棉纺织业没有任何重大的技术改进，直至西法纺织传入为止。"[21]74

3.中国资本主义萌芽于丝织业是根本原因

中国古代资本主义萌芽产生于丝织业，它是由匠籍制中的"轮班匠"出现而催生的。中国古代丝织业的最高水平并不在民间，而在官营织染局。明代以前民间丝织只为了物物交换。官营织染局中的机户丝织水平高超，但只能为官营服务，并且不能从事民间丝织生产。而"轮班匠"制度则使机户较以往更为自由，它是指机户三年一班，当值三月，可自由从事其他职业，这样机户们可以在民间传授技艺，从而促进了民间丝织业的发展。[22]同时，在丝纺方面，也采用了大纺车进行生产，有技术革新的萌芽。虽然如此，由于丝织品多属于奢侈品，消费群体仅限有一定经济实力且不从事劳动的有闲阶层，并不是当时人们的日用品，所以其消费量有限，并不具备规模化、标准化、量化生产的条件。这样也决定中国古代资本主义萌芽天生的弱小，只能依附于封建制度，不敢也没有实力与其进行政治角力，这也是中国近代工业革命难以出现的根本原因。所以说，中国的资本主义走向了一个奢侈化发展的行业——丝织业的歧路，注定了其发展不可能成熟。若中国资本主义发展走向棉纺织业则另当别论，由此可见资本主义行业方向的发展对于一个国家有着极其重要的影响。[23]

第四节 | 小结

中国古代纺纱的发展谱系并不像传统观点认为的那样，简单地沿着"纺专→手摇纺车→脚踏纺车→大纺车"的线性路径发展，而是沿着一个多维的发展谱系发展，如图7-27所示。通过综合论证，笔者认为刘仙洲先生所藏的《手摇纺车图》是伪图。

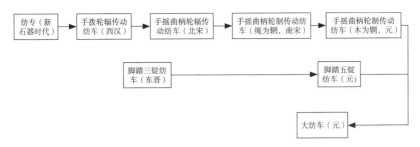

图7-27 中国古代纺织工具发展谱系

中国古代的手摇曲柄装置和脚踏曲柄装置之间的关系并没有那么密切。手摇曲柄装置的发明当然早于脚踏曲柄装置的发明,但脚踏曲柄装置发展成熟似乎明显早于手摇曲柄装置,这是非常令人奇怪的现象。

中国水转大纺车用于麻纺,大纺车用于丝、麻,并没有在棉纺上进行应用,归根到底是由于中国古代资本主义萌芽无法在既可作为生产者又可作为消费者的棉纺织工身上展开,而是在只能作为生产者且不可作为消费者的丝织工具上展开,这使生产和消费的红利无法反哺生产者,因此生产者没有技术革新的动力,这是其无法进行工业革命的关键,也是无法自发走向近代社会的关键。

[1] 李强,李斌,梁文倩,等.中国古代纺织史话[M].武汉:华中科技大学出版社,2020:83-95.

[2] 赵承泽.中国科学技术史:纺织卷[M].北京:科学出版社,2002:162,163.

[3] 刘仙洲.中国机械工程发明史:第一编[M].北京:科学出版社,1962:86.

[4] 陈锽.古代帛画[M].北京:文物出版社,2005:37.

[5] 郑捷.图说中国传统服饰[M].西安:世界图书出版公司,2008:71,72.

[6] 蒋英炬.中国画像石全集:第1卷:山东汉画像石[M].济南:山东美术出版社,2000:图版说明16.

[7] 蒋英炬.中国画像石全集:第2卷:山东汉画像石[M].济南:山东美术出版社,2000:图版说明56,58,73.

[8] 汤池.中国画像石全集:第4卷:江苏、安徽、浙江汉画像石[M].济南:山东美术出版社,2000:图版说明16,30,52,58.

[9] 张春辉.中国机械工程发明史:第二编[M].北京:清华大学出版社,2004:78,129.

[10] 胡维佳.中国古代科学技术史纲:技术卷[M].沈阳:辽宁教育出版社,1996:256.

[11] 卢嘉锡,王兆春.中国科学技术史:军事技术卷[M].北京:科学出版社,1998:65,112.

[12] 赵冈,陈钟毅.中国棉业史[M].台北:联经出版事业公司,1977:4-26.

[13] 李斌,李强,杨小明.中英水力纺纱机形制的比较研究[J].丝绸,2011(7):46-49,53.

[14] 王双怀.论盛唐时期的水利建设[J].陕西师大学报·哲学社会科学版,1995(3):54-60.

[15] 谭徐明.中国水力机械的起源、发展及其中西比较研究[J].自然科学史研究,1995(1):83-94.

[16] 周魁一.二十五史河渠志注释本[M].北京:中国书店,1990:118.

[17] 德惠,牛明方.我国现存最早的水利法典——《水部式》[J].吉林水利,1995(11):45-45.

[18] 秦泗阳.制度变迁理论的案例分析——中国古代黄河流域水权制度变迁[D].西安:陕西师范大学,2001.

[19] 李约瑟.中国科学技术史:第4卷·物理学及相关技术第2分册·机械工程[M].北京:科学出版社.上海:上海古籍出版社,1999:456.

[20] 陈维稷.中国纺织科学技术史:古代部分[M].北京:科学出版社,1984:193-196.

[21] 赵冈,陈钟毅.中国棉纺织史[M].北京:中国农业出版社,1997:79,80.

[22] 徐铮,袁宣萍.杭州丝绸史[M].北京:中国社会科学出版社,2011:72.

[23] 李岱祺,李建强,李强.基于中、美两幅棉包图像信息的李约瑟问题解读[J].武汉纺织大学学报,2014(5):17-20.

第八章

中国古代图像信息中的织机

由于中国古代的织机都是木质结构，一般很难保留下来，所以研究古代织机只能采用"他山之石可攻玉"的方法，基于中国古代图像信息来研究古代织机，不失为一种十分有效的方法。

第一节 | 中国古代图像信息中的织机变迁

从复杂程度上看，中国古代织机经历了原始腰机、综蹑织机、小花楼提花织机、大花楼提花织机。中国古代织机的发展方向是两维的，一个是平民化方向，另一个是贵族方向。所以，复杂程度的变化并非织机使用情况的变迁。即使是最原始的腰机也能织出精美的纹样，只是时间和幅宽受到限制。此外，占地小、结构简单的综蹑织机一直是中国农村织机形制。而小、大花楼提花织机则是自唐代以来中国古代官方或贵族家族使用的织机形制。

一、原始腰机

原始腰机又称踞织腰机，中国原始腰机的机件自新石器时代出现，一直到近代还在一些少数民族地区使用。它最明显的特征是没有机架、但能够完成织机基本功能要求的机具。踏板腰机尽管卷布轴（又称织轴）缚于织造者腰上，但却有完整的机架，显然它是介于原始腰机和踏板织机之间的过渡形态，笔者把它归于踏板织机一类。原始腰机的准备操作，即支架操作工序为：将卷布轴用腰带缚在织造者腰上，以人的身体作为支架，经轴用双脚蹬直，依靠两脚的位置及腰脊来控制经丝的张力，这样一架原始腰机就支起来了。图8-1是云南石寨山滇文化遗址出土的西汉青铜贮贝器中原始腰机的图像信息，是迄今为止中国发现最早的、完整的图像信息。

扫一扫见"原始腰机—平纹操作"视频

扫一扫见"原始腰机—挑花操作"视频

图8-1 云南石寨山滇文化遗址出土的西汉青铜贮贝器中的原始腰机
（现藏于昆明市博物馆）

二、双轴织机

所谓双轴织机，是指其具有经轴、织轴等固定机架，较原始腰机而言，减轻了织者作为机架的疲劳感。这一机型在中国古代没有实物证据，仅有《列女传·鲁季敬姜》的疑似描述和当今新疆和田使用的织机（图8-2）形制。但世界各地普遍存在这一机型，所以中国纺织史学界认为此一机型在中国应该存在于春秋时期，因为《列女传·鲁季敬姜》中敬姜是春秋时期鲁国人。笔者认为在中国古代是否存在这一机型，还有待商榷，这仅是利用世界织机史的变迁，再根据《列女传·鲁季敬姜》中的有限描述和当今新疆和田使用的双轴织机对中国古代织机形制的一种猜测。

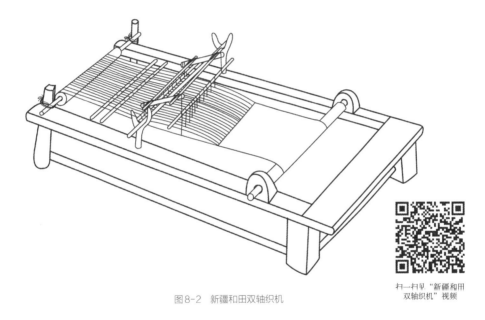

图8-2　新疆和田双轴织机

扫一扫看"新疆和田双轴织机"视频

和田双轴织机巧妙地运用互动型综杆开口，与后文互动式双综双蹑织机有点相似。图8-2中杠杆并不是固定的，但两个杠杆却通过两根横棍或一根横棍（图8-2中是一根横棍）连接在一起，通过拨动横棍，可使两个杠杆在Y型支架上的横杆上前后运动。杠杆前后两端的综线连结Y型架前后的两个综杆，而两个综杆的综线分别控制着织物的奇数根经纱和偶数根经纱。其操作为：将杠杆前端向后移置到Y型支架上的横杆上（图8-3上图），Y型支架上横杆前面的综杆带动综线提升，形成梭口，然后可引纬、打纬；而将杠杆后端向前移置到Y型支架上的横杆上（图8-3下图），Y型支架上横杆后面的综杆带动综线提升，形成梭口，并且完成经线的换层操作，然后引纬、打纬。这样就完成简单的平纹织物织造过程。

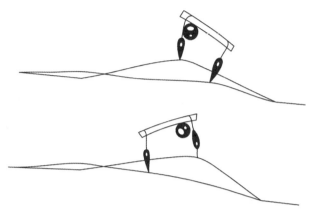

图8-3　和田双轴织机操作侧面示意图

三、综蹑织机的起源——手提综杆式斜织机的假说

东汉时期综蹑斜织机的形象广泛出现在东汉画像石上。中国双轴织机到综蹑斜织机的变迁从春秋时期到东汉，历时五六百年。其技术变迁表现在两个方面，一是从水平织机到斜织机，二是从手提综杆织机到综蹑织机。从双轴织机到综蹑斜织机的技术进化，让人感觉突兀，似乎缺少某个中间环节，笔者认为两者之间还存在一个过渡类型的织机——手提综杆式斜织机。所谓手提综杆式斜织机是指有一个机架，经面和水平的机座成五六十度的倾角，其倾斜机架中间有一个中轴，中轴上有一根可以前后活动的连轴杠杆机构，这一机构就是开口的装置。手提综杆式斜织机开口装置的工作原理与新疆和田的双轴织机开口装置的工作原理一样，其不同在于经面位置的不同，双轴织机的经面是水平的，而手提综杆式斜织机的经面是倾斜的。

手提综杆式斜织机，既具有双轴织机的特点，又具有综蹑斜织机的特点，但其主要工作原理还是双轴织机的特点——手提综杆，但形制已经向综蹑斜织机开始转变，所不同的是没有踏板。之所以笔者认为会出现这一过渡形态的织机，是因为：①倾斜的机面有利于织工打纬，织工打纬后，由于机面倾斜使纬线在重力作用下更紧密，因为当时先进的打纬工具——筘还没有被发明，倾斜机面有利于工作效率的提高和保证织物的品质；②有利于织工较好地观察织面的情况，随时调整；③在法国吉美博物馆中有一台东汉釉陶斜织机，但没有踏板（图8-4）。这正是笔者假设手提综杆式斜织机存在的根源所在。东汉釉陶斜织机作为冥器或者装饰物，一定与真实的器物一样的形状，仅有大小差异（冥器可能做成模型），这是秦汉时期陪葬器物的特征。正是因为这件东汉釉陶斜织机没有踏板，所以就有两种可能，一种可能踏板是木制的，早已腐朽；另一种可能是本身就没有踏板。看来这一织机的形制是没有踏板的

斜织机的可能性也是比较大，这是笔者假设
的前提。此外，笔者怀疑这台釉陶斜织机有
可能不是东汉时期的陶器。首先，西汉和东
汉在制陶方面的水平差异并不是很大，特别
西汉晚期和东汉初年的制陶工艺并没有显著
的差别。其次，即使在东汉墓葬中出土这个
陶器，也不能断定它是东汉的器物，有可能
是更早前的器物，作为陪葬所用。从这台釉
陶斜织机和制陶的风格上看，笔者怀疑它是
西汉时期的器物。因为笔者从东汉画像石上
发现，早在东汉章帝时期（75—88年）就已
经有了综蹑斜织机，那么手提综杆式斜织机
应该出现更早，向前推至西汉应该是没有问
题的。

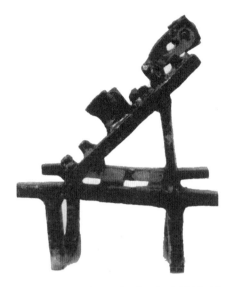

图8-4　东汉釉陶斜织机（现藏于法国吉美博物馆）

四、综蹑织机

综蹑织机是带有脚踏提综开口装置织机的通称。织机采用脚踏板与综连动开口
是织机发展史上一项重大发明，它将织工的双手从提综动作解脱出来，可以专门从
事投梭和打纬，大提高生产率。综蹑织机的出现，使平纹织品的生产率比之原始织
机提高了20～60倍。综蹑织机包括单综单蹑织机、单综双蹑织机、踏板立机、单动
式双综双蹑织机、互动式双综双蹑织机、多综多蹑织机。

（1）单综单蹑织机。单综单蹑织机最显著的特点是一个踏板控制一个综片进行
提综。四川成都曾家包墓葬出土东汉时期的石刻《酿酒、马厩、阑锜图（局部）》
（图8-5），现藏四川省成都市博物馆，图中有单综单蹑织机一具。图8-5看上去像有
两个踏板，其实只有一个踏板，因为最前面的横杠在机架外，显然不是踏板，应该是
支撑机架结构的横杠。单综单蹑织机（图8-6）的提综结构是马头装置，并且综片是
由上综杆和下综杆构成，上、下综杆都是通过纱线控制着同一层经纱层，或奇数根经
纱层或偶数根经纱层。马头装置由两根木块构成，一根是垂直固定在立柱上的木块
（a），另一根是通过圆棍与木块（a）纵叠串在一起，构成可上下活动且前大后小形似
马头的木块（b）。两个马头前端用绳系着上综杆，左边马头处有一杠杆装置，杠杆装
置前端与马头前端的上综杆连动，杠杆装置后端通过绳与踏板连动。当踏下踏板时一
系列的连动装置使马头前倾上翘，带动上综杆提起奇数根层经纱或偶数根层经纱，形
成开口，完成引纬织造。当脚离开踏板时，马头前大后小的结构和下综杆的重力作

用，自然将上、下综杆控制的这层经纱下压到另一层经纱下面，形成换层，完成引纬织造。以上是最简单的平纹织物织法，提花织物可以通过挑花技术完成。

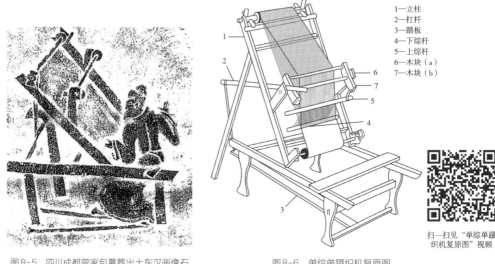

1—立柱
2—杠杆
3—踏板
4—下综杆
5—上综杆
6—木块（a）
7—木块（b）

扫一扫见"单综单蹑织机复原图"视频

图8-5　四川成都曾家包墓葬出土东汉画像石中的单综单蹑织机

图8-6　单综单蹑织机复原图

（2）**单综双蹑织机**。单综单蹑织机缺点非常明显，重力作用下的经纱换层毕竟不是很理想，这样导致了单综双蹑织机的产生。单综双蹑织机最显著的特点是两个踏板控制一个综片提综。滕州龙阳店、嘉祥武梁祠、铜山洪楼等地发现的东汉画像石上织机图像信息就是单综双蹑织机，其中铜山洪楼单综双蹑织机图像（图8-7）最为完整，按图将其复原（图8-8）。这种织机与单综单蹑织机操作原理很相似，所不同的是以两块脚踏板控制一个综片的升降。这个综片也是由上综杆和下综杆构成，上、下综杆也都是通过综线控制着同样的经纱层。马头上的杠杆前、后两端分别连着上综杆和一个踏板，而另一个踏板则通过绳连着下综杆。当踏下连结马头上的上

图8-7　铜山洪楼单综双蹑织机

综杆的踏板时，马头前倾上翘，带动综杆提起奇数根经纱或偶数根经纱，形成开口，完成引纬织造。当踏下连结下综杆的踏板时，下综杆拉下上、下综杆控制的这层经纱下压到另一层经纱下面，形成换层，完成引纬织造。两个踏板就在一上一下中，交替完成经纱的上、下换层。

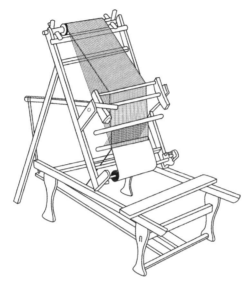

扫一扫见"单综双蹑
织机复原图"视频

图8-8　单综双蹑织机复原图

（3）**踏板立机**。踏板立机与单综双蹑织机的构造原理基本相似，所不同的是它的经纱平面是垂直于地面的，也就是说织成的织物是竖起来的，故又称为竖机。早期踏板立机可能用于织造地毯、挂毯和绒毯等毛织物。这是因为：一方面，记载踏板立机所织织物的最早的文献出现在唐末敦煌文书中，它被称为"立机"的棉织品名。棉在南宋前仅在西北、西南少数民族中纺用，而该文书出现在西北的敦煌，因此笔者可以断定踏板立机应该是西北少数民族的发明。另一方面，踏板立机的最早图像信息出现在甘肃敦煌莫高窟内时属五代的K98北壁《华严经变》图中。到唐末宋初以后，踏板立机被引进

图8-9　山西高平开化寺北宋壁画中
的踏板立机

到汉族区域用于生产丝织物，因为在山西高平开化寺北宋壁画上可以看到踏板立机的形象（图8-9），此外在元代薛景石所著的《梓人遗制》中也有踏板立机的设计图案（图8-10），明代《蚕宫图》中已明确将踏板立机用于丝织（图8-11）。

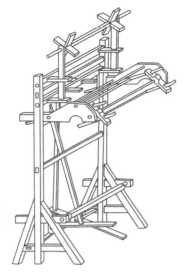

扫一扫见"《梓人遗制》中的踏板立机设计图"视频

图8-10 《梓人遗制》中的踏板立机设计图　　图8-11 明代《蚕宫图》中的踏板立机

从图8-11中可以明确地看到踏板立机的结构和操作：机架基本直立，上端顶部置卷经轴，经纱自上至下展开，通过分经木将经纱分成奇数根、偶数根经纱层两层，综片钩住经纱的奇数根层或偶数根层。织机两旁有形似"马头"的吊综杆。综片由前综杆和后综杆构成。长踏板在右，通过连杆与后综杆相连；短踏板在左，通过连杆与马头相连，马头又与前综杆相连。织工脚踏短踏板时，马头上翘，将综片前拉，形成开口；织工脚踏长踏板时，连杆后拉综片，马头下垂，完成换层和形成开口。正是因为两根踏板，牵动马头上下摆动，交换经纱，用梭引进纬丝，然后用筘打纬。踏板立机的出现源于少数民族，但真正在汉族区域发展的原因是占地面积小，机构简单，制作容易，操作方便等优点。

（4）单动式双综双蹑织机。单动式双综双蹑织机最显著的特点是：有两个踏板、两个综片。用两个踏板分别通过鸦儿木使综片向上提升形成开口，在开口时，两个综片之间没有直接关系，是由踏板独立传动提升的，所以称为单动式双综双蹑织机。单动式双综双蹑织机的图像信息最早出现在南宋梁楷的《蚕织图》（图8-12）中，此外在明代《便民图纂》中也可见到这类织机（图8-13）。这两种形制的单动式双综双蹑织机基本一致，有一长一短两块踏板，长的踏板与一根长的鸦儿木相连，控制一个综片，短的踏板与两根短的鸦儿木相连，控制另一个综片。这两个综片都是由位于经纱上、下的两个竹竿构成，上综杆通过踏板连动鸦儿木进行提综，而在不踩踏板时下综杆利用其重力作用，将所控制经纱下拉形成自然开口完成经纱换层。两种织机的经面也不像东汉踏板斜织机那样倾斜，在织造处经面基本水平，而经轴位置稍高，中间用一压经木将经丝压低，显然这是一种张力补偿结构。

扫一扫见"南宋梁楷
《蚕织图》中的单动
式双综双蹑织机"
视频

图8-12　南宋梁楷《蚕织图》中的单动式双综双蹑织机

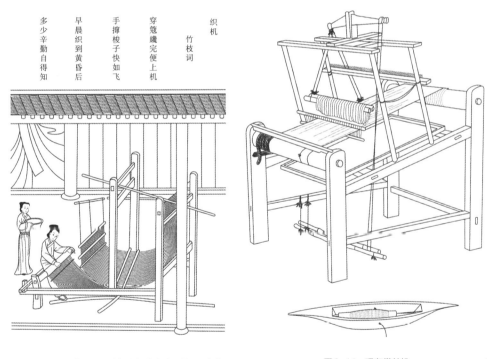

织机

竹枝词

穿篦缱完便上机

手捭梭子快如飞

早晨织到黄昏后

多少辛勤自得知

图8-13　明代《便民图纂》中的单动式双综双蹑织机

图8-14　现存缂丝机

　　现在单动式双综双蹑织机还在使用，现存的缂丝机（图8-14）就是这类。所不同的是现存的缂丝机的鸦儿木是横向安置的。在机架顶上安置两根鸦儿木，鸦儿木一端与踏板相连，一端与综杆的两端相连。踩下踏板即可完成提综，与梁楷的《蚕织图》和《便民图纂》中的单动式双综双蹑织机工作原理一模一样。

（5）**互动式双综双蹑织机**。互动式双综双蹑织机约在元、明之际出现，它的图像形信息在清代卫杰（活跃于20世纪初前后）所著《蚕桑萃编》中清晰地展现出来（图8-15）。它的显著特点是：有两片综、两个踏板。两片综分别控制奇数根经纱层或偶数根经纱层，每片综由上、下两个综杆构成。两个踏板分别与两片综的下综杆相连，两片综的上综杆则分别连结在机架上方一根杠杆的两端。当一踏板被踩下时，与此相连的综片下降，使一层经纱向下形成开口；而同时另一综片因杠杆的作用被提升，使另一层经纱向上形成开口，正是因为两片综的这种互动关系，使引纬、打纬的梭口很大。当踏动另一踏板时，亦然，正好也完成经纱的换层。在12、13世纪的欧洲，互动式双综双蹑织机已十分流行。中国的素织机从单动式向互动式的演变，可能得益于13世纪东西方文化交流的兴盛。

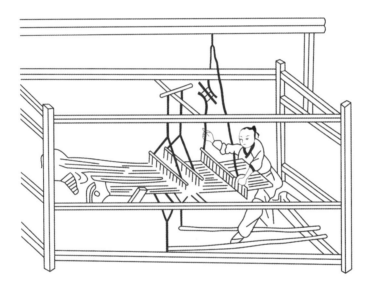

扫一扫见"清代卫杰所著《蚕桑萃编》中的互动式双综双蹑织机"视频

图8-15　清代卫杰所著《蚕桑萃编》中的互动式双综双蹑织机

（6）**多综多蹑织机**。在古代文献史料和文物中，没有发现任何多综多蹑织机（包括同综同蹑的多综多蹑织机和多综少蹑的多综多蹑织机）的图谱。仅有记载同综同蹑的多综多蹑织机信息的文献《西京杂记》"机用一百二十镊"一句，这一信息基本上没有什么太大作用。但幸运的是，在现在四川成都市双流县（今双流区）仍能看到同综同蹑的多综多蹑织机实物——丁桥织机，让笔者有理由相信，这一机型在历史上是存在的。因为丁桥织机踏板上布满了竹钉，形状像四川乡下河面上依次排列的一个个过河桥墩——"丁桥"，故这种织机被当地人称为丁桥织机。丁桥织机的特征是用一蹑控制一综，综片数较多，但幅度较狭。它的主要产品有葵花、水波、万字、龟纹、桂花等十几种花绫、花绵和凤眼、潮水、散花、冰梅、缎牙子、大博古、鱼鳞杠金等几十种花纹花边。

　　丁桥织机整体机械结构如图8-16所示。

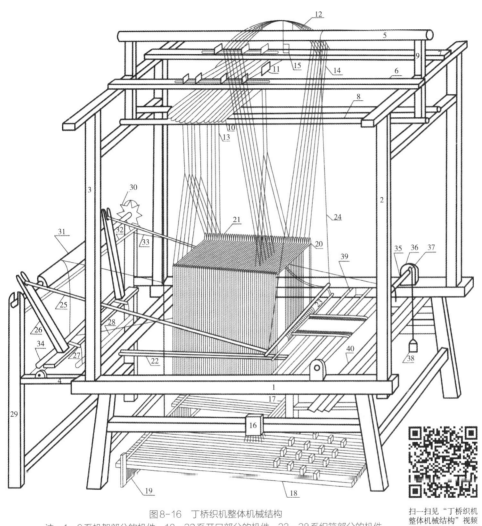

图8-16　丁桥织机整体机械结构

　　注：1～9系机架部分的机件、10～22系开口部分的机件、23～28系织箭部分的机件、
　　29～33经轴部分机件、34系分经棍、35～39系卷布部分的机件、40系座板。

扫一扫见"丁桥织机
整体机械结构"视频

　　丁桥织机的综片有两种，一种是占子，另一种是范子。占子是机前由机顶弓棚
弹力拉动的综片，专门负责地综运动。占子的开口传动如图8-17所示：踏下踏杆，
通过横桥拉动占子的下边框下沉，使经丝随之下沉；松开踏杆，机顶弓棚弹力拉动
占子恢复原位，使经丝也随之恢复原位。范子在占子后面，专门负责花综运动。范
子的开口传动如图8-18所示：踏下踏杆，鸦儿木拉动范子提升，使经丝随之上升；
松开踏杆，综片靠自身重量和经纱张力恢复原位。占子、范子的个数因花纹复杂程
度而定，如果生产平纹地花纹织物仅需要2个占子；生产斜纹地花纹组织需要3～4

个占子；生产缎纹地花纹组织需要5个以上占子。花纹循环的投纬数决定范子的个数，而范子和占子的数量又决定踏板的个数，归根到底，纹样的复杂程度决定了踏板的个数。

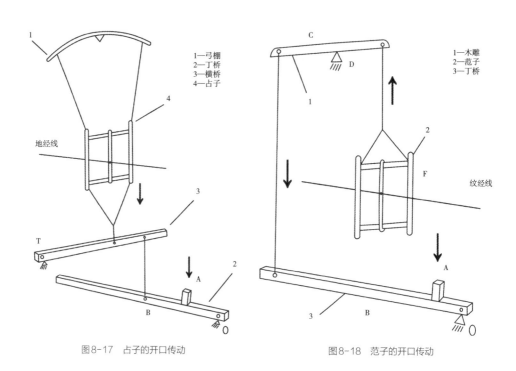

1—弓棚
2—丁桥
3—横桥
4—占子

1—木雕
2—范子
3—丁桥

地经线

纹经线

图8-17　占子的开口传动　　　　　　　　　图8-18　范子的开口传动

　　丁桥织机不管使用多少片综和多少根踏板，带动花综片运动的踏板都放在踏板面左侧，而带动地综片运动的踏板都放在踏板面的右侧。带动花综片运动的踏板上的"丁桥"——竹钉成四排，因为综片有多寡，所以每排的竹钉个数相应也有增减。此外，竹钉的安装位置也是有差异的，一般是每隔3根安在同一位置，这样安排是因为踏板数量太多，为了避免踏动时踏到相邻的踏板而影响综片的正确运动。28综28蹑踏板织机的踏板图如图8-19所示，左面是二十四根花综踏板，右面是四根地综踏板，图中甲为吊综绳顺序，乙为竹钉排列顺序。操作时，花综用左脚拇趾按竹钉的顺序踏，第一排是从左到右，第二排是从右到左，第三排再从左到右，成"之"字排列踏板。地综用右脚拇趾按竹钉的顺序踏。

　　多综少蹑的多综多蹑织机的信息仅出现在《三国志·方技传》裴松之注中有一段关于马钧的记载："马先生，天下之名巧也……为博士，居贫，乃思绫机之变……旧绫机，五十综者五十蹑，六十综者六十蹑，先生患其丧功费日，乃皆易以十二蹑。其奇文异变因感而作者，犹自然之成形，阴阳之无穷"，可见马钧改革绫机，用十二个踏板控制五十个综片或六十个综片。有的学者还做了用十二

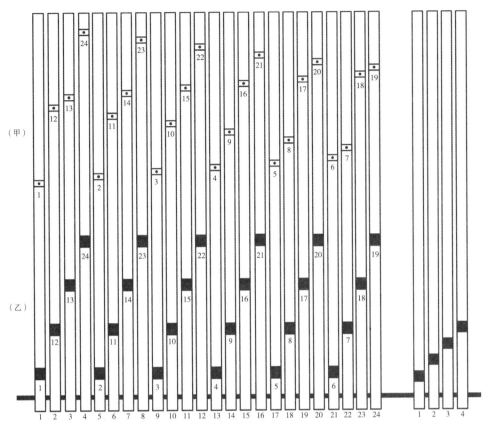

图8-19　28综28蹑踏板织机的踏板图

个踏板控制六十六片综的复原推测。其方案
（图8-20）是：在机上设置一托综杆，把所有
的综片都挂于托综杆上。将66片综分为12组，
前6组每组6片，后6组每组5片。各组综的综
片按纹样要求穿经，一组综就是一个纹样，12
组综中任意取2个，可得到66种纹样组合，正
如裴松之所言"其奇文异变因感而作者，犹自
然之成形，阴阳之无穷"。各组综片通过两个
方向与同一踏板相连，一方面通过吊综线与提
综杆——特木儿相连，特木儿又与踏板相连；
另一方面各组吊综线穿过一根挽环，而每一挽
环靠各自的挽线分别经侧面的滑轮连在同一踏
板上。在特木儿没有被拉动时，吊综线应该是
松的，有一段余量以保证被挽环侧面牵拉后，

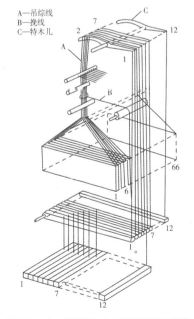

图8-20　十二蹑控制六十六综的织机开口复原

133

综片仍可维持原位不动。只有在特木儿上翘，挽线同时又被侧面牵拉时，相应的综片组才能上提。

以上是2013年之前中国多综多蹑织机史研究的情况，2013年成都老官山汉墓出土的四台多综多蹑织机模型，改变了我们此前的多综多蹑织机史，其机型有两种：一种是滑框式多综织机，另一种是曲柄连杆式多综织机。这两种织机都是多综少蹑的多综多蹑织机。

滑框式多综织机结构如图8-21～图8-23所示，其主要提花结构有两个，一是滑框，下连旋转踏板。滑框通过踩踏旋转踏板完成滑框的垂直运动，进而完成织物花组织的提花综片的提升。二是关于综片的选择机构，它则是通过齿梁前后运动，带动由双叉、叉桥、双钩组成的选综机构进行选综。综框上有提升片。在未踏旋转踏板时，齿梁每一齿下对应一片综片，选综机构的双钩正好在提升片两端正下方钩住提升片。脚踏旋转踏板，使整个滑框垂直上升，连带选综机构也上升，进而完成提花综的开口操作，可投纬。未踩旋转踏板则是经纱层的闭合操作，可打纬。而织物的地组织则是通过两个踏板和一个滑轮构成互动式双综双蹑的机构完成平纹地的操作。

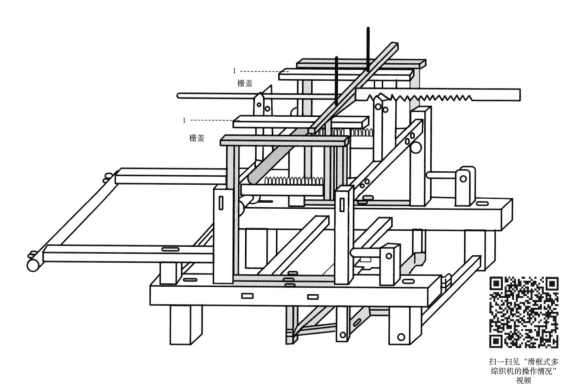

扫一扫见"滑框式多综织机的操作情况"视频

图8-21　滑框式多综织机的整体结构图

1—双叉
2—提升梁
3—叉桥
4—齿梁
5—撅升片 A
6—双钩
7—旋转踏板
8—滑框
9—综框
10—提升片 B

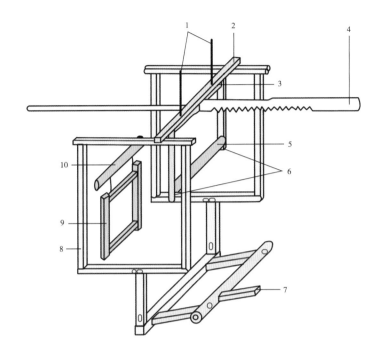

（1）未踏下旋转踏板时提花结构的状态

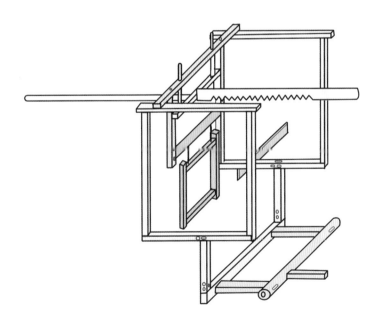

（2）推动齿梁后踏下旋转踏板时提花结构的状态

图 8-22 滑框式多综织机提花综的机构结构图

1—叉桥　　　　8—旋转踏板
2—提升梁　　　9—综框
3—双叉　　　　10—双钩
4—齿梁　　　　11—提升片
5—滑轮　　　　12—滑框
6—地综
7—踏板

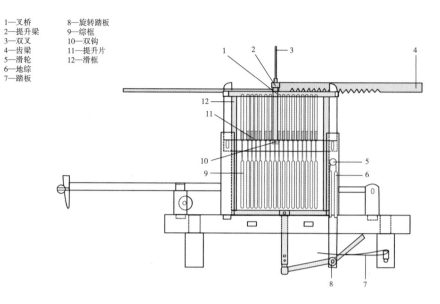

（1）旋转踏板未踏时的情况

1—经线
2—滑轮
3—经辊
4—经轴

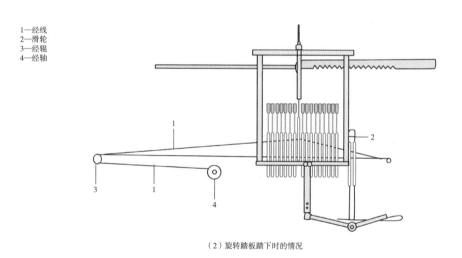

（2）旋转踏板踏下时的情况

1—地综1
2—地综2
3—踏板A
4—踏板B

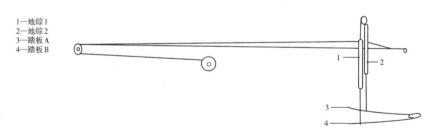

（3）地组织操作情况

图8-23　滑框式多综织机的操作情况

曲柄连杆式多综织机（图8-24），它的选综机构和动作原理、地综的提升原理与滑框式多综织机相同，提花综的提升原理不同（图8-25、图8-26）。踏下旋转踏板，连杆上升，连杆上的钩顶起提升片，完成一个提花开口。

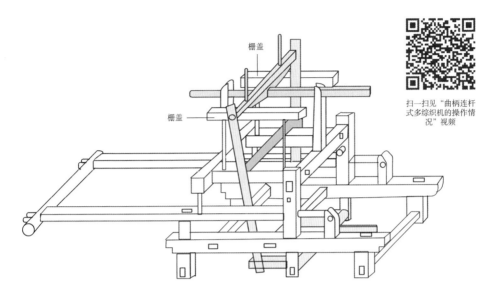

扫一扫见"曲柄连杆式多综织机的操作情况"视频

图8-24 曲柄连杆式多综织机的整体结构

1—提升梁　　7—综框
2—双叉　　　8—旋转踏板
3—叉桥　　　9—连杆
4—齿桥　　　11—提升片B
5、10—双钩
6—提升片A

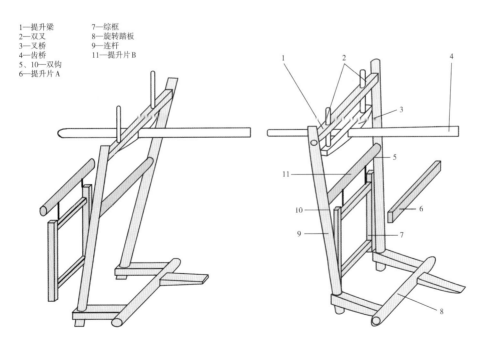

图8-25 曲柄连杆式多综织机提花综的机构结构图

1—叉桥
2—双叉
3—提升梁
4—齿梁
5—踏板
6—旋转踏板
7—连杆
8—综框
9—双钩

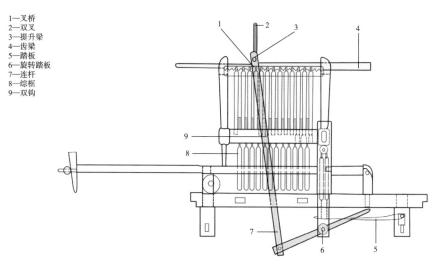

（1）旋转踏板未踏时的情况

1—经线
2—经辊
3—经轴
4—连杆

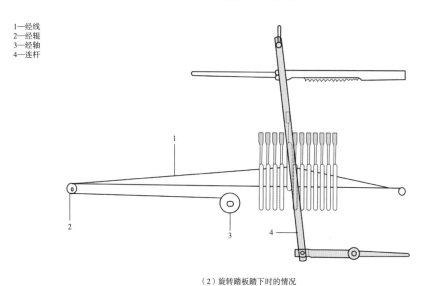

（2）旋转踏板踏下时的情况

图8-26　曲柄连杆式多综织机的操作情况

通过对以上多综多蹑织机的时间排序，发现技术最先进的滑框式、曲柄连杆式多综少蹑织机最先出现，其次是一百二十综一百二十蹑的同综同蹑多综织机出现，最后是12蹑控制66综的多综少蹑织机出现。这是一种技术反演现象，是什么原因呢？这样一个故事或许可以给我们一个解释：古罗马皇帝韦帕芗（69—79年在位）统治时期有人发明了一整套滑轮和杠杆等省力机构，将其献给皇帝，皇帝却说没有必要使用这些工具，有了这些工具我们的奴隶就没有工作可做了。于是将这些先进的发明束之高阁了。可见，发明与应用是两回事。中国古代的多综织机经历了这样一个迷局，至于谁先被发明已不再重要了，重要的是我们要明白这一发明的原理。

五、小花楼提花织机

保守估计，小花楼提花织机出现在唐代，大花楼提花织机出现在明代。大花楼提花织机则是在小花楼提花织机基础上发展起来的。

在中国古代美术作品中，小花楼提花织机的图像信息很多。南宋《耕织图》中的小花楼织机是三人配合操作织平纹地花纹的织机（图8-27），南宋吴注本《蚕织图》中的小花楼提花织机（图8-28）则是两人配合操作织平纹地花纹的织机。之所以说此两图都是织平纹地花纹的小花楼提花织机，是因为织工前面的地综都只有两片，只有织平纹地织物需要两片地综。随后，元代王祯《农书》中的小花楼提花织机版画，似乎还是织平纹地花纹织物的（图8-29）。明代《天工开物》中有一架织斜纹地花纹的小花楼提花织机图版（图8-30），之所以说该图是织斜纹地花纹的小花楼提花织机，是因为该图中织工前面的地综有四片，地

图8-27　南宋《耕织图》中的小花楼织机

图8-28　吴注本《蚕织图》中的小花楼提花织机

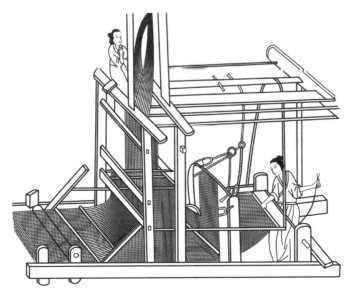

图8-29　王祯《农书》中的小花楼提花织机

综片三至四片说明是织斜纹地花纹的。《农政全书》中有织缎纹地花纹的小花楼提花织机版画（图8-31），因为图中地综有五片，五片以上的地综表明织缎纹地花纹。

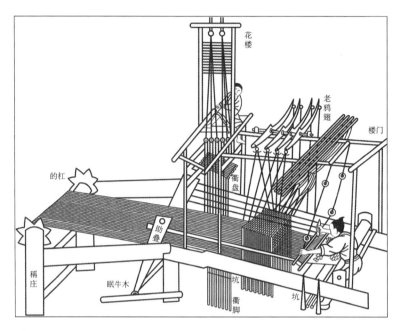

图8-30 《天工开物》中的小花楼提花织机

扫一扫见《农政全书》中的小花楼提花织机"视频

图8-31 《农政全书》中的小花楼提花织机

小花楼提花织机最重要的机构是开口机构——包括地综开口结构和花综开口结构（图8-32），而开口机构中最复杂的属于花综的开口结构。

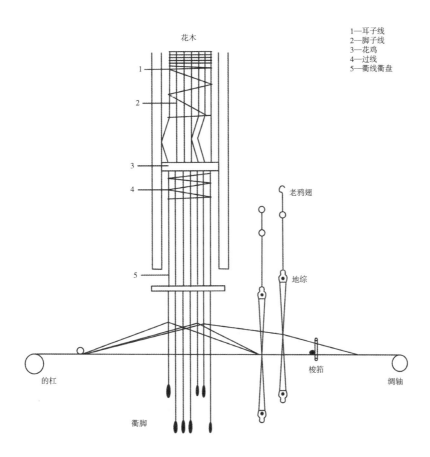

图8-32　小花楼提花织机的开口图

　　小花楼提花织机的地综开口机构，其操作由织机下的织工通过控制范子和占子操作，范子是上开口综片，占子是下开口综片，具体形制和操作见本书第九章关于多综多蹑织机的相关论述。小花楼提花织机中范子和占子的作用，与多综多蹑织机中的作用不一样，它们两者都是负责地综，范子运动是织出地组织，占子运动与花综配合，在提起的花部间形成间丝组织。而在多综多蹑织机中，占子负责地综，范子负责花综。

　　小花楼提花织机的花综开口机构据《天工开物》载："隆起花楼，中托衢盘，下垂衢脚"，这句话说明花综开口机构由三部分构成：上部为耸立的花楼，作用是提吊丈纤及纤上花本，提花工处在花楼中间位置，这样能顾及花楼的上下，便于提花操作；中部为衢盘，衢盘由十多根衢盘竹组成，托在头道，二道楼柱的下横档上。衢盘竹可按织物的花数多少，进行增减，上接丈纤下的丈栏，下兜衢脚线，中间穿入经丝；下部为垂直的衢脚（图8-33）。小花楼提花织机花综的提花操作，由花楼上的提花工通过控制耳子线（花本的纬线）和脚子线（花本的经线）构成的花本来操作。

141

1—千斤筒
2—耳子线
3—脚子线
4—花楼柱
5—花鸡（文轴子）
6—过线（已提花的耳子线）
7—丈纤
8—栅栏子
9—衢盘
10—中衢线
11—下衢线
12—衢脚

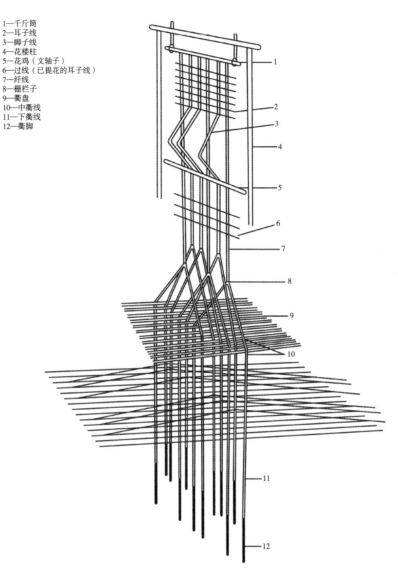

图8-33　小花楼提花织机的花综开口机构图

　　为什么花本会显现出丰富的纹样呢？这主要基于花本上的每一纬耳子线控制着各种各样的开口方式。从图8-33中可以发现，花楼上的提花工通过拽拉花本上的每一纬耳子线，将花本上设计好的脚子线提起，而每一根脚子线控制着一根丈纤，此时每根丈纤控制着一定数量经线的提升和下降。这样，每一纬耳子线控制着众多丈纤，从而控制着织面上每根经线的开口。于是，花楼上的提花工每拽拉花本上的一纬耳子线，就会在经面上形成一纬开口，花楼下的织工引纬、打纬，完成一纬花综的操作。花楼上的提花工每拽完一纬耳子线，将其移至花鸡（文轴子）下，以备下一个循环花纹的操作使用。

下面用实例，来说明丈纤是如何控制众多的经纱开口。设计在数为6的装造（图8-34），即每一根丈纤通过丈栏连结6根衢线，共300根丈纤，1800根衢线，每根衢线穿一组经线。若每根衢线穿入4根经线，总花经数为7200根，衢线的排列顺序如同现代提花机装造上的顺穿法。机构下部为柱脚，由柱脚上柱脚线连接衢线，柱脚排列方法与衢线相对应，为4组6排，每组75根，每排300根，共1800根，通过柱脚盘交叉排列，使之在运动时不乱。柱脚是长约一尺半的小竹棍，水磨使竹棍光滑，以利提拽和回落。正是因为有这样精巧的花综开口结构，所以才使小花楼提花织机上所提的花纹更精确、细致、丰富多彩。

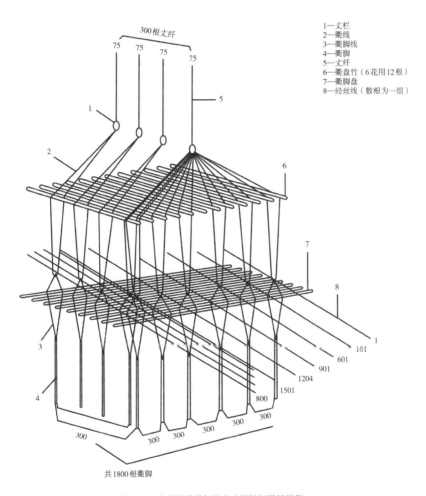

图8-34　小花楼提花织机中丈纤控制经线举例

　　小花楼提花织机上的卷送机构、打纬机构都是沿用多综多蹑织机的相关机构，并没有太大的变化。其具体机构可参见《天工开物》中的小花楼提花织机复原图（图8-35）。

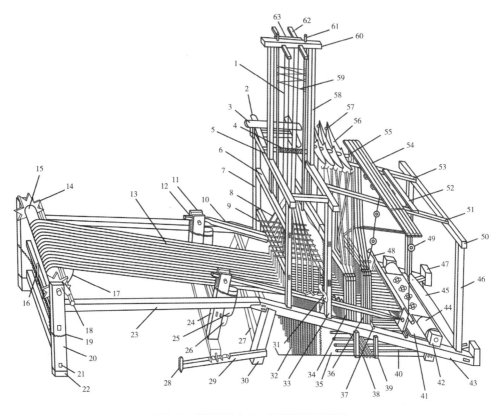

图8-35 《天工开物》中小花楼提花织机复原图

1—丈纤（线）	14—羊角	27—横档	40—脚竹	53—右架梁
2—坐板枕头	15—的杠	28—固定木桩	41—搁梭板	54—滋木
3—坐板	16—绞棒	29—眠牛木	42—狗脑	55—鸟坐木
4—花机	17—放的绳	30—机腿	43—机身木	56—老鸦翅
5—燕翅	18—搭角方	31—高压板	44—局头	57—算盘珠
6—楼柱横档	19—绞关	32—衢脚	45—坐板	58—冲天柱
7—二道楼档	20—称桩	33—头道楼柱	46—门楼柱	59—花本横线
8—衢线	21—称桩横档眼	34—范子	47—顶机石	60—冲天盖
9—衢盘	22—入上称桩	35—机坑	48—扣框	61—花杆竹
10—横杆	23—排雁	36—幛子	49—吊框子	62—横托木
11—马头	24—叠助	37—挡范竹	50—门楼盖	63—纤耙
12—叠助销	25—撞机石	38—横沿竹	51—左架梁	
13—经	26—鬼脸	39—老鼠尾	52—吊框板	

六、大花楼提花织机

　　大花楼提花织机是中国古代织机发展的顶峰，它的特点主要是能够表现大图案、多色彩、组织变化丰富的各类提花织物。纬向纹样宽度可达全幅，甚至可以是拼幅和巨型阔幅。经向纹样长度，亦不受一本花长度的限制而无限扩大。较之小花楼提花织机所织纹样，大花楼提花织机所织造的织物纹样更大，但最主要的区别在于它可织左右不对称的通幅织物。明代《天工开物》中龙袍篇里提到织龙袍机，无疑是指大花楼提花织机。可以这样说，大花楼提花织机完全是为云锦织物而量身定做的。大花楼提花织机的出现标志着云锦发展的成熟。考证中国古代纺织品，可以发现大图案、多色彩、组织多变的织物直到明代才大量出现，特别是明代定陵中大量出土左右不对称的通幅织物，由此可以断定：在明代妆花织物开始兴盛时，大花楼提花织机的成熟工艺形成。到清代，江南的江宁（南京）、苏州、杭州三织造的建立，继续采用和改革大花楼提花织机织造云锦，并将其发展推向顶端。

　　小花楼提花织机与大花楼提花织机不仅提花的位置不同，在牵线结构、装造方法、提花操作及适应生产的品种等方面也都不同。小花楼提花织机只能织造纹样单位较小的提花织物，而大花楼提花织机纤线较多，适合织大型的织物。大花楼提花织机，是小花楼提花织机的进一步发展，为古代南京匠师们所创造发明，堪称世界手工纺织业中机型最庞大、结构最巧妙的机器。特别是精巧的环形花本装置（图8-36），比小花

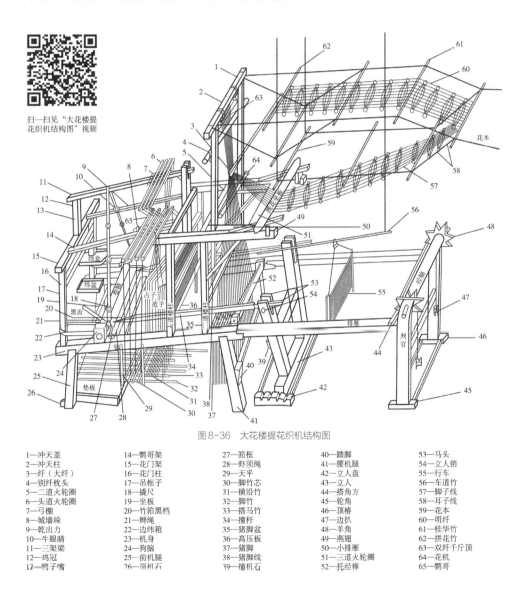

扫一扫见"大花楼提花织机结构图"视频

图8-36　大花楼提花织机结构图

1—冲天盖	14—鹦哥架	27—筘框	40—踏脚	53—马头
2—冲天柱	15—花门架	28—虾须绳	41—腰机腿	54—立人销
3—纤（大纤）	16—花门柱	29—天平	42—立人盘	55—行车
4—别纤枕头	17—吊框子	30—脚竹芯	43—立人	56—车道竹
5—二道火轮圈	18—撬尺	31—横沿竹	44—搭角方	57—脚子线
6—头道火轮圈	19—坐板	32—脚竹	45—轮角	58—耳子线
7—弓棚	20—竹筘黑档	33—搭马竹	46—顶椿	59—花本
8—城墙垛	21—辫绳	34—撞杆	47—边扒	60—明纤
9—乾出力	22—边绳箱	35—猪脚盆	48—羊角	61—桂华竹
10—牛眼睛	23—机身	36—高压板	49—燕翅	62—拼花竹
11—三架梁	24—狗脑	37—猪脚	50—小排雁	63—双纤千斤顶
12—鸡冠	25—前机腿	38—猪脚线	51—三道火轮圈	64—花机
13—鸭子嘴	26—顶机石	39—撞机石	52—托经棒	65—鹦哥

楼提花织机更能贮存在大量的花本信息，这就是它的先进之处，起到了现代机械电子提化龙头的纹针升降机构以及和纹版程控系统相结合的作用，满足了整幅妆花织料的织造要求。

　　大花楼提花织机与小花楼提花织机的不同点，除花楼结构多环形花本装置外，其开口也略有不同（图8-37）。首先，大花楼提花织机的地综由范子控制，而花综则由拽提纤线使花综经丝上升，拽提纤线即是由拽提花本上的耳子线控制。同时，踩落障子（占子），将拽提部分经丝按一定规律回至原来位置，这时所形成的开口织入花纬，即彩纬和金、银线等。这样做是为了牢牢固定纬丝，当然，这需要挑花结本时精巧的设计。其次，大花楼提花织机没有衢盘，直接由纤线控制经纱，每根纤线控制一定数量经纱。大花楼提花织机的其他机构与小花楼提花织机、多踪多蹑织机在结构、功能上大体相同。[1]

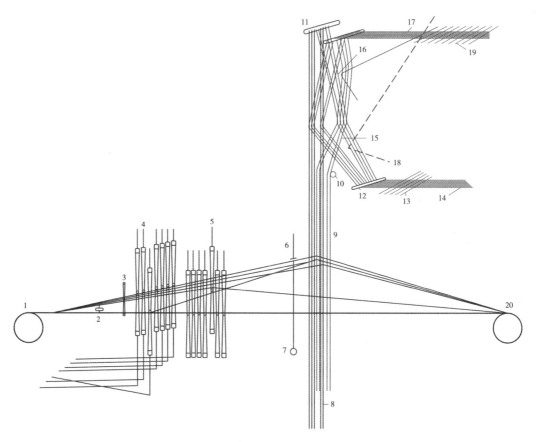

图8-37　大花楼提花织机开口示意图

1—卷轴	6—压丝板	11—千斤筒	16—上磨口
2—梭	7—秤砣石	12—挂花筒	17—耳子线
3—筘	8—衢脚	13、19—花本	18—提花后转入下磨口的耳子线
4—障子（占子）	9—纤线	14—脚子线	
5—范子	10—花机	15—下磨口	20—经轴

第二节 | 基于古代文献与织机图像信息的考辨

《机赋》实为残篇，据《艺文类聚》《太平御览》《渊览类函》等引用辑录。现存最初辑录本由明代文学家张溥（1602—1641）所辑，共辑273字。[2]随后由清代文献学家、藏书家严可均（1762—1843）再辑，整篇多出张辑文62字，共335字，题为《机妇赋》，此辑本流传甚广。[3, 4]后世学者多以《机妇赋》为名，然其引用文献皆为"王逸《机赋》"，且赋文所写主要是织机，而非织作之女，由此可见实为严氏之误。[5]关于《机赋》中所描述的织机形制，古今学者们众说纷纭。有些以校注王祯《农书》的专著、辑著中记载"王逸赋曰织机"和插图"织机"（图为小花楼织机）推出王逸《机赋》所载织机为小花楼提花织机的观点，[6]正因为校注本中出现王祯有语在先，当今大多数学者认为其是小花楼提花织机；[7-12]有的学者认为它是低花本提花织机，与广西壮族竹笼织机和云南傣族的帘式织机类似；[13-16]还有的学者认为它是踏板斜织机。[17]笔者认为以上三种观点及其推理过程似乎都有值得再推敲的地方，因为它们各执《机赋》中某几句甚至某一两句进行推导，显得有些必要但不充分。笔者以严可均所辑赋文作为依据，从整体文意和织造动作连贯性上对以上三种观点进行问疑，并对《机赋》中所表达的织机提出自己的看法。

一、对花楼提花织机假设的疑问

1. 对以王祯《农书》推论《机赋》所述为小花楼织机论的疑问

（1）对王祯《农书》版本的选择。对王祯《农书》进行解读，如果找到祖本即传说中的元刻本自然最好，但祖本的存在尚存疑问，因为没有直接证据证明元代曾经刊行过王祯《农书》。既然祖本已无法直接获取，那么找到接近祖本的版本则十分必要。王祯《农书》现存版本有《永乐大典》本（已散失）、嘉靖刻本（又名山东布政司刻本）、章丘刻本、邓溪本、四库本、《武英殿聚珍》本、光绪乙未增刻本、上海农学报社排印本、郭保琳刻本、山东农专本、《万有文库》本、中华书局铅印本、王毓瑚校本，[18]虽然版本众多，但无外两大体系：明嘉靖本传系和清四库本传系。嘉靖本传系的插图更多地保持了元刻本的面貌，而在文字方面已不是原本或足本，有辑本的特征，因此日本研究中国古代农学史的专家天野元之助（1901—1980）对明嘉靖本王祯《农书》评价不高："图中背景也予省略或简化，文字也有脱误"，也无怪乎《四库全书·农书提要》中认为明嘉靖本传系的王祯《农书》"舛讹漏落，疑误宏多，诸图尤失其真"；[19]清四库传系本王祯《农书》底本取自《永乐大典》本，从底本上看它是最早的王祯《农书》版本，并且经过清代乾嘉考据学派的学者们校对，其文字校刊上较明刻本优些，然其插图虽不接近但在图片细节方面应该优于元刻本。[20]对于王祯《农书》的插图，无论是嘉靖本传系还是清四库本传系，无非图像信息的多寡和详细程度的不同，图像上虽不完全接近元刻本，但在大略形制上应该和祖本无异，基本可以区分工具的类型。对比明嘉靖本传系本王祯《农书》、清四库本传系本王祯《农书》的纺织插图，笔者认为清四库本传系本王祯《农书》更细腻、生动、合理，因此笔者在此取王祯《农书》清四库本作为研究底本。

王祯《农书》清四库本关于引用王逸《机赋》部分在《农书·农器图谱十八·织纴门·织机》中：

"织机、卧机，织丝具也。按黄帝元妃西陵氏，曰嫘祖，始劝蚕稼。月大火而浴种，夫人副袆而躬桑。乃献茧称丝，遂成织纴之功，因之广织，以给郊庙之服。见《路史》。《傅子》曰：'旧机五十综者五十蹑，六十综者六十蹑。马生者，天下之名巧也，患其遗日丧功，乃易以十二蹑。'今红女织绣，惟用二蹑，又为简要。凡人之衣被于身者，皆其所自出也。王逸赋曰：'●舟车栋宇，粗工也。杵臼碓磑，直巧也。盘木花于缕针，小用也。至于■织机，功用大矣。素朴醇一，野处穴藏，①上自太始，下讫羲皇，▲帝轩龙跃，伯余是创②；庶业是昌，③俯覃圣恩，仰览三光，悟彼织女，终日七襄，④爰制布帛，始垂衣裳。于是取衡山之孤桐，南岳之洪樟，结灵根于盘石，托九层于岩傍。性条畅以端直，贯云表而削良。仪凤晨鸣翔其上，怪兽群萃而陆梁。于是乃命匠人，潜江奋骧，逾五岭，越九冈，斩伐剖析，拟度短长。⑤胜复回转，克像乾形，大匡淡泊，拟则川平。光为日月，盖取昭明。三轴列布，上法台星。两骥齐首，佽若将征。方圆绮错，微妙穷奇。虫禽品兽，物有其宜。兔耳跧伏，若安若危。猛犬相守，窜身匿蹄。高楼双峙，下临清池。游鱼衔饵，瀺灂其陂。鹿卢并起，纤缴俱垂。宛若星图，屈伸推移。⑥■一往一来，匪劳匪疲。于是暮春代谢，朱明达时，蚕人告讫，舍罢献丝。或黄或白，蜜蜡凝脂，纤纤静女，经之络之，尔乃窈窕淑媛，美色贞怡。解鸣佩，释罗衣，披华幕，登神机，乘轻杼，揽床帷，动摇多容，俯仰生姿。'▲●

说明：●……●之间为严可均本《机妇赋》所载内容；▲……▲之间为张溥本《机赋》所载内容；■……■之间为王祯《农书》所载内容。①"素朴醇一，野处穴藏"在王祯《农书》中无这两句，严可均本有这两句。②"伯余是创"仅王祯《农书》有此句。③"庶业是昌"在王祯《农书》无这一句，张溥本、严可均本都有这句。④"悟彼织女，终日七襄"张溥本中无这两句，王祯《农书》、严可均本有这两句。⑤"结灵根于盘石，托九层于岩旁。性条畅以端直，贯云表而削良。仪凤晨鸣翔其上，怪兽群萃而陆梁。于是乃命匠人，潜江奋骧，逾五岭，越九冈，斩伐剖析，拟度短长。"王祯《农书》无这十二句，张溥本、严可均本都有。⑥"宛若星图，屈伸推移"张溥本无此两句，王祯《农书》、严可均本都有这两句。

（2）对王祯《农书》库本"织机、卧机"所指的疑问。根据大多数校注王祯《农书》库本学者的解释，在王祯《农书·农器图谱·织纴门·织机》中"织机"是指小花楼提花织机，因为文中文字部分开篇有"织机、卧机，织丝具也。"其后又有"王逸赋曰：'……'"进一步解释最初织机之形制（《机赋》中明确表明"伯余是创"，伯余为黄帝时代的人物，可见赋中所述为织机最初之形制），其后有图为证（图8-38）；"卧机"虽无文字详细说明，但有图为证（图8-39），根据王祯言"今红女织缯，惟用二蹑，又为简要。凡人之衣被于身者，皆其所自出也"，"卧机"应该是指王祯时代广泛使用的织机（笔者认为是单动式双综双蹑织机）。

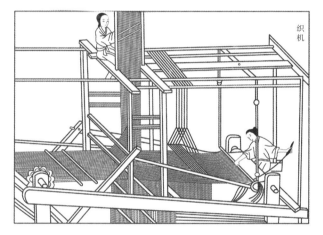

图8-38　王祯《农书》库本中的织机图　　　　图8-39　王祯《农书》库本中的卧机图

笔者认为校注王祯《农书》的学者关于织机与插图的表述方面存在三点错误：

第一，从"织机、卧机，织丝具也。……凡人之衣被于身者，皆其所自出也"来看，如果有"织机、卧机"两词在文中先出现，其后必分类讨论这两种织机，然而文中后面都没谈，这说明此处原本是否有"卧机"尚有疑问。然而文中卧机图表明卧机为单动式双综双蹑织机，与文中"今红女织缯，惟用二蹑，又为简要"又可一一对应，感觉有辑本的痕迹。笔者认为，正是文中有"惟用二蹑"才有将清代前期普遍使用的单动式双综双蹑织机的图附上。不然，为何其"卧机图"上没有附上宋元明时期较大形制的单动式双综双蹑水平织机（织机经面与水平面平行）或清末《蚕桑萃编》中出现的互动式双综双蹑织机的图像信息呢？[21]有些校注学者认为图8-38采自《授时通考》，[22]笔者认为这是有根据的，因为图8-38只是《授时通考》中"织机图说"相关插图的一部分，[23]刻版的使用只能"以大博小"（大刻版做成小刻版），不可能"以小博大"。这样看来大刻版应该是源版，那么《授时通考》中

"织机图说"插图应该早于王祯《农书》清四库本中的织机图插图。显然,这又在时间上与成书1742年的《授时通考》早于1780年辑成的《四库全书》的事实相契合。综上,王祯《农书》清四库本以清代前期之单动式双综双蹑织机的图像信息来表征卧机,带有以今观古的辉格史观来解读王祯《农书》文本的嫌疑。[24]

第二,笔者认为王祯《农书》清四库本中的卧机图并不是真正意义上的卧机。所谓卧机应该是相对于立机而言,立机(图8-9)的经纱面大致垂直于地平面,而卧机(亦称水平织机)的经纱面应该大致平行于地平面。但图8-39中单动式双综双蹑织机的经纱面部分垂直、部分平行于地平面,此机并不能称为卧机,顶多只能算是卧机的变种,称之为立—卧织机更合适,要么不以经纱面进行分类,只以综、蹑及综的相互关系进行分类,叫单动式双综双蹑织机亦可。

第三,笔者研究中国历代《耕织图》发现,自宋至清初《耕织图》中"织""织机"相关的图像信息都是单动式双综双蹑织机,而"攀花"专指小花楼织机,[25]这与王祯《农书》中有明显区别。笔者认为《耕织图》编撰的变迁是以上代本子为底本,并没有参考其他相关农书。而清末卫杰的《蚕桑萃编》中"织机图"却是小花楼提花织机的结构图像信息,这又与王祯《农书》有相似之处。[26]另外,《蚕桑萃编·农器图谱·织机图说》的文字与王祯《农书》织机部分有相似之处:

> "织机,织丝具也。按黄帝元妃西陵氏曰,嫘祖,始劝蚕事,月大火而浴种,夫人副袆而躬桑。乃献茧,遂成妇机之功,以给郊庙之服。其机制之最简要者则名素机,以织素绸,南方女工多习之。"

对比图像信息和文字内容,笔者认为清末《蚕桑萃编》应该至少参考了王祯《农书》。它认为"织机"是指一切形制的丝织机,不然不会以小花楼提花织机的结构图像信息来表征。那为什么《蚕桑萃编·农器图谱·花机织纴图说》中又将小花楼提花织机形象图重列于书中呢?笔者认为《蚕桑萃编》作者卫杰明显有一般织机和特殊织机相混淆的逻辑错误,而王祯《农书》清四库本也有这个错误,笔者认为可能《蚕桑萃编》的这个错误源于王祯《农书》清四库本。因为明代《农政全书》中并没有"卧机"出现,仅在织机下绘出小花楼织机图,似乎以较为复杂的小花楼织机表征织机的形象,可见徐光启在这里有些校正。[27]

(3)对王祯《农书》库本中关于丝织起源、织机发展史的疑问。王祯《农书》清四库本中关于织机发展史的表述是相当不严谨的,其理由有二:

第一,关于嫘祖始蚕的传说作为历史,还是有些疑问的。笔者曾经在《先蚕和先棉的比较研究》一文中对先蚕嫘祖发明桑蚕丝织从史籍记载、身份、桑蚕丝织工艺的特性都予以否定。[28]笔者在此还需要强调两点:①从考古发现来看,发现最早的丝麻织物是在河南荥阳青台村仰韶文化遗址中出土的碳化的丝麻织品，距今5600多年，显然比嫘祖所处的年代要早上1000多年，这从考古上证明嫘祖不可能发明桑蚕丝织，否则她就有千年不死之身了。[29]②关于嫘祖盐亭说的主要证据《嫘祖圣地》碑文（传说唐代赵蕤所撰）还是十分可疑，也从一个侧面说明传说多为后人附会。碑文说："女中圣贤王凤，黄帝元妃嫘祖，生于本邑嫘祖山，殁于衡阳道，尊嘱葬于青龙之首，碑碣犹存。生前首创种桑养蚕之法，抽丝编绢之术；谏净黄帝，旨定农桑，法制衣裳；兴嫁娶，尚礼仪；架宫室，奠国基，统一中原。弼政之功，殁世不忘，是以尊为先蚕。"该碑文"死穴"在于王姓是春秋时期出现，何来三皇五帝时期嫘祖为"王凤"的名字呢？显然此碑文不实。

第二，从王祯《农书·农器图谱·织纴门·织机》一文中"《傅子》曰：'旧机五十综者五十蹑，六十综者六十蹑。马均者，天下之名巧也，患其遗日丧功，乃易以十二蹑。'今红女织缯，惟用二蹑，又为简要。凡人之衣被于身者，皆其所自出也"，我们发现王祯《农书》关于织机发展史的观点是织机的结构由繁到简。随后，其文中引王逸的赋记述伯余（一说黄帝的大臣，另说黄帝本人）创制织机，根据前文关于织机变迁史的观点，可推出王逸赋中所指织机应该是多综多蹑（三国时马钧创十二蹑控制六十综的织机，何况东汉时期王逸所处时代），然而关于织机的图却是两蹑的小花楼提花织机，这是与文字记录有悖的。

笔者认为织机发展史应该分为平民化发展路径和贵族化发展路径两线来论述。两条路径分别从织机结构和织机工艺操作两方面研究论述为好。平民化发展路径的织机结构应该是由简到繁，而织机工艺操作则是由繁到简。织机平民化发展路径追求织物的牢固和工作效率，所以其织机发展的主要思想是将工艺操作的复杂性外化为织机结构的复杂性和织物组织的简单性（一般为平纹织物），进而弱化操作程序，提高生产效率和织物的牢固程度；织机贵族化发展路径则追求织物纹样的变化和奢华，不在意工作效率。为织成一件精美织物，可能会试织几十次，乃至一百次以上，马王堆出土的素纱禅衣可能就是以这种思维方式生产出来的产品，这样不可避免地导致织机结构和操作工艺的异常复杂。[30]

综上，我们发现王祯《农书》清四库本中关于织机的篇章，无论是图和文字都存在着很多疑问，不能将王逸《机赋》中的文字放在王祯《农书》清四库本的语境下进行分析，否则无异于用错误的证据去推导出另外一个错误的观点，只能基于王逸文中的语境和东汉时期纺织技术水平去推导织机的形制。

2. 对以王逸《机赋》中相关赋文推断的小花楼提花织机观点的疑问

（1）**主要证据的疑问**。认为王逸《机赋》所指小花楼提花织机观点的主要证据为"高楼双峙，下临清池。游鱼衔饵，瀺灂其陂"，他们认为"高楼"系指花楼，从化楼上的提花工看经面确有"下临清池"的感觉。"游鱼衔饵，瀺灂其陂"中"游鱼衔饵"比喻小花楼提花织机的衢线和衢脚，"瀺灂其陂"则是比喻衢脚一上一下时整个经面的状态（图8-32）。似乎这也是解释得通的。

首先，笔者对于"高楼双峙"之"双"还是有些疑惑，小花楼提花织机花楼只有一个，为什么是双峙呢？这说不通。有的学者这样解释：高楼，《豳风广义》曰"提花高楼"。"机楼扇子立颊"从机身后部向上双双耸立，高五尺许。在它的横梁（"遏脑"）中心向上再竖"冲天立柱"，上架"龙脊杆子"。从织工坐处看，确似"高楼双峙"。[31]初看这段解释似乎说得通，但细推究和考证后，还是有些问题：①解释中看似乎只引用《豳风广义》，事实上它主要引用的是《梓人遗制》中的罗机子。笔者查阅《豳风广义》发现"《豳风广义》曰提花高楼"仅在《豳风广义·织紝图》中插图花楼部分之处有文字"提花高楼"，而在文中并没有出现。[32]"机楼扇子立颊"以及其后"遏脑""冲天立柱""龙脊杆子"并不是《豳风广义》中机件名，而是《梓人遗制·罗织机》中的机件名，并且解释中"机楼扇子立颊"有误，应该是"机楼子立颊"。另外，《梓人遗制·罗织机》中"机楼子"并不是指小花楼提花织机中的花楼，而仅指提花装置所在，[33]如此断章取义地将两段古文献中的句子拼凑起来作为解释的依据，还是值得商榷的。②《梓人遗制·罗织机》原图中的各个机件都不能解释"高楼双峙"之"高""双"。可见，以《梓人遗制·罗织机》来注解王逸《机赋》似乎行不通。

其次，笔者对"游鱼衔饵，瀺灂其陂"有不同的想法。何谓"游鱼衔饵"？它应该包含两层含义，一是"游鱼"，即水平面游动的鱼，而非垂直水平面游动的鱼，况且还没有这种突然垂直水平面游动的鱼。如果按认为王逸《机赋》所指小花楼提花织机学者的观点，"游鱼衔饵，瀺灂其陂"是指衢线和衢脚的升降运动，这哪是什么游鱼，简直是钩鱼。二是"衔饵"，应该是指饵在鱼的身体内。梭子是鱼、纤子为饵这较分别为衢脚、衢线更说得通。因此，笔者认为"游鱼衔饵，瀺灂其陂"指梭子穿梭于织口中的运动状态。

最后，笔者认为王逸《机赋》中"尔乃窈窕淑媛"已明确否定小花楼提花织机，因为"尔"是指"你"，是单数人称而非复数人称，说明王逸《机赋》中所指织机是一人操作，而小花楼提花织机和大花楼提花织机均至少需两人操作，由此可见，王逸《机赋》中所指不是小花楼提花织机。

（2）基于文献证据、结构决定功能观点对东汉出现小花楼提花织机观点的献疑。古代文献中最早明确关于花楼提花织机的文献是日本文献《延喜式》，它是一部成书于日本延长五年（927年）的律令条文，其中卷第三十《织部司》中记载了大量日本官营作坊的运作情况。由于日本当时的纺织技术大多是从中国的吴地和越地传过去的，因此，《延喜式·织部司》对于研究唐代江南地区的丝织机械具有较高的辅证作用。笔者认为，从《延喜式》中能推断出花楼织机的存在。原因有二：①在《延喜式》中发现了"谷绫""蝉翼绫""师子（狮子）、鹰苇、远山等绫""一窠、二窠及菱、小花等绫""单绫""熟线绫"等绫类织物需要织手一人，共造两人。而其他织物，如罗和锦只需织手一人，共造一人。很明显，织造绫织物比罗和锦要多一人，这里织绫多出的一人极可能是拽花匠。②《延喜式·织部司》中提到"织手、共造、机工卅五人，薄机织手五人，络丝女三人"，说明织部寮织机的数量要远远低于40台。然而，其中又指出："凡杂机用度，筬竹、河竹各百株，每年山城国进。又筬六百株，大和国进。"如此少的织机，却需要每年从山城国（日本古地名）提供筬竹、河竹各一百株，大和国则提供筬竹六百株。这么多的筬竹材料，只能用制作花楼织机的"衢脚"才能解释。

中国最早明确关于花楼提花织机的文献是《敦煌文书》。《敦煌文书》中有多处关于"楼机绫"的记载，如P.2638《唐清泰三年（公元936年）六月沙州亲司教授福集状》中"楼机绫一匹，寄上于阗皇后用"，S.5463（2）《杂诸字一本（显德五年，958年）》中："楼机一匹，干湿绞缬衫子一扎"，S.1946《淳化二年（991年）韩愿定卖家姬盐胜契》中"如若先悔者，罚楼机绫一匹"。[34]这里的"楼机"其实就是花楼织机，笔者认为有两方面的原因：①所谓"楼"指的是两层或两层以上的建筑，这里用来作为织机的名称，说明这种织机体积很大，并且有两层结构。综观中国古代织机的结构，只有花楼织机才符合"楼"的双层结构。②从中国古代对织物品种的命名来看，一般都采用织物的花纹图案而定名，少数从用料（如双丝绫、八蚕丝绫等）或织法上（如白编交横绫、交梭绫等）的特征来命名。[35]然而，《敦煌文书》中却出现了"楼机绫"这一命名方式，说明"楼机绫"的织机十分独特，有异于其他形制的织机。

以上两则文献可以充分证明最迟在唐代已出现小花楼织机。但到底是否在汉代就出现小花楼织机还是不能完全否定，因为至今还没有出现比较可信的实物证据和描写具体的文献，仅有尚不能确定是否可信的王逸《机赋》而已，除前面各个否定证据外，笔者认为从结构与功能的关系上也可以否定小花楼提花织机在东汉时期出现。

结构功能主义认为社会结构决定社会功能，反过来社会功能也会影响社会结构。在社会结构与社会功能在不断的互动联系中，两者不断得到进化。借鉴这一理论，我们发现结构功能主义的观点也适用于织机结构和织物纹样关系的研究。织机的结构决定了织物的纹样，具有普遍性的流行织物纹样也影响着织机结构的发展。

笔者否定东汉出现小花楼提花织机的原因，在于东汉时期出现的织物纹样不能证明小花楼提花织机的存在。小花楼提花织机的出现，在织物纹样上出现两个特征：①大量纬锦的出现。纬锦是用两组或两组以上的纬线同一组经线交织而成。经线有交织经和夹经，用织物正面的纬浮点显花。②织物纹样更大、更生动。而中国唐代之前均采用经线起花，由于综和蹑的数量不能太多，织物的图案经向循环也就不会太大。因此，我们在分析战国秦汉时期的提花丝织品时可以发现，其织物的图案宽度常达整个织物的门幅，但其经向长度却不超过几厘米。[36]到了唐代，中国才大量出现纬锦。对比中国传统的经锦纹样，纬锦的设计更利于图案的换色与花纹的细腻表现。唐代织锦大多色彩繁丽，花纹精美，走出了汉魏的"稚拙"，这与采用纬线起花的技术革新是密不可分的。从汉晋时期的"王侯合昏千秋万岁宜子孙"锦枕，就可以看出经绵在图形上表现比较单调、质朴，写实性较差。由此可见，从织物纹样来看，东汉时期不太可能出现小花楼提花织机。

二、对王逸《机赋》所指低花本提花织机或踏板斜织机观点的困惑

1. 对王逸《机赋》所指低花本提花织机观点的疑问

认为王逸《机赋》所指低花本提花织机的学者主要以"宛若星图，屈伸推移"为据，他们认为"宛若星图"是指广西竹笼织机的竹笼上的花本信息或云南傣族织机上竹针帘式花本信息，两者的花本正好在织工的正前上方位置，需要仰望才能看到，就像仰望星空一样；而"屈伸推移"是指从提花装置上取下挑花杆或竹针进行提花的操作。这一解释似乎很有道理，因为与广西竹笼织机或云南傣族织机的操作十分相似，但笔者认为存在两点疑问：

第一，广西竹笼织机自清朝道光年间才出现，然后扩散至广西各地，是一件极具民族特色的织机；[37]云南傣族织锦直到元朝才有正式记载，作为贡品入贡，但其织机并没有相关记载。[38]少数民族织机调查有推测古代汉族织机的借鉴意义，但前提有两个：一是调查的民族应该处于相对比较封闭的系统中，这样才能以其社会经济、技术、文化及其织机所处发展阶段来推断汉族在相应发展阶段织机的形制、结构。二是能从汉族地区的考古研究中发现相关织机的部件。而广西的壮族、云南的傣族并不是处于相对封闭的状态，谁能确保这两个少数民族的织机机型没有受到汉族先进织机技术的"影响"呢？此外，西汉时期的纺织考古（实物、图像信息等）都没有发现相似的织机机型。显然，以这两种民俗织机调查来推断汉族汉代织机有些不妥。

第二，如果认为"屈伸推移"是指从提花装置上取下挑花杆或竹针进行提花的

操作，"推移"还说得通，指拿挑花杆水平方向前后推移，形成提花口，但"屈伸"又作何解呢？指手臂拿挑花杆时的屈伸，也说得通，但缺少踏板的操作，无法形成连贯的操作，这是令人费解的。笔者认为"宛若星图，屈伸推移"必须与后面两句"一往一来，匪劳匪疲"组成一个整体来解读。星图是星星在水平面上的投影，并不是仰望星空的图景。[39]"宛若星图"是指整个织机据天理制作而成，带有顺其自然的意味。"屈伸推移，一往一来，匪劳匪疲"是指整个织机的操作过程，"屈伸推移"是指织女屈、伸腿踏动踏板的动作，"一往一来"则是指投梭织造，这么简单的动作，当然是"匪劳匪疲"。

因此，笔者认为王逸《机赋》中所说织机不应该是低花本提花织机。

2.对王逸《机赋》所指踏板斜织机观点的再思考

根据王逸《机赋》中的文字，以及东汉时期画像石、画像砖、壁画中的相关信息，特别是山东长清孝堂山石祠隔梁底面画像中的织女织布图（图8-40）与《机赋》中"悟彼织女，终日七襄"正好相互对应，对于纺织技术史研究的谨慎者而言，《机赋》所指踏板斜织机也是说得通的，笔者曾经也是这样认为的，但通过认真分析还是有些疑问：①"高楼双峙"在踏板斜织机上又如何表达？岂有高楼是倾斜的吗？②《机赋》中

图8-40　织女织布图

"两骥齐首，俨若将征"中"两骥"是指马头，它是控制综片的，两个马头控制一个综片，所以"两骥齐首"说明《机赋》中的织机只有一片综，这与东汉时期出土大量图像信息中的踏板斜织机中只有一片综的事实一致。《机赋》中"登神机"则说明织女的脚应该一直在织机踏板上，并没有离开踏板，与上文"屈伸推移"相呼应，而在被证实东汉时期出现的单综单蹑踏板斜织机上，双脚是不可能一直踏板上的，显然《机赋》中不可能指单综单蹑踏板斜织机。被证实在东汉时期出现的单综双蹑踏板斜织机在《机赋》中为"登神机"也可以说得通，但与疑问①却相悖，显然单综双蹑踏板斜织机也是说不通的。③如果"三轴列布，上法台星"是说织机上的胜（经轴）、豁丝木（分绞棍）、复（织轴）像台星那样像阶梯状，表示为踏板斜织机的主要形制，则不能解释"胜复回转，克像乾形"，因为"乾形"（☰）已表示三轴呈水平状。"三轴列布，上法台星"只能解释为三轴的分布必须像台星那样三阶平行且对齐。

三、王逸《机赋》中所指单综双蹑踏板水平织机的假设

笔者认为王逸《机赋》中所描述的织机应该是单综双蹑踏板水平织机，原因有三个：①王逸《机赋》中"两骥齐首""登神机"可知织机应该是单综双蹑。②王逸《机赋》中"大匡淡泊，拟则川平"则可确定织机为水平织机，因为"大匡"指机架为长方形，"拟则川平"则说明经面像流水一样水平。③上文其他分析又可排除其他形制的织机。

王逸《机赋》中还有"方圆绮错，微妙穷奇。虫禽品兽，物有其宜。兔耳跧伏，若安若危。猛犬相守，窜身匿蹄"，不好解读。笔者认为"方圆绮错，微妙穷奇。"并不是指织物上的纹样，而是指整台织机有方木、圆木（轴）组合而成，很神奇；而"虫禽品兽，物有其宜"则是承上启下之句，承两骥之上，启兔、猛犬、游鱼之下，说明织机各个构件都有其用处。"兔耳跧伏，若安若危"则是指织轴上的一对"V"形支架，像兔的耳朵。"猛犬相守，窜身匿蹄"则是指打筘时，由于支撑筘的轴在经面上做弧形运动，使推筘后筘的下面一部分本来在打筘时能看到，而这时却不能看到，就像是狗脚隐匿在草丛中。

第三节 ｜ 小结

中国古代织机的变迁为：原始腰机、双轴织机、综蹑织机、小花楼提花织机、大花楼提花织机。中国古代织机的发展似乎没有按照线性关系发展，因为西汉时期的织机比其后除花楼提花织机外的织机水平都要高，但却出现较早，似乎很奇怪。笔者对于这个现象给出的解释是中国织机的发展沿着两条路径在发展，一条是贵族化路径，织物主要是以提花为主；一条是平民化路径，织物主要以平纹为主。加之古代纺织技术特别是提花技术具有垄断性和地域性，现有的中国古代织机类型学考古排序就不难解释了。正是因为垄断性，明代以前最高的提花技术牢牢控制在官方手中，民间掌握的织造技术是十分粗糙的。从老官山出土的织机来看，西汉时期应该掌握了除花楼提花织机外的多综多蹑织机的制作，五色经锦的大量出土也证实了中国织机的发展受制于中国的宗教传统，经天纬地、地随天变、五色代表五种元素——金、木、水、火、土。随着五胡乱华、南北朝的对峙，中国传统宗教体系发生了转变，西方的纬锦传入并流行，导致中国在唐代出现了小花楼提花织机，随着统治阶层的奢侈需求在明代出现了大花楼提花织机。

通过对王逸《机赋》的重新解读，笔者得出以下结论：①王逸《机赋》中所指织机可能为单综双蹑水平踏板织机。②以后世构件来考证文学作品中的相关描写，不能过于武断地仅凭其中一、两句进行解读，而应该从全文的大意和是否各句之间存在矛盾来进行多种选择的解读，进而选取最合理的解读。③对于中国古代小花楼提花织机出现的时间，凭王逸《机赋》断代为东汉时期是有疑问的。

[1] 李强,李斌,梁文倩,等.中国古代纺织史话[M].武汉:华中科技大学出版社,2020:96-132.

[2] 张溥.汉魏六朝百三名家集(九)[M].影印本:6.

[3] 严可均辑.全后汉文[M].北京:商务印书馆,1999:578-589.

[4] 江翰.王逸著述考略[J].学术交流,2012(5):160-164.

[5] 蒋方.严可均《王逸集》辑佚补正[J].文学遗产,2006(6):87.

[6] 王祯.王祯农书(下)[M].王毓瑚,校.北京:农业出版社,1981:406-409.

[7] 杜石然,范楚玉,陈美东,等.中国科学技术史稿[M].北京:科学出版社,1985:218-219.

[8] 赵承泽.中国科学技术史:纺织卷[M].北京:科学出版社,2002:195,196.

[9] 陈维稷.中国纺织科学技术史:古代部分[M].北京:科学出版社,1984:211,212.

[10] 李仁溥.中国古代纺织史稿[M]长沙:岳麓书社,1983:53.

[11] 朱新予.中国丝绸史:通论[M].北京:纺织工业出版社,1992:63,64.

[12] 吴淑生,田自秉.中国染织史[M].上海:上海人民出版社,1986:71.

[13] 赵丰.中国丝绸艺术史[M].北京:文物出版社,2005:23.

[14] 袁宣萍,赵丰.中国丝绸文化史[M].济南:山东美术出版社,2009:47.

[15] 路甬祥.走进殿堂的中国古代科学技术史:中[M].上海:上海交通大学出版社,2009:295,296.

[16] 何堂坤.纺织与矿冶志[M].上海:上海人民出版社,1998:87,88.

[17] 张保丰　中国丝绸史稿[M].上海:学林出版社,1989:63,64.

[18] 周昕.中国农具通史[M].济南:山东科学技术出版社,2010:606:609.

[19] 王祯.农书[M].北京:中华书局,1956.

[20] 肖克之,曹建强.王祯《农书》明清版本之比较[J].农业考古,1999(3):289,290.

[21] 卫杰.蚕桑萃编[M].北京:中华书局,1956:296.

[22] 王祯.东鲁王氏农书译注[M].缪启愉,译注.上海:上海古籍出版社,1994:424.

[23] 马宗义,姜义安.授时通考校注:第四册[M].北京:中国农业出版社,1995:280.

[24] 李强,杨小明.历史的辉格解释与中国古代纺织品文物复制[J].湖北第二师范学院学报,2009(7):45-47.

[25] 王潮生.中国古代耕织图[M].北京:中国农业出版社,1995:43,63,64,76,109-110,125.

[26] 卫杰.蚕桑萃编[M].北京:中华书局,1956:262,263.

[27] 徐光启.农政全书下[M].罗文华,陈焕良,校注.长沙:岳麓书社,2022:553,554.

[28] 李斌,李强,杨小明.先蚕和先棉的比较研究[J].丝绸,2012(3):55-60.

[29] 张松林,高汉玉.荥阳青台遗址出土丝麻织品观察与研究[J].中原文物,1999(3):10-16.

[30] 李强.中国古代美术作品中的纺织技术研究[D].上海:东华大学,2011.

[31] 孙毓棠.释关于汉代机织技术的两段重要史料[A].中国纺织科学技术史编委会.中国纺织科技史资料(第一集)[C].北京:北京纺织科学研究所,1980:21-49.

[32] 杨屾.豳风广义[M].郑宗元,郑辟疆,校勘.北京:农业出版社,1962:150-154.

[33] 薛景石.梓人遗制图说[M].郑巨欣,注释.济南:山东画报出版社,2006:85-88.

[34] 王进玉.敦煌遗书所载"立机"和"楼机"初探[J].丝绸史研究,1985(4):14-17.

[35] 张保丰.中国丝绸史稿[M].上海:学林出版社,1989:145.

[36] 赵丰,徐铮.锦绣华服:古代丝绸染织术[M].北京:文物出版社,2008:52.

[37] 李强,李斌,李建强.广西壮族竹笼织机再研究[J].武汉纺织大学学报,2012(3):1-4.

[38] 龙博,赵丰,吴子婴,等.云南傣族织锦技艺的调查[J].丝绸,2011(12):53-57.

[39] 龚克昌,等.全汉赋评注[M].石家庄:花山文艺出版社,2003:672.

纺织品中的
文字篇

　　中国古代纺织品虽然是手工艺品，具有某种使用价值，但纺织品的字纹样却赋予了其艺术性和文化性。中国古代字纹样包括古代文字锦、缂丝作品、刺绣作品、夹缬作品、蜡缬作品、灰缬作品中的相关文字。

第九章

中国古代文字锦中的文字

文字锦是将文字符号作为织物主题纹样或装饰纹样的一种独特的古代织锦。它产生于汉代，最初是将当时人们喜闻乐见的吉祥祝语织造在织锦中，表达人们内心对幸福生活的渴望。由于汉晋时期（前202—420年）文字锦中的文字相比于之后朝代的较长，能够完整表达某种具体的愿望，而汉晋之后文字锦中的文字图案则逐渐向装饰纹样演化，越来越艺术化，失去表达具体愿望的功能。为了区别于汉晋之后的文字锦，笔者认为可将汉晋时期的文字锦特称为铭文锦。

第一节 | 文字锦中文字表达的技术基础

织造技术高低主要体现在显花技术和提花技术的发展水平上，文字锦中文字的表达效果必然与这两项技术有关。而提花技术则集中体现在织机的类型上，因此，笔者将对显花技术和织机类型做一些必要探讨。

一、文字锦的显花技术

根据中国古代织物的显花特点，可将文字锦中的文字分为经线显花的文字和纬线显花的文字两大类。经线显花的特点是一个花型单元纬循环根数较少，花型纬向上尽管有的横贯全幅，但经向上长度只有几厘米，并且当织机上安排好了三色或五色的经线后，花纹的色彩数便无法改变。纬线显花则是在不改变经线和提综顺序的前提下，只改变纬线的颜色，就能织造出花型色彩丰富的织物。通过文字锦中的色彩数量就可以断定其采用了何种显花技术。从迄今所出土的纺织品实物来看，秦汉时期（前221—220年）至南北朝时期（420—589年）的文字锦均采用经线显花技术，因此，这一时期的文字锦的色彩最多可达到五种，而在唐代（618—907年）中后期则普遍开始采用纬线显花技术，所以，唐代中后期的文字锦在色彩上则会比之前朝代要丰富得多。

二、文字锦的提花技术

中国古代的提花技术主要可分为综杆提花和束综提花两种，通观各个时期文字锦中的文字，不难发现它们使用的提花技术也主要为这两种。综杆提花技术发展到极致产生出多综多蹑织机，同样，束综提花技术发展到最高阶段则催生出花楼织机。这部分内容在第七章已介绍，此处不再赘述。

第二节 | 中国古代文字锦中的文字分析

根据中国古代文字锦中的文字特征，笔者将文字锦的发展历程划分为汉晋时期的铭文锦、南北朝至隋唐时期的文字锦及唐代之后的文字锦三个阶段。

一、汉晋时期的铭文锦

铭文锦是西汉（前206—25年）末年或东汉（25—220年）初年开始出现的一种特殊的织锦，它继承了西汉时期汉锦经线显花的纹样图案特征，以辟邪的奇禽怪兽、变异的云纹花卉为铺设，吉祥的汉隶铭文穿跳其中，从右向左排列，通常以铭文为主题。[1]根据考察目前出土的汉代铭文锦，其中的文字有"永昌""万年益寿""万世如意""长生无极""长乐明光""登高明望四海""长生无极益寿大宜子孙""富且昌宜王侯天延命长"等。[2]汉代铭文锦在中国古代纺织史上是绝无仅有的，它们不仅体现了当时的风俗习惯、社会心理、艺术风格，而且反映了汉代织造技术的发展水平。

1.铭文锦中文字的分类

汉代铭文锦在丝绸之路沿途的墓葬中时有出土，通过对墓葬主人的身份及锦文内容的考证，并结合相关的史实，大致可断定汉代铭文锦出现的年代为西汉末年至魏晋时期（220—420年）。虽然魏晋时期已经超出了汉代的历史范畴，但这一时期的铭文锦与汉代的铭文锦在织造工艺和纹样图案上几乎没有什么变化，所以，笔者认为将魏晋时期的铭文锦也划归汉代铭文锦来研究似乎更合理。通过研究发现，西汉时期的普通汉锦纹样图案已经非常丰富，动物纹样（龙、虎、辟邪、獬豸、麒麟、鹿、雁等）活跃于具有动感、紧凑感的几何纹样和云气山脉纹样之中，显现出图案纹样的动态之美。从西汉末年至东汉初年开始，这种纹样图案的间隙被加织进大量表达不同含义的文字，从而诞生了汉代的铭文锦。这种铭文锦突显了纹样图案与文字艺术的完美结合，使纹样图案的动态美和文字艺术的静态美达到一种奇妙的和谐。

通过对汉代铭文锦中铭文的语义分析，可以将汉代铭文锦中的织造文字分为祈寿延孙、祈福求仙、历史政治事件三大类，如表9-1所示。有关祈寿延孙和祈福求仙的吉语不仅能在织锦中找到，在当时的瓦当、铜镜和漆器上也时有发现。由此可知，这些祈寿延孙、祈福求仙的语句在汉代非常流行，反映了当时的一种风俗和时尚。

表9-1　汉代铭文锦中织造文字的分类及其含义

文字类别	织锦实物中的文字	含义
祈寿延孙	世毋极锦宜二亲传子孙、续世锦宜子孙、韩仁绣文广右子孙无极、安乐绣文大宜子孙、得意绣文子孙昌乐未央、延年益寿大宜子孙、安乐如意长寿无极、延年益寿长葆子孙、千秋万岁宜子孙、恩泽下岁大孰常葆子孙息弟兄茂盛无极	表明人们已厌倦了频繁的动乱和战争，渴望和平、无灾、无难、长寿、子孙繁多的愿望
祈福求仙	长乐明光、长乐大明光、大明光受右承福、万世如意、阳、广山、威山、长寿明光、金池凤	反映了人们追求光明、快乐、羽化成仙的思想
历史政治事件	登高明望四海贵富寿为国庆、新神灵广成寿万年、五星出东方利中国、琦玮并出中国大昌四夷服诛南羌乐安定与天毋疆、王侯合昏千秋万岁宜子孙	反映了当时的一些历史或政治事件

由表9-1可知，在"祈寿延孙"类铭文锦中，首先，一些织锦标出了织锦的名称，如"世毋极锦宜二亲传子孙"（图9-1）、"续世锦宜子孙"，通过对比这两片织锦的图案，笔者推测"世毋极锦"和"续世锦"可能是同一种织锦——从字面上看，"世毋极"和"续世"都有世代相传无穷无尽的含义；从图案上看，这两种铭文锦的图案几乎一模一样，都是运用山形纹（或波浪纹）的山体（波峰）和山体间的空隙（波谷）处填与网个相邻的汉字，图形纹样几乎没有什么变化，变

图9-1　"世毋极锦宜二亲传子孙"锦

化的是汉字的间隔，两个汉字之间运用一对或数对小方点填充；从整体上看，整个纹样显得非常简洁，这使文字的表达效果更加明显，在简单中蕴含着吉祥寓意的祝语，是几何图案与文字的完美结合；其次，"韩仁"（图9-2）、"安乐""得意"等后面织有"绣文"二字。据考证，韩仁为西汉末年或者东汉初年的织锦工匠，韩仁经常在织锦中把自己的名字和吉语文字织在一起，成为一句祝词，在汉代铭文锦中是很少见的。在此，笔者大胆类推，"安乐""得意"极有可能同为工匠的名或号，但也不排除为收货方的爵位名称，或者是这种汉锦在当时的名称。对于这一问题，还需要有确实的证据才能给出确切的回答，目前只能作存疑处理。最后，汉锦中纯粹的"祈寿延孙"类词句，如延年益寿大宜子孙（图9-3）、安乐如意长寿无极、延年

图9-2 "韩仁绣文广右子孙无极"锦

图9-3 "延年益寿大宜子孙"锦

益寿长葆子孙、千秋万岁宜子孙等，都是汉代常用的祝语。最长的语句则是"恩泽下岁大孰常葆子孙息弟兄茂盛无极"，反映了当时人们渴望来年丰收，多子多孙、家族强盛的心理愿望。

"祈福求仙"类铭文锦中的"长乐""明光"均为西汉时宫殿的名称。其实，在"祈寿延孙"类"得意绣文子孙昌乐未央"锦中的"未央"也是西汉的宫殿名，意指无尽的意思。据史料记载，公元前202年汉高祖在秦朝兴乐宫的基础上建成的长乐宫，意为"长久快乐"，反映了一种祈福的愿望。然而，明光宫则建于汉武帝时期，《三辅黄图·甘泉宫》有："武帝求仙起明光宫，发燕赵美女二千人充之。"由此可知，汉锦中的"长乐""明光"体现了祈福求仙的意味。例如，1980年新疆若羌楼兰古城出土的长寿明光锦（图9-4），整个纹样图案在蓝色地上，以黄、褐、绿三色经线显出以卷曲蔓藤纹为主题的图案。蔓藤纹弯曲处填有瑞兽和"长寿明光"汉文隶书。左侧怪兽头顶长角，背上生翼，巨口大张，四足作行走状。中间虎纹抬头回首作攀登状，右侧瑞兽抬头回首。造型矫健生动，简练逼真。[3]当然，"祈福求仙"类铭文锦中也有以地名和山名为锦名的，"阳"可能为地名，也许是"南阳"郡的简称，"广山""威山"是两个山名。这类山名现已无处考证，可能与汉代传说中的仙山有关。此外，还有一种以神鸟为名的织锦，1995年新疆民丰县尼雅1号墓地出土的"金池凤"锦袋（图9-5），

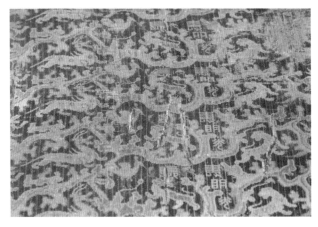

图9-4 长寿明光锦

图9-5 "金池凤"锦袋

图案为奔驰状的鹿、蔓藤纹、树木等，夹织"金池凤"汉文隶书。金池凤原为古人想象中仙境的神鸟，将"金池凤"几个汉字织在锦上也体现汉代人对仙境的向往。

"历史政治事件"类铭文锦较为独特，反映了汉代的历史政治事件。"登高明望四海贵富寿为国庆"（图9-6）可能与汉武帝登泰山封禅活动有关。[4]这件东汉时期的铭文锦却记载着西汉时期的历史事实，说明了东汉时期，人们对汉武帝时期强大国势的怀念。"新神灵广成寿万年"锦（图9-7）则是述说了西汉末年，王莽（前45—23年）篡夺汉朝政权，建国号为"新"的历史事件，那么这件铭文锦极有可能是西汉末年织造的。"五星出东方利中国"一语最早可见于《史记·天官书》："五星分天之中，积于东方，中国利"，[5]铭文锦"五星出东方利中国"（图9-8）极有可能是以正统自居的刘氏蜀汉政权用"五星出东方利中国"这一古老天文谶语，作为讨伐南羌叛乱的舆论与祈愿，类似的还有"琦玮并出中国大昌四夷服诛南羌乐安定与天毋疆"。"王侯合昏（婚），千秋万岁宜子孙"锦（图9-9）中的王侯合昏（婚），据武敏先生的考证，这件织锦极有可能反映的是刘备（汉中王）与张飞（新亭侯，卒谥"桓侯"）之间的联姻事件。

图9-6 "登高明望四海贵富寿为国庆"（东汉）

图9-7 "新神灵广成寿万年"锦（西汉末年）

图9-8 "五星出东方利中国"锦（汉晋）

图9-9 "王侯合昏，千秋万岁宜子孙"锦（汉晋）

综上所述，铭文锦中的文字大略可分为反映祈寿延孙、祈福求仙、历史政治事件三大类，其间有些文字插入织锦名、工匠名、宫殿名、山名、神仙名等，这些都反映了汉代人们的吉祥祝语和历史政治事件。

2.铭文锦中文字的特征

铭文锦中的文字虽然用字多种多样，有单字、双字、多字，甚至一句话，然而这些文字却都呈现出一定的特征。首先，织有文字的铭文锦，图案的主题纹样以云气、瑞兽、珍禽等为主，纹样间隙填以文字来帮助说明寓意。云气、瑞兽、珍禽都是秦汉时期人们对仙境中景物的一种幻想，体现了人们对长期战争的厌恶和对美好生活的渴望。对比西汉时期汉锦的纹样图案，不难发现，铭文锦正是在西汉时期的图案纹样的基础上，将文字穿插于这些主题纹样中，从而形成汉代独特的纹样图案和文字的奇妙结合。其次，这些铭文锦中的文字几乎都是以汉隶的形式出现。汉隶是汉代隶书的统称。隶书起源于秦代，它的结构扁平、工整、精巧，属于比较庄重的一种汉字字体。到了东汉时，撇、捺等点画美化为向上挑起，轻重、顿挫富有变化，具有书法艺术美。特别是到了汉桓帝、汉灵帝时期，汉隶达到极盛时期，极具艺术性。那么，汉隶作为织锦中文字的字体也就很容易理解了：①汉隶是一种比篆书更简洁的字体，相对于篆书字体更容易在织锦中得到实现；②汉隶具有很高的艺术性，书法界本来就有"汉隶唐楷"之称，可见人们对汉隶艺术性的肯定和喜爱。因此，铭文锦中隶书字体的出现也反映了东汉时期书写习惯；③汉隶的艺术性能很好地与铭文锦中纹样图案相融合，达到文字与纹样图案的生动结合。最后，综观汉代或魏晋时期铭文锦中的文字排列，几乎都是自右及左、由上而下，这显然也是符合汉代人的书写习惯。同时，由于图案之间的空隙比较小，这些文字的尺寸相对较小。

二、南北朝至隋唐时期的文字锦

南北朝至隋唐时期不仅是中国古代织物中纹样图案大发展的重要时期，同时也是中国古代显花技术和织机迅速发展的转型期。从织物纹样图案上看，外来的纹样图案，如联珠、卷草、对鸟、对兽等纹样图案，开始在中国古代普遍流行起来，极大地丰富了中国古代织物的纹样图案；从显花技术上看，中国传统的经线显花技术正开始向纬线显花技术转型；从织机上看，多综多蹑织机也正朝着束综提花的花楼织机发展。所有这些变化都会使汉晋时期文字锦的纹样图案和艺术风格发生重大的变化。

南北朝至隋唐时期的织锦可分为经锦和纬锦，南北朝时期的经绵主要是继承秦

汉以来的中国传统织锦技术，融合外来写实纹样，使这一时期的经锦技术得到飞速
发展。而隋唐时期的经锦不仅在经丝组上不断增加，色彩变化也更为多样。同时，
又增加了纠经工序，使原来的经畦纹织锦更多地向经斜纹织锦变化。[6]而纬锦则是在
隋唐时期产生的，它采用多种色纬分段换梭法织造，这样可使所织的锦较之经锦色
彩更加绚丽典雅，花纹更加形象生动。然而，隋唐时期织锦的主流正由经锦向纬锦
转变，因此，这一时期的文字锦也是以纬锦为主。同时，随着纺纱、织造技术的进
步以及文化习俗的变迁，南北朝至隋唐时期的文字锦较汉晋时期已经有了很大的变
化，主要体现在以下四个方面：

（1）**长词句的文字不再在文字锦中流行**。根据目前纺织品考古的证据，南北朝
至隋唐时期文字锦中已经不再流行长词句的祝语。20世纪以来，国内外探险家和
考古工作者曾在甘肃敦煌莫高窟藏经洞、新疆吐鲁番阿斯塔那古墓群、青海都兰
地区以及陕西扶风法门寺发现过大量南北朝至隋唐时期的丝绸。此外，在日本奈
良正仓院内保存着大量唐代丝绸，其中部分已可断定为大唐所产，有部分是日本
本国所产，但亦是仿制唐代文化的结果。[7]当然，这些织锦中也包含了一些文字
锦，然而，这一时期文字锦不仅在数量上远远少于汉晋时期墓葬中所发现的文字
锦，最为重要的是长词句的文字锦已经消失了，再也没有出现像汉锦中"恩泽下
岁大孰常葆子孙息弟兄茂盛无极""大明光受右承福""琦玮并出中国大昌四夷服
诛南羌乐安定与天毋疆"类似的文字。

（2）**文字锦中的文字向"贵""喜""吉"等字转变**。南北朝至隋唐时期文
字锦中的文字逐渐由汉锦中求神、求仙、求福的文字返回到现实生活中，以
"贵""喜""吉"等字代替之。例如，1964年在新疆阿斯塔那出土这一时期的联珠对
孔雀喜字纹锦与联珠对孔雀贵字纹锦非常相似，不同之处是联珠对孔雀喜字纹锦在
联珠坏与坏之间的空隙处，一边是对羊，另一边是倒向的奔马，而在对孔雀的上部
是"喜"字鼎炉。[8]由此可见，"贵""喜"两字在图案纹样的布局上具有的雷同性，
说明当时人们对"贵"和"喜"字的喜爱。除此之外，这一时期的织锦中还发现过
"吉"字锦，如在都兰出土的北朝至隋代的红地簇四云珠日神锦（图9-10）中也有
"吉"字，该锦的纹样图案以簇四为骨架，外层卷云和内层联珠组合成圈，两圈之间
用小兽和小花相连，圈外用卷云纹和中文"吉"字修饰，圈内中央是双手合十跏坐
于莲台之上的太阳神。太阳神头戴饰物，头顶有华盖，华盖两侧则饰以龙形纹。太
阳神背后有圆形身光，身光和太阳神两侧分别有一对跪膝侍者，侍者身后为展翼扬
尾凤鸟，纹样图案下方则为马车和六匹天马。

到了唐代，"吉"字锦仍然十分流行，如19世纪初在敦煌藏经洞发现的唐代团
窠葡萄立凤吉字锦（图9-11，长26厘米，宽25.8厘米）则是"吉"字锦的代表，这

中国古代纺织文化研究

图9-10　红地簇四云珠日神锦　　　　　　　　　　　图9-11　团窠葡萄立凤吉字锦

件唐锦已经严重破损，在棕色地上以浅棕色纬线显花。从残留的部分看，其主体纹样为一个直径在28.6厘米左右的团窠骨架，团窠由葡萄及葡萄叶互相穿插缠绕构成，团窠中心为一凤凰图案，一脚站立于地，一脚蜷缩于胸前，尾部上扬。在团窠的右侧还织有一"吉"字，一般说来，带有这类吉祥文字的织锦年代较早，流行于唐代初期至盛唐。[9]由此可知，吉字曾在唐锦中用于不同主题纹样图案中，可见吉字也非常受唐朝人的喜爱。

（3）文字与纹样图案出现图文叠加的趋势。众所周知，汉晋时期文字锦中的文字几乎都是插入图案的空隙之处，可谓图文分离。虽然，南北朝至隋唐时期文字锦也存在图文分离的情况，如团窠葡萄立凤吉字锦、红地簇四云珠日神锦中的文字。然而，隋唐时期文字锦中也出现了文字与主题纹样图案叠加的新趋势，并影响至明清时期。例如，现藏于日本京都法隆寺的唐代四天王狩狮纹锦（图9-12，长250厘米，宽130厘米）就是织造文字与主题纹样相叠加的典范。从纹样图案上看，二十个联珠组成圆环，圆环内以菩提树为中心。左右两侧画有对称的四位骑士，四骑士身骑带翼的天马，头戴日月纹样的王冠，手持弓箭呈射杀马后的狮子状。联珠圈之间则饰有十字唐草纹，体现了唐代的风尚。该锦最为独特的是马腿上叠加有"吉""山"两个汉字，可见南北朝至隋唐时期文字锦中的文字与主题纹样出现逐渐融合的趋势。

图9-12　四天王狩狮纹锦

（4）**文字锦中的主题纹样越来越生动具体**。随着显花技术的发展，北朝时期文字锦中的主题纹样较汉晋时期更加形象和生动，逐渐摆脱了汉晋时期主题纹样的幼稚与抽象。例如，2006年在西藏噶尔县门士乡的苯教寺院古鲁甲寺寺前古墓中发现的北朝王侯羊王锦（图9-13），它的构图可分为三层结构：最下一层为波浪形曲波纹，每组波纹当中各有一对相向而立的对鸟，对鸟身下脚踩着植物纹样；第二层为如意树构成的空间，其内布置双龙、双凤、双羊等，而双龙只有头部，与两两相从的双凤与双羊头向相反；第三层与第二层一样，也是在如意树构成的空间内布置一对背向而立的狮子。最令人惊叹的是在每组动物纹样的空白处，织有"王""侯""羊""王"四个篆体小字。根据墓葬中石碑上刻有确切纪年的"大凉承平十三年"可知，这件织物的年代下限应为公元455年。[10]从纹样图案的整体上看，这件王侯羊王锦继承了汉晋时期云兽纹的特征，但从纹样图案的局部上看，其主题纹样明显又比汉晋时期的更加细腻和写实。例如，1959年新疆民丰县尼雅出土的汉代延年益寿大宜子孙锦袜，从其局部的纹样图案（图9-14，长43.5厘米，宽17.3厘米）可见，主题纹样中的虎和豹其实很难辨别，甚至有些变形。而王侯羊王锦中的动物则相对比较写实和生动，且采用西亚的涡状卷云和对兽对禽的对称布局。

图9-13　王侯羊王锦

图9-14　延年益寿大宜子孙锦

三、唐代之后的文字锦

唐代之后，中国主要经历了五代十国（907—960年）、宋（960—1279年）、元（1271—1368年）、明（1368—1644年）、清（1636—1911年）五个时期，这五个时期的文字锦继续沿着唐代装饰功能的方向发展。五代十国时期由于战争频繁，目前并没有发现文字锦的遗物，但从苏州瑞光塔发现的五代孔雀宝相花纹锦、苏州虎丘去岩寺发现的云纹锦来看，它们都延续着唐代的艺术风格。到了宋元时期，社会基本稳定，织锦纹样比起前代也更加丰富，文字的运用也越来越艺术化和极富装饰性。到了元代寿字纹锦比较多见，如元代寿字云纹缎纹样（图9-15），将圆寿字纹作为花蕊的部分，使艺术字与花瓣巧妙地结合起来，字体的艺术性和趣味性都得到极大的彰显。此外，元代处于吉祥图案的创始期，但这一时期的吉祥图案的数量却很多。例如，山东邹县李裕庵墓出土的梅鹊纹绸男袍（图9-16），以菱格为地，主题图案织在前胸和后背，表现的是嬉戏于梅枝上的喜鹊，胸织四只喜鹊，背织五只喜鹊。这一图案纹样中并没有出现任何文字，但却采用了谐音取意的方法，即喜鹊登上梅梢体现了"喜上眉梢"的意思。当然，李裕庵墓中还出土了福禄寿绫巾（图9-17），图中上部织有寿星、龟驮灵芝、鹤、鹿，下部织有六行四十二字的《喜春来》词一首。赵丰先生认为，这一织物以文配图、图文并茂的形式表明，直到元末吉祥图案还不十分成熟。因为吉祥图案是一种高度程式化的图案，并不需要文字来标明寓言。[11]由此可知，自元代开始文字锦中的图案纹样出现向吉祥图案纹样逐渐转化的趋势。

图9-15　寿字云纹缎纹样　　　　　图9-16　梅鹊纹绸男袍　　　　　图9-17　元代福禄寿绫巾

明清时期，随着吉祥图案的深入人心，文字锦中只存在着表示特定意义的文字，并且大都出现在比较显著的位置。以寿字纹为例，明代的文字锦中经常把寿字纹放在花朵正中的花蕊部分，或放在果实的正中间，从构图上看，这些表示吉祥的文字放在物件中，花朵和果实都表现得极其壮实，但枝茎则细小，形成强烈的对比，这样文字就显得格外醒目。从文字的字体上看，寿字字体常用颜体正楷，篆书次之，偶尔也用草体字。[12]例如，明代绿地凤穿花寿字纹装金缎（图9-18），在暗花缎的基础上，在莲花上方显著位置装饰着用捻金线挖梭织出的长寿纹，形成在大面积暗花中显露少量金花的情况，于素雅中见华贵，美而不俗。[13]

图9-18　明代绿地凤穿花寿字纹装金缎

图9-19　明代万寿百事如意大吉葫芦纹锦纹样

又如明代的万寿百事如意大吉葫芦纹锦纹样（图9-19），就是在葫芦纹的正中织造大号的"万寿"字样，突出寿字主题，而在细小的藤蔓枝条上竖排着小一号的"吉祥如意""百事大吉"字样。清代的文字锦虽大体上沿用明代的纹样，但字形却有一定的变化。笔者再以寿字纹为例，明代寿字纹一般采用长寿字体，顺治时期（1644—1661年）以长形篆体寿纹为主，同时出现圆形变体的团寿纹。康熙时期（1662—1722年）至乾隆时期（1735—1796年），长寿纹与圆寿纹交替流行，随后圆寿纹逐渐占重要地位。到了咸丰时期（1851—1861年）至光绪时期（1874—1908年），在圆寿字上常加佛教中的万字符号，形成新的万字圆寿纹，寓万寿无疆之意。

第三节 │ 中国古代文字锦发展变化的原因分析

文字锦的发展变化包括汉晋时期铭文锦的出现和南北朝至隋唐时期、唐代之后文字锦的变化。

一、汉晋时期铭文锦出现的原因

1.铭文锦中文字出现的社会原因

通过对汉代和魏晋时期的历史资料进行分析研究，笔者认为铭文锦中文字的出现，有其深刻的社会原因。

第一，汉代特别是东汉是谶纬学说最为流行的时代。"谶"意为应验，"纬"则对应于"经"，即完全用一套神异迷信的观点来解释儒家经典。[14]谶纬学说的实质是指上天的旨意通过一系列的特定的自然现象表现出来，以赞许或警告当时的统治者。例如，每当天空出现彗星或天降陨石时，则预示着统治者的德行和统治出现了问题，警告统治者加以改正。相反，当出现祥瑞征兆时，如祥云、甘露、瑞兽（凤凰、灵鸟、黄龙、麒麟、白虎等）、异树（连理树）、仙草（灵芝、茱萸等），以及神器（鼎、玉璧、玄圭、方胜等）则预示着天下太平、统治稳固。这样，祥瑞图案深入人心，从汉代的统治者到平民百姓都形成了追求祥瑞图案的风尚，甚至出现写有文字的"天书"。这样就不难理解，汉代或魏晋时期的铭文锦中为什么会出现如此之多的云气、瑞兽、灵鸟等图案，还有穿插其间的文字，可以说它是祥瑞图案与"天书"的一种大融合。

第二，反映了一种社会愿望和对"文景之治"时期的追忆。综观汉代历史，秦末农民起义、楚汉争霸和西汉的汉匈之争、王莽篡汉都导致了当时人口的大量减少。几番潮起潮落，天下太平、延年益寿、人丁兴旺、家族昌盛遂成为人们向往美好生活的愿望，于是这种寄托就反映在丝绸上面，"万事如意""延年益寿长葆子孙""万年丰益寿""恩泽下岁大孰常葆子孙息弟兄茂盛无极锦""世毋极锦二亲传子孙""安乐如意长寿无极"等。这些织锦传递出的信息表明，人们已厌倦了频繁而起的战争，渴望能够过上一种社会安定、人丁兴旺、丰衣足食的日子。

第三，铭文锦延续了丝绸作为尸服的功用，当织造技术和汉字发展到一定程度必然会在汉锦上出现图文并茂的情况，文字主要用来强烈表达人们的愿望。同时，由于蚕具有作茧自缚并最终获得重生的羽化过程，给古人一种可以羽化成仙的想象，因此，人们很自然地去模仿蚕的这种生命过程，以丝绸裹身，希冀死后得到另一种生命形态。据考证，在当时人们的思想观念中，只要将自己的宫室布置成云烟缭绕或瑞兽丛生之状，就可以使自己更加接近神仙，而这些瑞兽仙人们往往能帮助自己的灵魂升天或保佑自己长寿，得到不死药，甚至保佑子孙绵绵无极。[15]因此，在战国到汉代墓葬中出土的很多织锦中都有云气、瑞兽、仙境的纹样。到了东汉时期，由于汉隶已经发展成为一种具有简洁性、庄重性和艺术性的文字，这种字体就大量出现在云气、瑞兽、仙境等的纹样中，以达到直接祈求上天达成愿望的目的，这点与中国古代将文字雕刻在玉石、青铜器等器物上具有异曲同工之妙。

2.汉代织造技术决定了铭文锦纹样图案特征

织造技术决定纹样图案的特征，而纹样图案则能反映织造技术的发展水平。笔者将从汉代的显花技术和织造机械上来考察汉代的织造技术与铭文锦之间的关系。

（1）经锦崇拜限制了汉代织物纹样图案的发展。众所周知，中国秦汉时期的织锦主要采用经线显花技术。中国自周代以来就形成了一种经线显花的崇拜，成书于春秋时期的《左传》中有："经纬天地曰文"，《国语》中有："天六地五，数之常也。经之以天，纬之以地。"由此足见周代生产、生活中已充分体现"顺天命"的正统思想，丝织物上的经线成为联系天的介质，而纬线则是联系地包括人在内的介质。商、周时期有丝、丝织物的崇拜，寻求顺天命、求永生之宗教信仰，所以经线成为织物之根本，织物经线显花成为文化信仰。[16]其实早在战国时期中国就会织造纬锦了。在苏联的巴泽雷克古墓发现一批中国战国时期的丝绸，其中有用红绿二色纬线织造的纬斜纹起花的纬锦，证明中国至迟在战国时代已创造出了精美的纬锦。然而，中国的纬锦织造技术在汉代却得不到发展，这与中国古代经线显花崇拜有着密切的关系，直到魏晋南北朝时期，天下大乱，五胡乱华，经锦崇拜才得以终结，从西亚传来的新型纬锦织造技术才逐渐得到普及。

经锦显花技术有一个非常明显的局限性，就是一个花型单元的纬线循环根数较少，花型宽度尽管有的横贯全幅，但长度大都只有几厘米。这意味着花型还不是很大，而一架织机上了一批经丝以后，花纹色彩便固定了，中途没有改变的可能。[17]因此，汉锦中的文字一般比较小。以"五星出东方利中国"锦为例，其长16.5厘米，宽11.2厘米，每组花纹循环为7.4厘米，填充于上下两组循环花纹之间的文字的宽度则不足2厘米。而通过考察目前所出土的汉代或汉晋时期的铭文锦，无一例外地发现，铭文锦中的织造文字几乎都只有1～2厘米的宽度。这与同期发现的乘云绣、长寿绣大不相同，大型的乘云绣和长寿绣的纹样循环长达30厘米、宽23.5厘米。[18]从而说明刺绣这种显花技术不受纹样图案的宽度的限制，而经线显花技术则相反。

（2）采用经线显花的汉代织机决定了汉锦中文字的特性。经线显花技术是如何通过汉代的织机来体现对织造文字的影响？目前纺织史学界一致认为，经线显花技术在织机上的最高体现就是汉代的多综多蹑织机。通过本章文字锦中文字表达的技术基础中对多综多蹑织机的开口机制的分析，可以看出多综多蹑织机的开口机制比较简单。就汉锦的显花技术而言，它是采用经线显花，即经线采用多种颜色，而纬线只用一种颜色。然而花纹的复杂程度取决于使用综片的多少，而综片的多少又决定了踏板的数量。这样就存在着两种矛盾：第一，由于一台织机上装不下太多的脚踏板，这样综片数量也就不能太多。第二，即使解决了脚踏板的数量与综片数量之间的矛盾，如采用三国时期马钧那种十二蹑控制六十六综的方案，也解决不了综片不能太多的问题。如果综片太多，经线将承受不了这些综片所带来的压力，导致经线拉断。因此，采用经线显花技术的多综多蹑织机，综片的多少直接决定了不同规律的纬线数，也就是一个织物图案的经向大小。这也是汉锦或铭文锦中图案和文字在经向上循环很小的原因所在。例如，"王侯合昏（婚）千秋万岁宜子孙"锦，从这十一个字来看，它的纬向循环还是通幅，经向循环却依然很小。

综上所述，汉晋时期文字锦中的文字大多是反映祈福求仙、延年益寿或政治事件的文字。由于多综多蹑织机的综和蹑的数量不能太多，织物的图案经向循环也就不会太大，因此，织物上的文字图案宽度可达整个织物的门幅，但其经向长度却不能超过几厘米。这就决定了汉晋时期文字锦上的文字很小，且可采用长词句在纬向上排列。

二、南北朝至隋唐时期文字锦变化的原因

南北朝至隋唐时期的文字锦较汉晋时期的文字锦出现了很大的变化，笔者认为，造成这种变化的原因可分客观、主观、深层三个方面。客观原因是外来织物纹样的传入和流行；主观原因是统治阶级对外来文化的开放态度；深层原因则是文字崇拜的式微。

1.南北朝至隋唐时期文字锦变化的客观原因

第一，外来织物纹样的传入和流行造成文字锦使用数量的减少。南北朝至隋唐时期大量外来织物纹样的传入和流行必然会对传统纹样形成巨大的冲击。据赵丰先生统计，北朝至隋代，随着西域艺术潮流的冲击，中国涌现出大量外来纹样图案。从骨架排列来看，有套环、对波、交波、簇四、簇二等，从特征纹样看有卷云、忍冬和联珠，从主题纹样看则更多，有狮、象、骆驼、大鹿、天马、人物、立鸟等，不胜枚举。[19]可以想象，如此多的新纹样图案必然会对人们的心理产生强烈的视觉冲击，形成新的时尚。例如，山西太原王家峰徐显秀墓壁画中的侍女穿着联珠纹样的裙子（图9-20）。由此可见，外来的联珠纹早在北齐时期（550—577年）就

图9-20　徐显秀墓中的壁画

已经形成一种时尚。笔者认为，当大量异域风格的纹样图案在当时的中国形成一种时尚时，人们必然会减少对传统织锦纹样图案的使用，这也是目前发现的南北朝至隋唐时期文字锦远远少于汉晋时期的原因之一。

第二，中国丝绸纹样的转型使文字锦不再风光。外来织物纹样的传入和流行促进了中国丝绸纹样的转型，从而减少了在抽象纹样上使用文字，丝绸纹样的转型主要体现在纹样图案和艺术风格上的变化。在纹样图案上，外来的忍冬纹、联珠纹、葡萄纹、石榴纹等织物纹样直接促成了唐代陵阳公样的产生。据张彦远（815—907）的《历代名画记》卷十载窦师纶创制纹样图案的情形："高祖太宗时，内库瑞锦对雉、斗羊、翔凤、游麟之状，创自师纶，至今传之。"[20] 这里的对雉、斗羊、翔凤、游麟等纹样都有外来纹样的影响，正如回顾先生所言："葡萄、石榴纹、联珠纹以及中间嵌入祥禽瑞兽人物等新的纹样形式，给中国丝绸纹样注入了不同血液。"[21] 在艺术风格上，外来织物纹样将写实装饰风格带到中国，一改汉晋时期织物纹样的抽象浪漫的风格。写实风格的纹样更加细腻和形象，不再需要使用文字来对纹样进行解释。因此，在新的织物纹样和风格的冲击下，汉晋时期在抽象的纹样中间穿插文字的织锦也就不再流行。

第三，织机的改进促使文字锦中的文字性质发生变化。南北朝时期，随着外来织物纹样的传入和流行，西亚的纬线显花技术和中国的多综多蹑式提花织机逐步融合，到了隋唐时期产生了束综提花机，使中国能生产出经纬两个方向幅宽较大的纹样，因此可以织造出较大的文字，较长的词句在锦中出现的可能性就越来越小了。文字的排列也不再仅限于纬向，经纬两个方向都可进行排列。[22] 例如，新疆吐鲁番阿斯塔那出土的唐代花树对鹿纹锦（图9-21）就是在联珠纹框架中以花树为中心，左右两边安置着长角梅花鹿，树干中间有一方框，其中织有左右对称竖向排列的"花树对鹿"文字。笔者认为，一正一反的"花树对鹿"字样可以说明此件织锦已经采用了花楼织机。一方面，"花树对鹿"一正一反八个汉字证明当时已经采用花楼织机织造过程中的"挑花结本"工艺，即在挑制花本时，运用倒花或翻花方法挑制出花本，结构不发生变化，只是花本左右位置发生转换的纹样，然后通过拼合组成左右对称的纹样图案。另一方面，一正一反的汉字纹样图案本身就是的一种并不完美的构图，除了采用花楼织机工艺上的局限来进行解释外，似乎没有更好的解释。因此，隋唐以后文字锦中的

图9-21　唐代花树对鹿纹锦[23]

文字性质朝着装饰性的方向发展，并不像汉晋时期的文字锦那样承载着太多的个人或国家的愿望和诉求。

2.统治阶级对外来文化的开放态度是文字锦变化的主观原因

文化是发展的，是一个动态的过程。任何民族、任何区域的文化，从它诞生起，就在变化着。[24]南北朝至隋唐时期对外来文化持有一种宽容的态度，北朝本身就是由少数民族建立的政权，由于没有受到儒家文化的深远影响，对待外来文化比魏晋时期更加开放。到了唐朝，这种宽容达到顶峰，对外来文化的宽容本质是唐王朝对自身文化的一种自信，实行兼容并蓄开放政策。正如唐太宗李世民所言："自古皆贵中华，贱夷狄，朕独爱之如一，故其种落皆依朕如父母。"[25]唐代统治阶级对外来文化开明的态度在中国古代历史上实属罕见。外来文化对唐代的服饰、建筑、家具、陶瓷等产生了深远影响，并且导致中国文化发生了变迁。因此，唐代的窦师纶在宽松的社会条件下才有可能创造出陵阳公样。可见，南北朝至隋唐时期，统治阶级主观上对外来文化的喜爱，促进了当时中国文化的变迁，同时这种文化的变迁又使当时的人们对汉代非常流行的文字锦失去原本的热情。

3.南北朝至隋唐时期文字崇拜的式微是文字锦变化的深层原因

中国自古就有文字崇拜的传统，早在战国时期就出现了仓颉造字的传说，随着谶纬术的兴起，到了两汉时期，文字崇拜达到顶峰。南北朝至隋唐时期，对于文字的崇拜开始逐渐减弱。笔者通过对两汉到隋唐时期文字崇拜情况与文字锦变化的比较分析，认为南北朝至隋唐时期文字崇拜的式微是文字锦发生变化的深层原因。

首先，汉代有着非常浓厚的文字崇拜习俗。一方面，将文字作为一种装饰图案本身就是一种文字崇拜现象，据西汉淮南王刘安（前179—前122）所著《淮南子·本经训》载，"昔者仓颉作书，而天雨粟，鬼夜哭"，[26]反映了在中国古人心中，文字是非常神圣的，它本不属于人类，而为鬼神世界所独有。当人类得到文字以后，必然会引起了神和鬼对失去文字的悲伤。另一方面，汉代推崇董仲舒的"天人感应"思想，认为天和人能相互感应，当地上的君王违背天意时，天会降临灾祸对君王进行谴责和警告；当地上的君王顺天意利黎民时，天就会降下祥瑞以示褒扬。当然，有时天会直接采用天书的形式来指导君王，君王也会以焚烧文字的方式向天进行祷告。因此，在汉代文字的崇拜影响到生活的各个方面，在汉代的瓦当、织物及日常用语中出现一些特殊的文字是非常合理的。

其次，南北朝至隋唐时期，并没有出现非常浓厚的文字崇拜的基础。一方面，南北朝至隋唐时期，对于儒家天人感应之说的信奉没有汉代那么强烈，人们更加注重现世生活，直接使用文字进行祈祷方式逐渐减少。另一方面，南北朝至隋唐时期对于人才界定更加现实和灵活，直至隋唐时期正式确立科举制，废除了依靠出身晋升的九品中正制，为出身贫寒的知识分子提供了一条学而优则仕的途径，文字的功用性得到极大增强，对文字的崇拜也急剧下降。因此，在唐代的瓦当、织物上没有出现汉代那样大量的文字。

通过以上分析可知，南北朝至隋唐时期的文字锦较汉晋时期的文字锦有很大的变化，从文字内容上看，长词句的文字不再流行，且向"贵""喜""吉"等字转变。从文字与纹样图案上的关系上看，文字与纹样图案出现图文叠加的趋势，同时主题纹样越来越生动具体。这些变化主要由三方面的因素造成，从客观因素上看，外来纹样图案的传入和流行逐渐在社会上形成风尚，开始改变人们的审美情趣，创造出大量中外融合的写实性新纹样，使人们选择余地更多。因此，南北朝至隋唐时期文字锦的需求在数量上逐渐减少。同时，中国的丝绸纹样开始向写实性风格转型，不需要通过文字对抽象纹样图案进行解释。此外，织机的进步使文字锦中的文字性质朝着装饰性的方向发展，人们不再通过织物中的文字来表达个人或国家的愿望和诉求。从主观因素上看，统治阶级对外来文化的开放态度是文字锦发生变化的主观原因。从深层因素上看，南北朝至隋唐时期文字崇拜的式微是文字锦变化的深层原因。

三、唐代之后文字锦变化的原因

唐代之后，文字锦沿着唐代确定的装饰功能的路径继续向前发展，即文字锦中的文字越来越具艺术性；到了明清时期文字锦出现程式化的构图，即文字越来越集中于少数体现吉祥含义的单字，如"寿""福""喜""吉"等字。笔者认为，一方面，文字锦缓慢的变化是遵循文字装饰艺术发展的规律，即当装饰艺术发展到成熟阶段，即使外来文化继续从外部传入，也很难撼动业已成熟的文字装饰艺术模式，同时也反映了文化开始出现保守、自大的特性，不再具备积极引进、吸收、融合的机制。另一方面，文字锦缓慢的变化又是自身内部分化结果，即随着从文字锦的纹样图案中又分化出吉祥纹样图案，这种高度程式化的图案并不需要文字对图案进行说明和解释，通常采用谐音、象征、寓意等手法来表达吉祥文字的含义。例如，用喜鹊站在梅树枝头的图案来谐音"喜上眉梢"、用仙桃象征"长寿"、用松鼠葡萄纹寓意"多子多福"等。总而言之，唐代之后，文化越来越保守，同时，文字锦的内部分化也造成了这一时期文字锦的缓慢发展。

第四节 | 小结

　　笔者通过中国古代文字锦的搜集与整理，将中国古代文字锦的发展细分为汉晋时期的铭文锦、南北朝至隋唐时期的文字锦、唐代之后的文字锦三个阶段。汉晋时期的铭文锦在当时抽象的纹样图案中插入吉祥的祝语，反映了当时人们心中的理想和追求，当然，除了体现当时的风俗习惯、社会心理、艺术风格外，最重要的是它还反映了汉晋时期织造技术的发展水平。南北朝至隋唐时期是中国古代文字锦发展的重要时期，南北朝时期，西亚纹样图案（联珠、卷草、对鸟、对兽等纹样）传入中国，并且在当时社会迅速流行起来。到了隋唐时期，在外来纹样图案的刺激下，中国传统的经线显花织锦技术逐渐被外来的纬线显花织锦技术所取代，纹样图案越来越写实、生动，不再需要像汉晋时期那样运用文字祝语来表达对幸福的追求，文字锦上的文字也逐渐向特定的"贵""喜""吉"等字转变。唐代以后，文字锦继续沿着唐代的方向发展，文字的装饰作用日益重要，到明清时期，随着吉祥图案的流行与普及，文字锦向着程式化方向发展，特别是"寿""喜"等字出现了各种各样的字体，极具装饰性。

[1] 楼婷. 汉朝提花技术和汉朝经锦的研究 [J]. 丝绸, 2004(1):42-45.

[2] 张怡庄, 蓝素明. 纤维艺术史 [M]. 北京: 清华大学出版社, 2006:22.

[3] 马承源, 岳峰. 新疆维吾尔自治区丝路考古珍品 [M]. 上海: 上海译文出版社, 1998:262.

[4] 黄能馥, 陈娟娟. 中国丝绸科技艺术七千年: 历代织绣珍品研究 [M]. 北京: 中国纺织出版社, 2002:46.

[5] 许嘉璐, 安平秋. 二十四史全译: 史记第一册 [M]. 上海: 汉语大词典出版社, 2004:456.

[6] 杨希义. 唐代丝绸织染业述论 [J]. 中国社会经济史研究, 1990(3):24-29,38.

[7] 赵丰. 唐代丝绸与丝绸之路 [M]. 西安: 三秦出版社, 1992:98,99.

[8] 陈维稷. 中国纺织科学技术史: 古代部分 [M]. 北京: 科学出版社, 1984:343.

[9] 赵丰. 敦煌丝绸艺术全集: 法藏卷 [M]. 上海: 东华大学出版社, 2010:171.

[10] 霍巍. 一方古织物和一座古城堡 [J]. 中国西藏（中文版）, 2011(1):60-65.

[11] 赵丰. 中国丝绸通史 [M]. 苏州: 苏州大学出版社, 2005:377.

[12] 陈娟娟. 织绣文物中的寿字装饰 [J]. 故宫博物院院刊, 2004(2):10-19.

[13] 黄能馥, 陈娟娟. 中国丝绸科技艺术七千年——历代织绣珍品研究 [M]. 北京: 中国纺织出版社, 2002:233.

[14] 袁宣萍,赵丰.中国丝绸文化史 [M].济南:山东美术出版社,2009:48.

[15] 赵丰.中国丝绸艺术史 [M].北京:文物出版社,2005:132.

[16] 李斌,李强,杨小明.论联珠纹与中国古代的织造技术 [J].南通大学学报 (社会科学版),2011(4):85-90.

[17] 陈维稷.中国纺织科学技术史:古代部分 [M].北京:科学出版社会,1984:291.

[18] 赵丰.中国丝绸艺术史 [M].北京:文物出版社,2005:123.

[19] 赵丰.唐代丝绸与丝绸之路 [M].西安:三秦出版社,1992:172.

[20] 张彦远.历代名画记:第 10 卷唐朝下 [M].北京:人民美术出版社,1964:192,193.

[21] 回顾.中国丝绸纹样史 [M].哈尔滨:黑龙江美术出版社,1990:80,81.

[22] 李斌,李强,杨小明.中国古代丝织物中的织造文字探析 [J].纺织科技进展,2012(2):7-12.

[23] 日本冒险家橘瑞超早年参加丝绸之路探险队时在吐鲁番的阿斯塔那古墓中发掘出来,带回日本的。它曾经覆盖在一具干尸上,被剪出窟窿露出眼睛和嘴部。色彩几乎褪尽。但还能看见它上边也有团窠图案,中间一株树,两边有对鹿。上织花树对鹿几个汉字。

[24] 傅安辉,余达忠.文化变迁理论透视 [J].黔东南民族师专学报 (哲社版),1996(3):10-14.

[25] 司马光.资治通鉴 [M].北京:中华书局,1956:6247.

[26] 刘安.淮南子全译 [M].许匡一,译注.贵阳:贵州人民出版社,1993:420.

第十章

中国古代缂丝作品中的文字

缂丝是中国传统的丝织品种，又名刻丝和剋丝。它是采用"通经断纬"的方法织造，即经线贯穿整个幅面，纬线则按花纹轮廓，分块缂织成花纹。虽然缂丝技艺源于古埃及和西亚地区的缂毛，但当缂毛技艺与丝织、中国书画、印章等艺术融合时就形成了精巧纤细、富丽高雅的中国缂丝。缂丝作品中的缂丝文字的变化不仅反映了中国古代书画风格转变，同时也为我们研究缂丝技法的发展提供了重要的线索。对于缂丝文字的研究，笔者认为，只有在充分了解缂丝织造工艺与技法的基础上，才能系统地分析与研究缂丝中的文字现象。

第一节 | 缂丝作品中文字表达的技术基础

缂丝作品中文字表达的技术基础包括缂丝工艺和缂织技法两部分，其中工艺强调的是缂织的整体的工序，而技法强调的则是局部表达的技术。当然，缂织技法中也有一些与缂织文字密切相关的技法，这些都共同构成了缂织文字表达的技术基础。

一、缂丝工艺

根据钱小萍先生主编的《丝绸织染》一书中的记载，缂丝工艺流程可分为络经线、牵经线、套筘、弯结、嵌后轴经、拖经面、嵌前轴经、撬经面、挑交、打翻头、箸踏脚棒、梳经面、画样、配色摇线、修毛头十五道工艺流程。[1]笔者认为，在此基础上可将缂丝的十五道工艺系统地划分为织机准备、画样、织造及后整理四个阶段。

1.织机准备

缂丝织造工具包括缂丝木织机、拨子、梭子、移筒、梭夹枪、竹筘、撑样杆、撑样板、毛笔、剪刀等。缂丝木织机（图10-1）是缂织主要机械，其本质是一架简单的平纹织机。拨子（图10-2）是缂织过程中拨纬的工具，呈梳子状，因为缂织并不是通幅织造，是局部挖花，不能用竹筘打紧，所以在挖花部分只能用拨子局部梳理打紧；梭子、移筒和梭夹枪（图10-3）共同组成穿纬的工具，梭子是穿纬的工具，正是由于局部挖花，缂织所用的梭子要比织绫锦所用的梭子小得多，而且是木制的。移筒是装色管的竹具，它们可以在梭子中自由更换。梭夹枪是将移筒装上梭子的竹具，用于挑经面。缂织机的竹筘是穿经线用的，主要作用是控制织物的经密，同时可将纬线推向织口。画样时用于托画稿的是撑样杆和撑样板。毛笔是用来在经面上画样。剪刀用来修剪毛头。

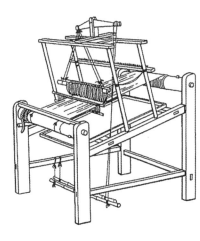

图10-2　拨子

图10-1　缂丝木织机示意图

图10-3　梭子、移筒

2.画样

画样是将所织纹样放在均匀平整的经面下面，用毛笔把纹样描在经面上，按样织造。[2]笔者认为，画样应该包括画样前的准备和画样。众所周知，并不是所有的书画作品都能作为缂丝粉本，因为缂织并不能像书画那样自由地勾勒线条和选择颜色。画样前的准备其实就是粉本的选择，选择一些适合缂织的书画作品，并标出每个色块所需的颜色。因此，画样则是将这些适合缂织的书画作品的轮廓勾勒在经面上，并区分好各个色区，以便织造。

3.织造

缂丝的织造过程正如宋代庄绰（约1079—1149）在《鸡肋编》中所言："……以小梭织纬时，先留其处，方以杂色线缀于经纬之上，合以成文，若不相连。承空观之，如雕镂之象，故名刻丝。……"由此可知，缂织的核心就是织纬。由于缂丝不用通梭，遇到颜色不同的色块时就先不织，即"先留其处"，当织完同一色块后，回头再织其他色块，这也是缂丝和其他通梭织物的区别所在。"杂线缀于经纬之上，合以成文"就是将各色纬线，织于经线上，由于是小面积缂织，就用"缀"字来形容。

4.后整理

缂丝作品完成后，还需要进行后整理，检查缂丝作品上的瑕疵。首先，检查织物表面，将其上的毛头清理干净，使图案在织物的两面相同。其次，检查是否有漏织的地方，如果有的话可用笔进行补色。一般情况下，缂丝大师如果发现有漏织或错织的现象，都会拆开重织，以确保缂丝作品的质量。

二、缂织技法

缂丝文字与缂织技法之间有着密切的联系，缂丝文字是在缂织技法发展的基础上才能产生。因此，首先要对缂织技法有一个深入的了解，才能更好地研究缂丝文字，找出缂织技法与缂丝文字之间的关系。

1.缂织的基本技法

缂织技法的本质是在缂织过程中表达粉本色彩的方法，在缂丝工匠一千多年的实践过程中，创造出大量的缂织技法，并赋予它们相应的名称。根据缂丝的发展历程，笔者将按朝代来分别论述缂织的基本技法。

（1）**唐代的缂织技法**。根据纺织品考古，最早的缂丝作品出现于唐代。目前发现的年代最早的一块唐代缂丝实物是在新疆吐鲁番阿斯塔那古墓群中出土的。它是一件女俑的束腰带，带宽1厘米，长9.5厘米，用草绿、中黄、宝蓝、淡蓝、橘红、浅棕、茶褐、白色8种彩色色丝，运用通经断纬技法织出几何形图案。通过分析，其中用到的基本技法有平织、掼、勾，并没有见到"戗"的技法。与这件缂丝作品一同出土的还有垂拱元年（685年，武则天掌权时的年号）的文书，由此可证明这条缂丝束腰带的织造年代为唐代垂拱元年之前。除此之外，唐代已经出现"搭梭"技法，用于防止织物裂缝的出现。

平织是最简单的缂织技法，组织为平纹结构，一般用于底色和花纹块色的缂织。如图10-4所示为唐代几何纹缂丝带，也是中国目前发现最早的缂丝作品。由图10-4可知，这件缂丝腰带主要采用平织方法，这样的缂织方法使花与地之间的交接处有明显的空隙，称为"水路"。因此，为了减少"水路"的产生，一般以层色作为阶线，顺序相套，这也是唐代缂丝多以几何形纹样为主的原因。

图10-4　唐代几何纹缂丝带

掼是在一定坡度的纹样中，两色以上按颜色的深浅有层次排列，并遵循一定的规律，如同叠上去的和色方法。勾相当于工笔画中的勾勒，即在纹样图案的边缘用比本色更深的线清晰地勾勒出纹样图案的轮廓。

（2）**北宋时期的缂织技法**。北宋时期的缂丝基本继承了唐代的缂丝技法，但由于当时绘画的发展，缂丝技法中加入了很多绘画元素，并且缂丝是以摹缂名人字画为主。缂丝为了制作出绘画中的自然晕色效果，创造出具有退晕效果的"结"的戗色技法。

所谓"结"是对单色或两色以上的纹样，在其纵向（或斜向）两根或四根经线上来回织造，形成有一定规律和面积的穿经和色方法（图10-5）。[3]例如，现藏于辽宁省博物馆的《紫鸾鹊谱》（图10-6），这件作品长131.6厘米，宽55.6厘米。纹样图案由五横排花鸟组成，各种展翅飞翔的鸾鹊和衔着如意的凤凰在花丛中飞舞。花卉有牡丹、莲花、海棠等。在缂织技法上看，它是在紫色经丝上，采用分区分段挖花缂织的方法，即"结"的技法织成。

图10-5　结织法示意图　　　　　　　　　　　图10-6　《紫鸾鹊谱》

（3）**南宋时期的缂织技法**。南宋时期是缂织技法大发展的时期，缂织技法开始转向于纯粹欣赏的书画缂丝，并且在缂丝书画上取得了极高的艺术成就。特别是在"戗"的技法上，发展极为迅猛。所谓"戗"，是用两种或两种以上的色彩配合，达到渲染的绘画效果。根据现存的南宋时期缂丝作品，我们发现，当时已经出现"长短戗""木梳戗""包心戗""参合戗"等技法。除了戗缂技法外，此时还出现了"子母经"技法。

长短戗是用两种色彩相近的长梭和短梭交替织造的方法。据说这种戗法是由宋代的缂丝名家朱克柔所独创，因此又被称为"朱缂"。[4]实质上，长短戗是利用缂丝深浅两种线条长短的变化，使深色纬线与浅色纬线相互交叉，从而使色彩形成自然过渡的效果，不至于显得突兀。图10-7为长短戗的示意图，如果在花蕊处是粉红色，而花瓣处是粉白色，则可利用深浅两种红色丝线交替织造，可以产生自然晕色的效果。例如，朱克柔的缂丝《牡丹图》中牡丹的形象（图10-8），其特点就是长短戗的纯熟运用，在牡丹花瓣和花叶上用同一色系深浅不同颜色和长短不同的弧线交替穿插地缂织，达到了自然晕色的效果。

木梳戗其实是在长短戗的基础上发展起来的，即将长短戗中的长短线都整齐划一，形如木梳，从而使色条产生规整的视觉效果。例如，现藏于台北故宫博物院的宋缂丝《群仙拱寿图》中蓝采和头发的细微处就运用了木梳戗，由图10-9可见，蓝采和头发根部如木梳一样，表现极为生动有趣。

图10-7　长短戗示意图

图10-8　缂丝《牡丹图》局部

图10-9　宋缂丝《群仙拱寿图》局部

包心戗（图10-10）是在长短戗的基础上，从四周同时向中心戗色，使颜色产生深浅不同的层次变化，富有立体感。例如，北京故宫博物院收藏的沈子蕃《梅花寒鹊》中，鹊鸟的背部（图10-11）深浅两种颜色向中间戗色，使鸟的背部色彩具有层次感，更加形象和细致。

图10-10　包心戗示意图

图10-11　《梅花寒鹊》局部[5]

参和戗也是一种表现色彩深浅过渡的技法，首先，在深浅两色线的交替过程中并不要求排列上的整齐，而强调根据画稿的要求灵活变化；其次，色彩的变化主要强调从上到下或从下向上的纵向深浅变化，以达到增强立体感的效果。[6]如现藏于辽宁省博物馆的宋代赵佶《木槿花卉图》册页花叶的尖端（图10-12）就采用了参和戗来表现其鲜嫩感。又如现藏于台北故宫博物院的沈子蕃缂丝《秋山诗意图》中参和戗与长短戗相互运用缂织成山纹（图10-13）。不难发现，长短戗、木梳戗、包心戗、参和戗都是表现色彩深浅变化的缂织技法。不同之处在于，长短戗、木梳戗的色彩过渡方向是从左至右或从右至左，即横向过渡。长短戗和木梳戗的不同之处则在于，长短戗的长梭与短梭所织线条不规整，而木梳戗则是规整排列。参和戗是从上至下或从下至上地进行色彩的过渡，即纵向过渡。包心戗则是从四周向中心过渡。

图10-12 赵佶《木槿花卉图》册 页花叶尖端　　　图10-13 缂丝《秋山诗意图》局部

综上所述，南宋时期随着缂丝技术的成熟与完善，缂丝超越了实用工艺品的范畴，向纯粹欣赏性的书画缂丝转换，并取得了极高的艺术成就，达到了中国古代缂丝艺术发展史上的最高峰。这时候的缂品已能灵活运用掼、勾、结、搭梭、子母经、长短戗、包心戗和参和戗等多种技法，能做到缂丝书画的效果。缂品大都摹缂唐宋名画家的书画，表现山水、楼阁、花卉、禽兽和人物，以及正、草、隶、篆等书法。[7]

（4）元明清时期的缂织技法。元明清三代的缂织技法在继承宋代的基础上有了一定的发展。在明代出现了凤尾戗；在清代则出现三蓝缂丝、水墨缂丝和三色缂金法等技法。凤尾戗与木梳戗的原理一样，只是缂出形如凤尾的形状，故此得名，一般用于表达鸟类的羽毛和山石的阴影。三蓝缂丝是在西方装饰风格的影响下，用深蓝、蓝、浅蓝三种色相相同但色阶不同的蓝色系层层退晕，产生一种层次感，多用于表现山石、云雾的层次，增加立体感。同样，水墨缂丝和三蓝缂丝也是用同一色相，不同色阶（水墨缂丝用黑、深灰、浅灰三种色相）的色线层层退晕产生的一种效果。三色缂金法则用赤圆金、淡圆金和银色三种捻金银线，产生富丽堂皇、金光灿灿的效果。

2.缂织文字相关的特殊技法

缂丝文字作为一种特殊的缂丝纹样图案，它的出现与缂丝技法的成熟与完善有着密切的关系。例如，在唐代及以前就没有出现缂丝文字，因为这一时期只有平织、掼、勾等简单的缂织技法，还无法达到缂织文字的水平。到了宋代才逐渐在书画缂丝作品中出现较小的缂丝文字与缂织印章，这说明宋代与缂丝文字相关的缂织技法才出现。缂织文字的本质是对同一色系中不同造型的处理，一方面是对文字造型的处理，另一方面又是对色彩过渡的巧妙运用。笔者认为，与缂丝文字直接相关的技法主要有以下五种。

（1）**搭梭**。在缂丝书法作品中搭梭技法使用得十分普遍，它早在唐代就已经出现。缂丝作品中在两种不同颜色的花纹边缘碰到垂直线，因双方不相交而产生断痕。搭梭正是为了弥补这种情况而采用的补救办法，即在断缝处每隔一定距离，让两边的色纬相互搭绕一次，绕过对方色区内的一根经丝，以免竖缝过长，形成破口（图10-14）。[8]虽然搭梭技术客观上是为了解决缂丝织物的稳定性，但在主观上却为缂丝文字的形成和发展奠定了技术基础。毕竟横竖笔画是汉字构型的基础。

（2）**子母经**。子母经是一种使直线达到无竖缝的技法，它是对搭梭技法的进一步发展，简言之，就是在缂织垂直线时，在相应的经线（母经）部位加拴一根细线（子经），然后用小梭将色纬缂织在子母经线上（图10-15）。[9]子母经可分为单子母经和双子母经两种，单子母经出现于元代，其原理是运用两只梭子，即甲乙两梭，当甲梭在墨样上穿一梭，而乙梭通穿纬线时跳过墨样一根经，让甲梭挑穿。如此原地往复，则形成无竖缝单子母织造法。而双子母与单子母的不同之处在于单子母跳一根经线，双子母跳过两根经线，显得比单子母粗一倍。

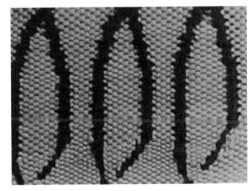

图10-14 搭梭缂织法组织放大图　　　图10-15 子母经缂织法组织放大图

（3）**笃门闩**。笃门闩其实是对搭梭的规范化，即在遇到竖线时，每织2毫米将两条色线相互在相近处互搭一次，再各自回到各自的色区。由此可知，笃门闩是将两个搭梭的间隔规定为2毫米，使织物更加稳固。

（4）**半丬子母经**。半丬子母经技法实质是笃门闩和子母经、搭梭等技法的融合，即纹样是直线时，一边按笃门闩操作，另一边按单子母经或双子母经或搭梭等技法操作。

（5）**劈丝拼线法**。所谓劈丝拼线法是对字体边缘的处理，在行草书字体中笔锋总是呈现不规则性，时断时续、似连非连。这样就需要采用劈丝拼丝法，这种技法可分为两步，首先，将色线分劈成1/2、1/4、1/6，甚至1/8丝，当然劈线的规律是字体中笔锋越细，劈丝也就越细。其次，进行拼线，即将地色线与劈丝绞合，在一根纬丝上形成断续感。最后，进行缂织，这样就会在字体的边缘形成断续又连贯的行书风格。

第二节 | 中国古代缂丝作品中的文字分析

缂丝作品中的文字包括缂丝文字和印章文字，缂丝文字是指在织造过程中通过缂织的方式织入的文字，它们本身是与缂织技法相联系的，不同于刺绣和印染上去的文字。刺绣和印染的文字都是在织物形成后加工上的文字，而缂丝文字则是在缂织过程中形成的文字。缂丝作品中印章又包括缂织印章和鉴藏印章。

一、缂丝作品中的文字

笔者在考察大量清宫旧藏与民间缂丝作品的基础上，认为可将带有缂织文字的缂丝作品分为缂丝书法、缂丝书画两大类。

1.缂丝书法

缂丝书法是指以纯文字作品作为粉本的缂丝作品，一般以摹缂佛经、名人、名家的书法作品为主。笔者根据清宫《石渠宝笈》和朱启钤（1872—1964）的《丝绣笔记》中的记载，将缂丝书法细分为缂丝佛经、缂丝名人书法、缂丝名人临帖三大类。

（1）**缂丝佛经**。缂丝佛经是最早的缂丝书法，据《丝绣笔记》中记载："五代刻丝《金刚经》，秘殿珠林续编著录乾清宫藏五代刻丝《金刚般若波罗蜜经》。纵九寸一分，横二丈二尺五分，末有贞明二年九月十八日记。……"[10]据考证，朱启钤描述的缂丝《金刚般若波罗蜜经》是现藏于辽宁省博物馆的《金刚经》织成锦（图10-16）。事实上，织成与缂丝一样，同样采用通经断纬的织造方法，在宋代以前通经断纬的织物一般被称为织成，从宋代起则被称为缂丝。[11]不难看出，五代十国时期的缂丝文字已经相当成熟，能缂织大量文字在丝织物上。另据清代阮元（1764—1849）《石渠随笔》中所言："宋刻丝佛经一卷极得笔情。刻丝画当以袁生贴包手为第一，字当以此经为第一。"[12]由此可知，当时缂丝字以宋缂丝佛经最佳，只可惜这一缂丝佛经已经失传，无法得见真容。

（2）**缂丝名人书法**。缂丝名人书法是以名人书法作品为粉本的缂丝作品。清宫旧藏有宋代米芾（1051—1107）、明代邵弥（约1592—1642）及乾隆皇帝（1711—1799，1736—1795年在位）等人的书法缂丝作品。例如，宋缂丝米芾书《柏叶诗》（图10-17，纵103.7厘米，横43.7厘米），现藏于台北故宫博物院，在素地上缂织米芾的行书五言诗："绿叶迎春绿，寒枝历岁寒。愿持柏叶寿，长奉万年欢。襄阳米芾书"，并织有"楚国米芾"书画印，无织工的织款和织印。其实，宋缂丝米芾书《柏叶诗》是明代的作品，只因朱启钤《清内府藏缂丝刺绣目录》将其定义为宋代作品，其名称才沿用至今。又如，现藏于辽宁省博物馆的明缂丝米

图10-16 《金刚经》织成锦

图10-17 宋缂丝米芾书《柏叶诗》

图10-18 明缂丝米芾行书诗轴

芾行书诗轴（图10-18，纵86厘米，横41厘米），在黄褐色地上从右向左，自上而下缂织深蓝色行书："湛露浮尧酒，薰风起舜歌。愿同尧舜意，所乐在人和。襄阳米芾书"。此书法缂丝完全仿宋代著名书画大师米芾的书法，体现了米芾用笔迅疾而劲健，欹纵变幻，雄健清新的特点。

笔者认为，米芾的书法在明代作为缂丝的粉本，一方面，说明了米芾书法造诣颇深，独创"刷字"，早已为世人所崇拜。正如明代董其昌（1555—1636）《画禅室随笔》中指出："吾尝评米书，以为宋朝第一，毕竟出于东坡之上。"[13]另一方面，反映了米芾书法对后世的影响深远。在明代，像文徵明（1470—1559）、祝允明（1460—1527）、陈淳（1438—1544）、徐渭（1521—1593）、王觉斯（1592—1652）、傅山（1607—1684）这样的书画大师都是从米字中取得书法的奥妙。因此，米芾书法作品在明代被作为缂丝书法的粉本就不足为奇了。

　　缂丝书法作品中最独特的要属草书和篆书作品，草书的特点是龙飞凤舞，斜线颇多，缂织出的草书会出现锯齿形边缘。篆书笔画繁杂，横、竖、斜线则更多，不仅会出现锯齿形边缘，同时由于横、竖而产生织物结构间隙较多，使织物的牢固性受到一定的影响。尽管如此，在清代仍旧出现了草书和篆书的缂丝书法。例如，现藏于台北故宫博物院的清缂丝邵弥书诗（图10-19，纵75.2厘米，横36.4厘米），本色地上黑色织，缂织邵弥草书五言绝句："溪声听不住，引出翠微间。晴壑云无迹，邻山见数湾。邵弥。"这幅缂丝作品深得邵弥草书流利、纯熟的精神。画幅中有三枚织印"种瓜五色""吴下阿弥""僧弥"，均为邵弥印章。

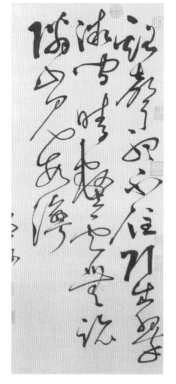

图10-19　清缂丝邵弥书诗　　　　　图10-20　清乾隆缂丝御制诗篆书七言联

　　缂丝篆书极为少见，现藏于台北故宫博物院的乾隆缂丝御制诗篆书七言联（图10-20，纵121厘米，横24.8厘米），在浅绿色地上织仿澄心堂描花笺。采用黑色篆体缂织乾隆皇帝的七言联，"绿艾红榴争美节，诗情画趣总怡神"，上联旁加织"御制诗句"四字。这幅缂丝对联，第一，采用精美的仿澄心堂描花笺图案作为背景纹样，加上浅绿色底纹，显得格外素雅、清新。第二，采用古老篆体的文字，突出了古朴、肃穆的神韵。第三，大字体的采用，又体现了缂织技法的精湛。因此，在创意和缂织技法上看，乾隆缂丝御制诗篆书七言联都堪称书法缂丝中的精品。

（3）**缂丝名人临帖**。缂丝名人临帖是将名人的临帖作为粉本进行缂织，临帖不仅体现了临帖对象（即临帖的书法）的字形和字意，而且体现了临帖者的艺术水平和风格。一般来说，清宫的缂丝名人临帖特指将乾隆皇帝临摹名人书法的字帖缂织而成。乾隆作为中国历史上书法水平较高的皇帝，一生临摹名人书法的字帖颇多，被其制成缂丝作品的应该是他满意的临摹作品。例如，现藏于北京故宫博物院的缂丝乾隆御临苏轼帖轴（图10-21，纵74厘米，横24厘米），此件作品在本色地上用蓝色丝线缂织他的临帖《霜余帖》，按自上至下、自右至左的书写习惯书写行书："霜余黄柑当熟，松风石溜嘈嘈，屋壁间老人闲适拄杖一出也。东坡居士轼。"此作品缂织得精细入微，既保持了乾隆书法结构的圆润，又不失苏轼书法大小悬殊、用墨丰腴的笔法和娟秀的韵味。朱缂"乾隆宸翰""自强不息"两印。

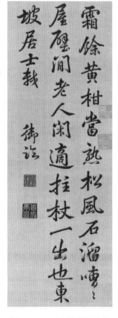

图10-21　清缂丝乾隆御
临苏轼帖轴

图10-22　清缂丝乾隆御
临王羲之《袁生帖卷》

当然，乾隆皇帝的缂丝名人临帖中也有草书临帖。例如，现藏于北京故宫博物院的清缂丝乾隆御临王羲之《袁生帖卷》（图10-22，纵74厘米，横24厘米），这件缂丝作品是摹缂乾隆帝御临王羲之《袁生帖卷》而成，在米色地上以蓝色丝线缂织二十五字的乾隆帝临摹草书："得袁二谢书，具为慰。袁生暂至都，已还未？此生至到之怀，吾所（尽）也。"落款"壬申三月望御临"为乾隆皇帝书法真迹。从书法上看，王羲之的笔法潇洒飘逸，又不失委婉含蓄，同时，骨格清秀，可谓阳刚

中不失阴柔。而乾隆皇帝的真迹则严谨与雄健，不同风格的两种笔法在同一幅作品中，不可多得。

2.缂丝书画

缂丝书画特指在缂织画面中既有书法又有绘画的缂丝作品。笔者认为，根据绘画内容可将其划分为宗教型缂丝书画、名人型缂丝书画、装饰型缂丝书画三大类。

（1）宗教型缂丝书画。宗教型缂丝书画是以宗教题材为纹样内容，并配有诗文的一类缂丝作品。清宫旧藏中的宗教型缂丝书画可分为佛教缂丝书画和道教缂丝书画，大多题有乾隆皇帝御赞诗。例如，现藏于北京故宫博物院的乾隆题赞《释迦牟尼像轴》（图10-23，纵206厘米，横86厘米），释迦牟尼像以五彩丝线和金线缂织而成。九华芝盖下曼陀纷落，祥云环绕，在背光的衬托下佛陀面目慈善，结跏趺坐于七宝莲花须弥座上，右掌压左掌，仰置于足上当脐前。上方诗堂在蓝地上用金线缂织乾隆御赞行书四言诗一首"天上天下，独立称尊。水月道场，现此金身。三十二相，八十种好。日是庄严，见为颠倒。维摩天花，尚云弗若。何佛光中，曼陀纷落。九华芝盖，七宝莲台。三车法演，五叶宗开。即有即空，非空非有。众生度尽，宴坐义手。壬午春正月御赞"。缂织朱白文"欢喜园""乾隆宸翰"印各一方。类似题材的缂丝作品还有很多，又如现藏于台北故宫博物院的清御制赞无量寿佛。

此外，道教缂丝书画在清宫旧藏中也有一些。例如，清缂丝《青牛老子图》（图10-24，纵329厘米，横137厘米），此缂丝作品幅面巨大，描绘了老子骑青牛西行的图像。从织造技法上看，技法精湛，巧妙地将缂丝、刺绣和绘染融为一体，互为补充。主体部分采用缂丝，在人物的须发用缂线绣，克服了缂丝技法的局限性，而在牛毛、牛鼻等细部则用笔绘染，达到缂丝和刺绣所不能达到的精微效果。画幅上方左右两侧分别缂织乾隆御制诗二首，一诗作于己卯年（1759年），另一诗作于庚辰年（1760年）。图上缂织"乾""隆""乾隆御览之宝""乾隆鉴赏""乾隆宸翰""三希堂精鉴玺""宜子孙"七玺，印有鉴赏和收藏印章九枚，其中乾隆皇帝退位后的印章有"五福五代堂古稀天子宝""八徵耄念之宝""太上皇帝之宝"，足见其深受乾隆的喜爱。此外还有"秘殿珠林""秘殿新编""珠林重定""乾清宫鉴藏宝""琴书道趣生""宣统御览之宝"六印。通过缂织的印章、钤上的印章，以及两首诗所作的时间，笔者认为此幅缂丝作品应是在乾隆退位后所缂织。

图 10-23　清乾隆题赞
《释迦牟尼像轴》

图 10-24　清缂丝《青牛老子图》

图 10-25　缂丝御制《三星
图颂》

《三星图颂》也是清代道教缂丝书画的常见题材，如现藏于台北故宫博物院的缂丝御制《三星图颂》（图 10-25，纵 155 厘米，横 83.5 厘米）。该作品白地五彩缂，画面中央织福、禄、寿三星与五名稚子，缀以彩云、花卉和芝石等。作品设色鲜明，缂织技术匀巧，在人物面部表情、须发，以及树、石等细微之处均用到添笔，做到人物惟妙惟肖。上方诗塘内用黑色丝线隶书缂织乾隆御制《三星图颂》："其畴五福，居一斯寿；福即禄也，继而为偶。曰寿曰禄，资福以受；必有司焉，丽天拱斗。旭日和风，松苍花茂；境乎仙乎，神霄携手。相好天福，垂蕤佩玖；司禄抱子，肫然慈母。众星惟寿，如现于酉；岳岳彬彬，紫垣三友。锡祉延龄，佑我九有；于万亿年，视此丝绤。"乾隆韵文《三星图颂》也曾被缂织于不同的画面上，如清宫旧藏缂丝加绣乾隆御题《三星图轴》，文字与缂丝御制《三星图颂》完全一样，但画面中的图像则所有不同，三星的生动形象则是它们的共同之处。

（2）**名人型缂丝书画**。名人型缂丝书画是以名人的书画作品为粉本的缂丝作品。例如，现藏于台北故宫博物院的元缂丝《双喜图轴》（图 10-26，纵 78 厘米，横 40.4 厘米）是以宋代书画大师王晓的《双喜图》为粉本缂织而成，整个画面白地缂织梅花双鹊，两鹊一呼一应，好像对话，生动有趣。梅枝下方缂有竹枝，有稳定画面重心之感。右方中间用蓝色丝线织有诗句："晓风香萼独开迟，双鹊娟娟报喜时。最是

上林芳信早，分别春在万年枝。"织款为"华阳王晓"，织印为"王晓"。

又如现藏于台北故宫博物院的吴圻缂丝沈周《蟠桃仙图轴》（图 10-27，纵 152.7 厘米，横 54.6 厘米）则以明代沈周（1427—1509）的《蟠桃仙图轴》为粉本，由同时代的缂丝名家吴圻缂织。这幅作品深得原画的神韵，桃树下仙人缂织得惟妙惟肖，手捧仙桃。桃树只是缂织出粗大的树干和桃枝的局部，这样做更能突出仙人的神情举止。最为重要的是画面的上方将沈周的行书题词："囊中九转丹成，掌内千年桃熟。蓬莱昨夜醉如泥，白云扶向山中宿。沈周"，以及印"石田"缂织出来，表现了沈周书法的气势雄壮，同时也体现了吴圻缂织技法的高超，画面左下方缂织织款"吴门吴圻制"、织印"尚中"。

图 10-26　元缂丝《双喜图轴》　　　　图 10-27　明吴圻缂丝沈周《蟠桃仙图轴》

（3）**装饰型缂丝书画**。装饰型缂丝书画是以装饰为目的缂丝书画，并不着重采用名人的书画内容，而侧重体现了一种的装饰风俗，装饰型缂丝书画一般可分为屏风式和挂轴式。现藏于台北故宫博物院的宋缂丝《孔雀图》（图 10-28，纵 167 厘米，横 227.7 厘米）堪称装饰型缂丝书画中的精品，根据其尺寸，笔者认为，它作为屏风画面的可能性很大。此缂丝作品在浅褐色地上五彩织，设色亮丽而典雅，雌雄两只孔雀游戏于牡丹、芙蓉、芝石之间，神韵真实有趣，宛若顽童。牡丹花瓣和孔雀羽毛用黄色勾边，并大量采用金线掺以各种色线缂丝，表现出灿烂绚丽的质感，左上方用黑色丝线缂织隶书"孔雀图"三字，织款为"开宝二年春三月，锡山华氏三留堂制"，织印"孝子后裔"。开宝二年即公元969年，由此可知，宋代就出现过类似的装饰型缂丝书画。

　　除了作为屏风功能的缂丝书画外，还有作为挂轴的缂丝书画。例如，现藏于辽宁省博物馆清缂丝《宜春帖子岁朝图轴》（图10-29，纵138厘米，横44.8厘米），从整体上看，此缂丝作品是由两部分缀合而成。上半部为宜春帖子，以金彩云龙为地，用蓝色纬线在两侧分别以宋体楷书缂织春联"青帝垂恩远""三春锡福多"，中间用大号字体缂织横批"喜到新年百事多吉利"。这幅作品文字的最大特色是横竖直笔很少有锯齿纹痕迹，说明清代已经能很好处理文字缂织中横竖搭梭的问题。下部分为岁朝图，图中有烟花、如意、器皿、画轴、瓜果、鱼等新年供品礼物及儿童玩具等岁朝景物，生动而有趣。

图10-28　宋缂丝《孔雀图》　　　　　图10-29　清缂丝《宜春帖子岁朝图轴》

　　寿字型缂丝书画则是一类非常特殊的装饰型缂丝书画，这类缂丝书画的图画是在寿字笔画的里面安排各类人物、动物、花卉、山石等景物，融书、画为一体。例如，在2005年中国嘉德公司举办的"锦绣绚丽巧天工——耕织堂藏中国丝织艺术品"拍卖会上，清缂丝《八仙寿字图》（图10-30，纵193厘米，横92厘米）以220万元拍卖成功。这幅缂丝《八仙寿字图》在米色地上缂织一个巨大的"寿"字，在寿字的笔画边缘以松、石、云彩装饰，在寿字的笔画中巧妙地安排了西王母、仙女、福禄寿三星、八仙，共十三位仙人，在寿字上端笔画中安排有西王母神态安详地端坐于翔凤背上，且手捧仙桃，西王母背后的仙女则手执九羽掌扇在一旁侍候着。寿字中间笔画中则安排有"福禄寿"三星拱手拜寿。寿字下端笔画中自左至右、自上至下分别有吕洞宾、铁拐李、汉钟离、张果老、蓝采和、曹国舅、韩湘子、何仙姑八仙，他们形态各异，赶往天宫为西王母祝寿。寿字的上方用金丝线缂织"天锡纯嘏"四个大字，点明祝寿的主题。

二、缂丝作品中的印章

缂织作品中的印章文字是一类非常独特的文字，它们可分为缂织印章和鉴藏印章两大类。

1. 缂织印章

缂织印章是指在缂丝作品中缂织上去的印章，一般分为两类，即粉本作者印章和缂织工匠印章。粉本作者印章作为缂丝粉本的一部分，反映了粉本作者信息；缂织工匠印章则反映了缂织工匠信息，起到"物勒工名"的作用，属于织款的一种类型。因此，一方面缂织印章能提供缂丝作品的织者、年代等重要信息；另一方面，有缂织文字的缂丝作品主要是欣赏型缂丝，一般是以书、画作品为粉本，缂织印章也就能反映了粉本作者的重要信息。

图 10-30　清缂丝《八仙寿字图》

北宋时期，帝王的艺术素质整体较其他朝代帝王要高，其中宋徽宗赵佶（1082—1135，1100—1126年在位）的艺术成就最高，他不仅擅长工笔画，而且自创"瘦金体"书法。北宋的宫廷书画缂丝多以赵佶的作品为粉本。例如，赵佶《木槿花卉图》册页（图10-31）以黄、绿色系为作品主调，缂织折枝木槿花，按照花叶生长的方向退晕缂织。花瓣与绿叶则采用合花线织出色阶的变化，花叶的勾勒线也是断断续续，表现出织者的独特创意。右上方缂织"御书"葫芦印（图10-32），上有"天下一人"墨押，则说明了其粉本为宋徽宗赵佶所画。类似的赵佶工笔画缂丝

图 10-31　赵佶《木槿花卉图》册页

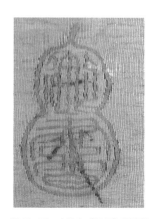

图 10-32　宋徽宗"御书"葫芦印

作品还有现藏于北京故宫博物院的赵佶花卉缂丝（图10-33）、赵佶《碧桃麻雀立轴》（图10-34）等，其画面上也有"御书"葫芦印和"天下一人"墨押，但是对于这些缂丝作品的工匠信息却无法从缂丝作品本身查证，因为作品上并没有留下任何文字（织款或反映织者信息的印章）。

图10-33　赵佶花卉缂丝　　　　　　图10-34　赵佶《碧桃麻雀立轴》

当然，在民间有两位缂丝名家朱克柔（生卒不详）和沈子蕃（生卒不详）的缂织印章就经常出现在其作品上。笔者认为，这种现象必然与朱克柔与沈子蕃的名气有很大的关系。宋徽宗赵佶对朱克柔作品有过很高的评价，据说他曾在朱克柔的《碧桃蝶雀图》（现已失传）上题诗："雀踏花枝出素纨，曾闻人说刻丝难。要知应是宣和物，莫作寻常缃绣看。"[14]由此可知，朱克柔的作品能被绘画、书法造诣很高的宋徽宗所欣赏，同时也反映了朱克柔的缂织技艺非常之高深，社会名气之大，以至于宋徽宗都四处搜罗朱克柔的缂丝作品。沈子蕃，名孳，定州人，以摹缂名人书画著称于世。[15]沈子蕃的缂丝作品《青碧山水轴》被《石渠宝笈》著录，缂丝《秋山诗意图立轴》、缂丝《山水轴》、缂丝《梅花寒鹊图立轴》则均被《石渠宝笈续编》著录。此外，《石渠宝笈续编》中又著录了沈子蕃缂丝《梅鹊轴》，这件作品已经失传，我们已无法考证。但我们从清宫《石渠宝笈》《石渠宝笈续编》对沈子蕃作品的著录，足见沈子蕃的名气并不亚于朱克柔。最明显的证据是台北故宫博物院收藏的宋缂丝《山水立轴》，此件作品没有沈子蕃的织款和印章，但从构图上看却与沈子蕃缂丝《山水轴》和沈子蕃《秋山诗意图立轴》相同，不同之处在于位置上左右相反，色调转换的处理上不够平滑，以及人物面部、船篷、窗户、树叶及树干轮廓采用了画笔勾填，明显为后人模仿沈子蕃的作品。这从侧面也反映了沈子蕃名气很大，其作品也成为模仿的对象。笔者以朱克柔、沈子蕃现存缂丝作品为对象，对他们的缂织印章进行分析（表10-1）。

表10-1　朱克柔、沈子蕃等现存作品中的缂织印章

缂织工匠	缂丝作品	印章文字	缂织印章位置	印章信息
朱克柔	《莲塘乳鸭图》（上海博物馆收藏）	朱克柔印	左下	缂织工匠
	《山雀图》（台北故宫博物院收藏）	朱克柔印	左中	缂织工匠
	《鹡鸰红蓼》（台北故宫博物院收藏）	朱克柔印	左	缂织工匠
	《花鸟》（台北故宫博物院收藏）	朱克柔印	左	缂织工匠
	《梅花画眉》（台北故宫博物院收藏）	朱克柔印	右中	缂织工匠
	《牡丹图》（辽宁省博物馆收藏）	朱克柔印	左下角	缂织工匠
	《山茶蛱蝶图》（辽宁省博物馆收藏）	朱克柔印	左下角	缂织工匠
沈子蕃	《秋山诗意图立轴》（台北故宫博物院收藏）	沈氏	右下方	缂织工匠
	《山水轴》（台北故宫博物院收藏）	子蕃	右下方	缂织工匠
	《桃花双鸟立轴》（台北故宫博物院收藏）	无		
	《青碧山水轴》（北京故宫博物院收藏）	沈孳	左下方	缂织工匠
	《梅花寒鹊图立轴》（北京故宫博物院收藏）	沈氏	左下方	缂织工匠
吴圻	《蟠桃仙图轴》（台北故宫博物院收藏）	石田	左上方	粉本作者
		尚田	左下方	缂织工匠

从织者缂织印章的文字上看，朱克柔印章的文字比较单一，仅有"朱克柔印"一枚，说明朱克柔可能只有"朱克柔印"一枚印章；沈子蕃则有"沈氏""子蕃""沈孳"印章三枚，说明沈子蕃具有一定文人气质，拥有多枚印章；吴圻则只有"尚田"印章一枚，可能与吴圻仅现存吴圻缂丝沈周《蟠桃仙图轴》一件作品有关，也就无法确定他是否拥有更多的印章。从缂织印章在作品中的位置来看，大多集中于作品的或左或右的中下方，比较符合"物勒工名"和绘画艺术的特点。

然而，清代宫廷的大量清代缂丝作品中却很难找到缂织工匠的印章信息。通过对清宫大量清代缂丝作品的考察分析，笔者认为产生这种现象的主要原因可能与缂织乾隆皇帝作品有关。据朴文英统计，清宫收藏缂丝书法九十五件，其中乾隆书或临摹的作品就有六十八件；花卉三十八件，其中乾隆作品或为前人题字的作品十二件。[16]以皇帝的书画作品为粉本，必然就决定了缂织工匠不可能将自己的印章缂织在作品中，否则就会有触犯"龙颜"的危险。

缂织印章中最出名的是清代的缂丝《宝典福书册》（图10-35），朱启钤《清内府藏刻丝书画录》中《清刻丝胡季堂进宝典福书及元音寿牒二册》条目所载："三彩边素地刻丝，朱白文印章，每方均有黑字楷书释文，册各十六页。末页隶书万寿八句大庆乾隆庚戌（1790年）元旦臣胡季堂恭进，计四行印二，臣胡季堂敬摹白朱文各一方，两册同引首，隶书第一册宝典福书，第二册元音寿牒。"[17]据史料记载，乾隆五十五年时任兵部尚书的胡季堂（1729—1800）为了迎合乾隆皇帝的喜好，特将和珅（1750—1799）、金简（？—1794）等大臣进献的"宝典福书"印章摹缂成缂丝《宝典福书册》。[18]缂丝《宝典福书册》共有印章一百二十方，朱启钤将其归为缂丝艺术品，其实它却是一件缂丝和刺绣相结合的艺术品，书册中的白文印章均采用缂织工艺，朱文印章则大部分采用刺绣工艺。最为特别之处是每方印章的印文中均有"福"字，体现了乾隆这位"十全老人"对"福"的期许。

（a）缂丝《宝典福书册》内页　　　　　　　　（b）缂丝《宝典福书册》首开

图10-35　缂丝《宝典福书册》

综观缂丝《宝典福书册》中印章，从形状上看，可谓丰富多样，方形、长条形、葫芦形、椭圆形、外方内圆形、外圆内方形、双钱形、不规则形等；从印文数字上看，从四字至十三字不等，七字的印文最多；从印文图案上看，不仅有纯文字的印文图案，而且有文字与图形相结合的印章。例如，"五福敷锡"印章，在长方形的印章内，左右两侧各有一条长龙对称戏珠，中央则缂有"五福敷锡"四字；从缂织技法上看，此件缂丝作品采用了齐缂和搭梭技法来实现文字的缂织。

2.鉴藏印章

鉴藏印章是指收藏者在缂丝作品上留下的印章。鉴藏印章则能提供缂丝作品一些流转的信息，同时也能为缂丝作品真伪的鉴定提供重要依据。根据鉴藏印章属性可将其分为宫廷鉴藏印章和民间鉴藏印章两大类。

（1）宫廷鉴藏印章。宫廷鉴藏印章一般是指皇宫内府钤盖在缂丝作品上的收藏印章，这些宫廷鉴藏印章绝大部分都钤盖在书画作品上，但也有一些钤盖在缂丝作品上。中国历史上的宫廷鉴藏印章大多成体成套，具有严格的使用格式。例如，北宋徽宗的宣和七玺、金章宗的明昌印玺、清高宗的乾隆五玺等。目前，在现存的缂丝作品中并未发现宋金时期宫廷鉴藏印章，但这并不能说明宋金时期的宫廷就不收藏缂丝书画作品。宋徽宗赵佶曾对朱克柔作品有过很高的评价，从他在朱克柔的《碧桃蝶雀图》（现已失传）上题诗，[19]可见北宋宫廷早已收藏有缂丝作品，但现存的缂丝作品中却很难见到北宋宫廷的鉴藏印章。笔者认为，在传世的宋代缂丝作品中很难看到北宋宫廷的鉴藏印章主要有以下几点原因。

首先，北宋经历了靖康之难，宫廷艺术品遭受到巨大浩劫。据《宋史纪事本末》载："夏四月庚申朔，金人以二帝及太妃、太子、宗戚三午人北去。……凡法驾、卤簿，皇后以下车辂、卤簿、冠服、礼器、法物、大乐、教坊乐器、祭器、八宝、九鼎、圭璧、浑天仪、铜人、刻漏、古器、景灵宫供器，太清楼秘阁三馆书、天下州府图及官吏、内人、内侍、技艺、工匠、倡优，府库蓄积，为之一空。"[20]其中太清楼、秘阁为当时宫廷收藏书籍真本与古画墨迹的所在，可见，靖康之难时，金人对于宫廷艺术品大肆掠夺，造成包括缂丝在内的艺术品大量流失。即使北宋宫廷曾经在某些缂丝作品上钤盖过鉴藏印章，现在也无法详细考证了。

其次，北宋时期的缂丝作品大多是对著名书画作品的摹缂，还没有形成在缂丝作品上钤盖鉴藏印章的习惯。正如朱启钤所言："宋人缂丝所取为粉本者，皆当时极负时名之品，其中唐之范长寿，宋之崔白、赵昌、黄居寀诸作，为历代收藏家所宝玩。今真迹既不易得见，仅于刻丝之摹肖本观之，其精美仍不稍减益，令人想见唐宋人名画之佳妙。"[21]可见，当时的文人对于书画原作的欣赏远非缂丝作品所比，当然像朱克柔、沈子蕃这类大师级的缂丝作品除外。当时大多宫廷鉴藏印章都钤盖在书画原作上。例如，唐张萱《捣练图》（宋摹本）（图10-36）中就有金章宗的明昌印玺，图卷前端隔水细花黄绫处有由金章宗完颜璟（1168—1208，1189—1208年在位）题写的"天水摹张萱捣练图"八字，而且在全卷中分别钤盖着金章宗的"明昌七玺"。[22]笔者纵观北京故宫博物院与台北故宫博物院中的宋代缂丝作品均未发现当时宫廷的鉴藏印章，足见宋金时期并未形成在缂丝作品上钤盖鉴藏印章的习惯。

清乾隆时期，乾隆皇帝曾数次

图10-36　唐张萱《捣练图》（宋摹本）局部

组织书画名家和鉴赏家对当时的宫廷内府书画逐一进行鉴定和品评，并区别出上等、次等两个等级，分详简逐一著录。[23]此时，在缂丝作品上钤盖鉴藏印章已经非常普遍，其中乾隆皇帝在缂丝作品钤盖的鉴藏印章最多。其中以"乾隆五玺"最为著名，"乾隆五玺"是指乾隆皇帝的"乾隆御览之宝"（图10-37）、"石渠宝笈"（图10-38）、"三希堂精鉴玺"（图10-39）、"乾隆鉴赏"（图10-40）、"宜子孙"（图10-41）五枚鉴赏印章。"乾隆御览之宝"印章，方形朱文；"石渠宝笈"印章，长方朱文；"三希堂精鉴"印章，长方朱文；"乾隆鉴赏"印章，正圆白文；"宜子孙"印章，方形白文。

图10-37 乾隆御览　　图10-38 石渠　　图10-39　　　　图10-40 乾隆鉴赏　　图10-41 宜子孙
　　　之宝　　　　　宝笈　　三希堂精鉴玺

由于缂丝书画属于特殊的书画作品，因此，在缂丝作品中乾隆的鉴藏印章的位置大多遵循在书画作品中的规律。一般情况下，入选《石渠宝笈》或《秘殿珠林》正编的钤乾隆五玺，在书画幅的右上方钤上"三希堂精鉴玺""宜子孙"二印，中间则钤上"乾隆御览之宝"印，左方印章为圆形"乾隆鉴赏""石渠宝笈"或"石渠定鉴""宝笈重编"二印，称为七玺。又有"寿"字白文长圆印，"古稀天子"朱文圆印，都是钤在书画本幅上。[24]

嘉庆（1760—1820，1796—1820年在位）皇帝继承了其父乾隆喜爱鉴赏书画作品的习性，经常在书画作品（包括缂丝书画）上钤盖鉴藏印章，图10-42为嘉庆经常在缂丝作品中钤盖的"嘉庆御览之宝"印章。嘉庆二十年（1815年），清宫又组织了一次对书画作品的登记造册活动，编撰了《密殿竹林三编》和《石渠宝笈三编》，一共收录书画作品2000余件。自此以后，清宫就不再有书画作品进宫了。因此，嘉庆二十年以后，在缂丝书画作品中可见一枚"宝笈三编"（图10-43）方朱丈印。道光（1782—1850，1821—1850在位）、咸丰（1831—1861，1851—1861年在位）、同治（1856—1875，1861—1875年在位）、光绪（1871—1908，1875—1908年在位）四朝，外有西方列强，内有农民起义军，使皇帝没有像乾隆和嘉庆那样的闲心，所以在书画作品（包括缂丝书画）上，很少见到这四朝的鉴藏印章。然而，末代皇帝溥仪在被逼退位后，附庸风雅，用保留下来的皇帝称号，在清宫留存下来的缂丝作品中钤盖了不少鉴藏印章，如"宣统御览之宝"（图10-44）。

图10-42　嘉庆御览之宝　　　　　图10-43　宝笈三编　　　　　图10-44　宣统御览之宝

综上所述，清代帝王的鉴藏印章在缂丝作品中虽然看似毫无规律可言，但是通过对大量清宫书画作品鉴藏印章的分析与研究，缂丝作品中的清宫鉴藏印章与书画作品中的大致一样，遵循如下规律：

第一，乾隆皇帝的鉴藏印章的钤盖位置有一定的规律。乾隆皇帝的鉴藏印章在缂丝作品中的位置虽然貌似无规律可循，但细究起来在乱象中还是遵循一定的规律。首先，有些鉴藏印章是成对出现的，并且顺序和间距都有一定的规律。"三希堂精鉴玺"朱文长方形印和"宜子孙"白文正方印，永远是钤盖在一起的，两印一上一下，紧紧相随。两印之间的距离则一般是"宜子孙"印高度的一半或多一半。例如，现藏于台北故宫博物院的《元织双喜图》中"三希堂精鉴玺"和"宜子孙"印章就紧紧相随，其间距也是"宜子孙"高度的多一半（图10-45）。其次，一般情况下，"乾隆御览之宝"朱文椭圆印钤盖在"乾隆鉴赏"白文圆印的右上方。如果出现"乾隆御览之宝"钤盖在"乾隆鉴赏"印下首的情况，则必须要仔细研究其真伪，只有在特殊的情况下，才可能出现这种情况。例如，现藏于台北故宫博物院的宋沈子蕃缂丝《秋山诗意图立轴》（图10-46）中，"乾隆御览之宝"朱文椭圆鉴藏印章在画幅的右上方，而圆形白文的"乾隆鉴赏"印章则在画幅小山顶上，位于画幅的左下方，正好符合这一规律。

图10-45　《元织双喜图》局部　　　　　图10-46　宋沈子蕃缂丝《秋山诗意图立轴》局部

第二，清代帝王的鉴藏印章遵循辈分的习惯。清代帝王非常讲究辈分，按照长幼辈分，后代皇帝绝对不会将自己的鉴藏印章钤盖在前代皇帝印的上方，而只能在其下方或并齐排列。例如，现藏于台北故宫博物院的宋缂丝《紫芝仙寿图》局部（图10-47），"嘉庆御览之宝"的下方就钤盖着"宣统御览之宝"。

第三，存在着配伍使用的鉴藏印章。清代宫廷曾经编撰过《石渠宝笈》《秘殿珠林》《宝笈重编》和《宝笈三编》等宫藏书画目录的书籍，其中《石渠宝笈》《秘殿珠林》《宝笈重编》是乾隆时期编撰的。一般情况下，收入《石渠宝笈》或《秘殿珠林》的缂丝作品钤乾隆五玺，当然，上述格式仅是一般常见的规格，有时还会出现增加或者减少印章的情况，如果在缂丝作品中出现"秘殿新编""珠林重定"或"石渠定鉴""宝笈重编"任何两印的，则可说明这件作品必定是出自《石渠宝笈》中的精品。而《宝笈三编》则是在嘉庆二十年以后才出现的，"宝笈三编"印章常常与"嘉庆御览之宝"配伍使用。例如，现藏于台北故宫博物院的宋缂丝《芝兰献瑞》局部（图10-48），"嘉庆御览之宝"出现在芝兰上方，则左下方配伍出现"宝笈三编"印章。

图10-47 缂丝《紫芝仙寿图》局部　　图10-48 宋缂丝《芝兰献瑞》局部

第四，清宫的缂丝作品上的收藏地点印章。清宫收藏的缂丝书画作品一般藏于不同地方，为了便于管理，清宫往往会在缂丝作品上钤盖收藏地点印章。现藏于台北故宫博物院的《元织双喜图》、沈子蕃缂丝《桃花双鸟立轴》、明缂丝崔白花卉、明缂丝《竹杖化龙图》的左上处均钤盖"养心殿鉴藏宝"印章（图10-49），说明这些缂丝作品曾经收藏于养心殿。又如现藏于台北故宫博物院的元缂丝崔白《杏林春燕》、吴圻缂丝沈周《蟠桃仙图轴》上钤盖着"乾清宫鉴藏宝"印章（图10-50）、清缂丝《群仙庆寿图》左下处则钤盖"重华宫鉴藏宝"等。

图10-49　养心殿鉴藏宝　　　　图10-50　乾清宫鉴藏宝

第五，清代有些皇帝的鉴藏印一般不会出现缂丝作品上。自入关以后，虽然清代帝王都有自己的鉴藏印章，但并不是所有的帝王都会在缂丝作品上钤盖自己的鉴藏印章。道光、咸丰、同治、光绪四位帝王虽然在一些古籍上钤盖过鉴藏印章，但却没有在缂丝作品上钤盖任何印章。如果一件缂丝作品中出现从乾隆到宣统七位皇帝的鉴藏印章，好像是达到"流传有序"的目的，实际上，七位皇帝同时在一幅作品中同时钤盖鉴藏印章是根本不可能的。

其实，清代帝王的鉴藏印，并不是由皇帝亲自钤盖，而是由掌印太监根据皇帝的意见钤盖到书画艺术作品上。但清宫收藏的缂丝书画作品本来就是世间罕见之物，如果有一枚鉴藏印钤错了位置或出现了歪曲等现象，等同于犯了杀头的大罪。因此，掌印太监在钤印时，总是小心翼翼，避免出现一丝差错，这就使鉴藏印的位置不至于十分混乱，并呈现出一定的规律。

（2）**民间鉴藏印章**。缂丝精品中除了常见的宫廷鉴藏印章外，经常会在其上发现民间鉴藏印章。这些民间鉴藏印章一般为当时社会的著名文人、书画家、收藏家族、功勋大臣、皇亲贵胄等的印章。例如，明代的"企翱印""蒲阪杨氏家藏""从简之印""字彦可"；清代的"令之清玩""仪周珍藏""珍赏""琴书堂""都尉耿信公书画之章""珍秘""丹诚""宜尔子孙""公""信公珍赏""会侯珍藏""芳林主人鉴赏""澹如斋珍玩""北平李氏""臣庆私印"印等。

笔者细致梳理这些民间鉴藏印章，发现有如下规律：

第一，属于文人、书画家的印章一般以他们的字、号作为印章的内容，如"企翱印"就是明代中期著名文献学者张习的印章。张习，吴县人，他一生致力于元、明名家，尤其是吴中先贤别集的整理工作。"从简之印"与"字彦可"其主人为明代画家文从简（1574—1648），其曾祖父为文徵明（1470—1559），文徵明则是与唐寅（1470—1524）、祝枝山（1460—1527）、徐祯卿（1479—1511）齐名的明代江南才子，可见文从简家学之深厚。"令之清玩"印为清初书画鉴赏家卞永誉（1645—

1712）的收藏印章，卞永誉从学名家，书画鉴赏的水平极高，著有《式古堂书画汇考》，被认为是书画著录的集大成者。

第二，属于收藏家或其家族的鉴藏印章，不仅会像文人、书画家一样钤盖鉴藏者、收藏室而且还会标明某某家族收藏等印章，如"仪周珍藏""安仪周家珍藏""古香书屋印"，"仪周"是清代鉴藏家安岐的字，"古香书屋"则为他个人的图书馆。

第三，功勋大臣、皇亲贵胄的鉴藏印章，有时还会有一些特殊的鉴藏印章。如"臣庆私印""臣和恭藏""宗室盛昱印""显亲王府图书印"等都是标明各自身份的鉴藏印章。其中，"宗室盛昱印""显亲王府图书印"则为晚清清廷宗室显亲王盛昱（1850—1899）的鉴藏印章，盛昱就是清初赫赫有名的肃亲王豪格（1609—1648）的七世孙。

笔者以缂丝北宋赵佶《木槿花卉图》册页（图10-51）为例，作品上分别有"蒲阪杨氏家藏""仪周珍藏""朱启钤珍赏印"三枚民间鉴藏印章。从印章主人活动时间上看，此件作品在明清时期曾有一段流落民间的经历，相比清宫鉴藏印章，民间鉴藏印章的钤盖没有太多的忌讳，并不按长幼辈分顺序。晚清朱启钤的印章盖在蒲阪杨氏、安岐的上方，充分说明了这一情况。

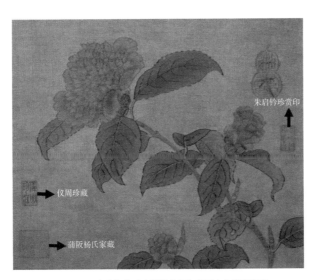

图10-51　北宋赵佶《木槿花卉图》册页中的鉴藏印章

（3）缂丝作品中的鉴藏印章为其鉴赏提供了重要信息。缂丝作品中的鉴藏印章是其真伪鉴定的重要依据，同时也为其流转路径提供重要的线索。首先，中国古代能为缂丝作品钤盖鉴藏印章的机构或个人，在文物鉴赏方面具有相当高的水平。例如，清宫旧藏都是经过大批学者鉴定过，其可信度极高；其次，搞清楚鉴藏印章的时间顺序，基本就能理清其流转的大概路径。例如，南宋朱克柔《山茶蛱蝶图》册页中可发现"从简之印""字彦可""令之清玩""仪周珍藏"四枚印章，考察印章的主人，不难发现"从简之印""字彦可"印是明代画家文从简的鉴藏印章、"令之清玩"印是清代卞永誉的鉴藏印章、"仪周珍藏"印则是清代收藏家安岐的鉴藏印章。由此，我们追踪这些鉴藏印章主人的活动年代，大致可推断出朱克柔《山茶蛱蝶图》册页的流转的大概路径：文从简→卞永誉→安岐。又如南宋《蟠桃花卉图轴》中的"珍赏""琴书堂""都尉耿信公书画之章""珍秘""丹诚""宜尔子孙""公""信公珍赏"八枚印章属于清初收藏家耿昭忠的鉴藏印章；"会侯珍藏"印则属于其子耿嘉祚的鉴藏印章；"芳林主人鉴赏""澹如斋珍玩"印是康熙皇帝第十七子果亲王允礼的鉴藏印章；"乾隆御览之宝""石渠宝笈"印是清宫鉴藏印章，常为乾隆皇帝所用；"北平李氏""臣庆私印"印属于道光年间李寄云的鉴藏印章；"朱启钤印"印是晚清织绣收藏家朱启钤的鉴藏印章，由可推断南宋《蟠桃花卉图轴》的流传路径：耿昭忠→耿嘉祚→果亲王允礼→清宫→李寄云→朱启钤。

当然，通过鉴藏印章来确定缂丝作品的真伪和流转路径只是一种有效手段，但也不能完全迷信，还需要通过相关的史料进行印证。如南宋朱克柔《山茶蛱蝶图》册页，通过鉴藏印章我们可以大概确定其流转路径为：文从简→卞永誉→安岐。然而，通过查阅清宫书画著录图书《石渠宝笈重编》发现这件缂丝作品著录其中，并且在晚清时期，这件缂丝作品又为朱启钤所收藏。因此，它的流转路径应为：文从简→卞永誉→安岐→清宫→朱启钤。由此可见，将鉴藏印章与相关历史文献相结合进行考证才是缂丝印章研究的正确途径。笔者根据辽宁省博物馆编《中国古代缂丝刺绣精品集》中的缂丝作品，将其中的鉴藏印章列表（表10-2）。

表10-2　辽宁省博物馆编《中国古代缂丝刺绣精品集》中的鉴藏印章列表

缂丝作品	鉴藏印章	说明
赵佶《木槿花卉图》册页（北宋，纵25.6厘米，宽25.5厘米）	"蒲阪杨氏家藏"印	明代山西蒲阪杨氏
	"仪周珍藏"印	清代收藏家安岐（1683—1745年）鉴藏印章
	"朱启钤珍赏印"印	晚清织绣收藏家朱启钤（1872—1964）鉴藏印章
朱克柔《山茶蛱蝶图》册页（南宋，纵25.6厘米，横25.3厘米）	"从简之印""字彦可"印	明代画家文从简（1574—1648）鉴藏印章
	"令之清玩"印	清代卞永誉（1645—1712）鉴藏印章
	"仪周珍藏"印	清代收藏家安岐（1683—1745年）鉴藏印章

续表

缂丝作品	鉴藏印章	说明
朱克柔《牡丹图》册页（南宋，纵23.2厘米，横23.8厘米）	对幅下押"企翱"印	明代中期著名文献学者张习的鉴藏印章
	"乾隆御览之宝""石渠定鉴""石渠宝笈""宝笈重编"印	清宫鉴藏印章
	画心外有"冰泉""郡王衔多罗贝勒"印	清代载滢（1861—1909）鉴藏印章
《野凫蓉荻图》裱片（南宋，纵51.7厘米，横50.7厘米）	裱绫上有七言诗一首，并下押"钱煌昭融"印	清代钱煌鉴藏印章
	"宗室盛昱印""显亲王府图书印"印	清代盛昱（1850—1899）鉴藏印章
《蟠桃花卉图轴》（南宋，纵71.6厘米，横37.4厘米）	"珍赏""琴书堂""都尉耿信公书画之章""珍秘""丹诚""宜尔子孙""公""信公珍赏"印	清初收藏家耿昭忠鉴藏印章
	"会侯珍藏"印	耿昭忠之子耿嘉祚的鉴藏印章
	"芳林主人鉴赏""澹如斋珍玩"印	清代允礼（1697—1738）鉴藏印章
	"乾隆御览之宝""石渠宝笈"印	清宫鉴藏印章
	"北平李氏""臣庆私印"印	道光年间李寄云鉴藏印章
	"朱启钤印"印	晚清织绣收藏家朱启钤（1872—1964）鉴藏印章
《蟠桃春燕图轴》（南宋，纵115厘米，横40.3厘米）	"乾隆御览之宝""乾隆鉴赏""三希堂精鉴玺""宜子孙""嘉庆御览之宝""石渠宝笈""御书房鉴藏宝"印	清宫鉴藏印章
《瑶池献寿图轴》（宋元，纵38.3厘米，横22.8厘米）	"乾隆御览之宝""嘉庆御览之宝""石渠宝笈""御书房鉴藏宝"印	清宫鉴藏印章
《梅花绶带图轴》（明，纵116厘米，横38.8厘米）	"程正揆印""悔翁"印	清初收藏家程正揆（1603—1677）鉴藏印章
	"汾阳后裔""李氏家藏子子孙孙永远宝守"印	康熙至乾隆年间山西汾阳李氏家族鉴藏印章
	"朱启钤印""朱氏存素堂藏丝绣考"印	晚清织绣收藏家朱启钤（1872—1964）鉴藏印章
《海屋添筹图卷》（明，纵21.3厘米，横95.4厘米）	隔水绫子上有"蕉林"印	清初书画鉴藏家梁清标（1620—1691）鉴藏印章

续表

缂丝作品	鉴藏印章	说明
《迎阳介寿图卷》（明，纵27厘米，横97.3厘米）	"淳化轩""乾隆御览之宝""寿""赐本"印	清宫鉴藏印章
	"臣和恭藏"印	清大臣英和（1771—1840）鉴藏印章
米芾行书诗轴（明，纵86.6厘米，横41.3厘米）	"乾隆御览之宝""嘉庆御览之宝""石渠宝笈""御书房鉴藏宝"印	清宫鉴藏印章
	"朱启钤珍赏印"印	晚清织绣收藏家朱启钤（1872—1964）鉴藏印章
李白《春夜宴桃李园》图轴（清，纵136厘米，横70.8厘米）	"乾隆鉴赏""嘉庆御览之宝""三希堂精鉴玺""宜子孙""重华宫鉴藏宝""乾隆御览之宝""石渠定鉴""宝笈重编""石渠宝笈"印	清宫鉴藏印章
	"朱启钤印""朱氏存素堂藏丝绣考"印	晚清织绣收藏家朱启钤（1872—1964）鉴藏印章
《天官图轴》（清，纵174.9厘米，横101厘米）	"新安朱氏宝藏图章"印	朱熹家传收藏印章
	"遂初堂杨青严真赏"印	清顺治康熙时期杨兆鲁收藏印章

资料来源：辽宁省博物馆编写的内部资料《华彩若英——中国古代缂丝刺绣精品集》，第3~41页。

第三节 | 影响中国古代缂丝文字发展的因素分析

中国古代缂丝作品中的文字多种多样，似乎并没有什么规律可循。然而，通过对中国古代缂织技法的发展和书画艺术风格的变化的考察，笔者认为还是存在着一定的规律。

一、缂织技法对缂丝文字的影响

综观中国缂丝艺术的发展历程，缂织技法中的防竖缝技法对缂丝文字的字体和大小影响最大，劈丝拼线技法的产生则对缂丝草书的产生起到非常积极的促进作用。

1.防竖缝技法的完善促进了缂丝书法的出现

笔者认为，防竖缝技法的不断改进，促进了缂丝书法的出现。搭梭技法虽然能弥补横竖笔画时形成的裂缝，但如果缂织书法和书画作品时，仍然无法达到满意的效果。而子母经是对搭梭技法的进一步发展，单子母经出现于元代，双子母经则出现于明代中期。因此，明代的缂丝书画作品中缂丝文字的大小远大于元代缂丝书画作品，如明吴圻缂丝沈周《蟠桃仙图轴》中的文字就比前代的缂丝书画中的文字要大很多。此外，随着笃门闩、半戽子母经等防竖缝技法的不断发明，使缂丝文字不断进步与完善。缂丝书法在明代中期开始大量出现，也说明了防竖缝技法的进步有力地促进了缂丝文字发展。

2.劈丝拼线技法的产生促进缂织草书的出现

劈丝拼线技法的产生对促进缂丝草书的出现具有很大的促进作用。书法字体中的枯笔锋芒，看上去断断续续，似连非连，但正因为有了这种枯笔锋芒，才能形成笔意贯通和气韵的生动。然而，缂织这种枯笔锋芒非常困难，这也是在缂丝书法中，草书非常少见的原因。缂织草书笔锋时，首先要对纬线的色彩进行细致的分析，因此，缂丝草书的织匠必须对色彩的把握非常好，具备非常好的书法、绘画功底。然后选择适当色彩的纬线，一般枯笔锋芒部分要采用拼线、劈丝技法。劈丝是将字体色线劈成1/2丝、1/4丝、1/6丝、1/8丝。拼线是用画面底色的丝线与字体所用色线绞合在一起，形成有别于字体主体部分的色彩效果。拼线劈丝则是根据枯笔锋芒部分的色彩要求，选取合适的劈丝进行拼线，从而呈现出断续、虚实又连贯的感觉。最后，将拼好的线与字主体部分进行馂色，这样就可以形成草书独特的笔锋。在清乾隆时期，国力强盛，宫廷又比较重视缂丝，从而招募了大量具备书法绘画才能的缂丝工匠，进而能缂织出草书字体的书法作品。

二、书画艺术风格对缂丝文字的影响

众所周知，缂丝书画基本是针对书画作品而进行摹缂的织物，因此，各个时期书画作品的艺术风格也影响到缂丝作品的艺术风格。在画面上写诗题记，大概出现于唐末、五代，但直到宋代，直接在画面上题诗，也并不普遍。到元代文人画家，开始题大段的诗文和跋语，并以此配画，抒怀遣兴。这种做法被后代尤其是明清文人所欣赏，并逐渐发展，成为中国传统绘画的一大特色。[25]因此，在宋代缂丝绘画作品中很难看到诗书画一体的情形，直到元代随着诗书画一体的文人画的流行，缂丝作品中才出现诗书画为一体的书画作品。例如，元缂丝《双喜图》就是典型的文人书画缂丝作品，当时诗书在文人画中的地位和作用并不显著，因此，同时代的缂丝书画作品中的诗书的大小和位置也受到这种风气的影响，诗书文字一般不是很大，而且也在不显著的位置。进入明朝之后，诗书在文人画中的地位和作用逐渐提高，出现过诗书文字在非常显著的位置，并且字体很大的书画作品。例如，在明吴圻缂丝沈周《蟠桃仙图轴》中就能看到绘画艺术风格的转变，诗文在绘画的正上方，并且字体非常大，诗文占了整幅作品1/3空间。总之，书画艺术风格对缂丝作品中文字的变化起到了指导性的作用。

三、帝王对书画某方面的喜好对缂丝文字的影响

自有宋以来，书画造诣颇高的帝王要数宋徽宗赵佶和清高宗乾隆。这两位皇帝对缂丝艺术的发展起过至关重要的作用，缂丝作为一种极端艺术化的纺织品，其发展能得到帝王的支持必然会促进其快速发展，但帝王对书画的偏好也深深印入到缂丝作品中，宋徽宗喜爱并擅于花鸟工笔画，因此，宋代的缂丝作品也以花鸟工笔画居多。而清高宗则对书法有特别的喜好，他本人的书法和诗句也被缂织成缂丝书法和缂丝书画。尽管帝王对书画某方面的喜好会影响到缂丝文字，但其缂丝文字必然受到缂织技法的制约。例如，宋徽宗的书法以"瘦金体"著称，但宋徽宗的书法却不曾在缂丝书法中见到，这也说明当时的缂织技法无法达到缂织"瘦金体"书法的程度。然而，到了清乾隆时期，缂织技法达到可以缂织任何书法的程度，已经出现缂丝邵弥书诗、缂丝乾隆御制诗篆书七言联、缂丝乾隆御临苏轼帖轴、缂丝乾隆御临王羲之《袁生帖卷》等，但也不曾见到宋徽宗的缂丝书法，这一现象又从侧面反映了帝王对书画某方面的喜好，对缂丝文字的字体发展起到一定的刺激作用。

第四节 | 小结

通过对缂丝的生产流程、缂丝文字的分类、缂丝中的印章文字及影响其发展的因素分析研究，笔者认为，缂织技法、书画艺术风格，以及帝王对书画某方面的喜好都会对缂丝文字的风格起着一定的影响。第一，缂丝技法，特别是防竖缝、劈丝拼线等技法会对缂丝文字大小和字体起着决定性的作用。第二，各个时期的书画艺术风格也会对缂丝文字在缂丝作品中的地位和作用起指导作用。第三，帝王对书画的喜爱同样会对缂丝文字的发展起着刺激作用。

---

[1] 钱小萍.中国传统工艺全集:丝绸织染[M].郑州:大象出版社,2005:251,252.

[2] 朴文英.缂丝[M].苏州:苏州大学出版社,2009:50.

[3] 黄英,王国和,朱艳.缂丝效应及其设计应用[J].四川丝绸,2006(1):32,33.

[4] 杨烨.宋代缂丝工艺的艺术风格[J].中华文化论坛,2010(4):160-164.

[5] 朴文英.缂丝[M].苏州:苏州大学出版社,2009:59.

[6] 缪秋菊.缂丝戗色技法的探讨[J].丝绸,2007(10):13-15.

[7] 严勇.中国古代的缂丝艺术[J].收藏家,2005(7):33-40.

[8] 陈娟娟.缂丝[J].故宫博物院院刊,1979(3):22-29.

[9] 黄能馥,陈娟娟.中国丝绸科技艺术七千年:历代织绣珍品研究[M].北京:中国纺织出版社,2002:179.

[10] 朱启钤.丝绣笔记:卷下[M].台北:广文书局有限公司,1970:29.

[11] 刘畅.中国传统缂丝技术与艺术[D].北京:北京服装学院,2007:2.

[12] 江苏广陵古籍刻印社.笔记小说大观:第二十四册[M].扬州:江苏广陵古籍刻印社,1983:374.

[13] 江苏广陵古籍刻印社.笔记小说大观:第十二册[M].扬州:江苏广陵古籍刻印社,1983:107.

[14] 王浩然.中国缂丝工艺之美[J].收藏,2010(3):104-108.

[15] 安妮.沈子蕃缂丝梅花寒鹊图(欣赏)[N].人民日报海外版,2006-02-20(8).

[16] 朴文英.缂丝[M].苏州:苏州大学出版社:2009:41.

[17] 黄宾虹,邓宝.美术丛书·四集第一辑[M].杭州:浙江人民美术出版社,2013:65,66.

[18] 朴文英.缂丝[M].苏州:苏州大学出版社,2009:92.

[19] 王浩然.中国缂丝工艺之美[J].收藏,2010(3):104-108.

[20] 陈邦瞻.宋史纪事本末[M].北京:中华书局,1977:600,601.

[21] 朱启钤.笔记三编·丝绣笔记[M].台北:广文书局有限公司,1970:34.

[22] 王舒.捣练声里长安月——唐张萱《捣练图》(宋摹本)欣赏[J].老年教育(书画艺术),2011(12):4-6.

[23] 赵智强,赵文婧.《石渠宝笈》与古代书画鉴定[J].中国书画,2006(5):50-52.

[24] 张恨无.略谈鉴藏印[J].中国书画,2009(5):80-84.

[25] 徐改.中国古代绘画[M].北京:商务印书馆,1996:121.

第十一章

中国古代织款
中的文字

中国古代织款一般出现在丝织物上，丝织物织款是指织机在进行织造过程中，在织物上织入织物品种名、作坊名、织匠名等文字（包括对这些文字进行装饰的图案）；而采用刺绣和印染方式在织物上加上织物品种名、作坊名或者名的信息不能算作织款，因为它们是在织物织成之后所进行的加工处理，并不是在织造过程所形成的。基于目前有些学者对古代丝织物织款的狭义理解，即将丝织物织款等同于丝织物机头织款的观点，[1]笔者认为丝织物织款不仅包括机头织款，还包括其他一切在丝织过程中形成的与反映织物生产相关的文字或图案信息。为了对丝织物织款有一个更加系统和深入的认识，我们将古代丝织物织款划分为机头织款和缂丝织款两大类。

第一节 | 机头织款

机头织款是指在丝织物织造时，最开始的机头部分出现的一些与缎匹本身纹样不同的图案或文字。这些图案或文字虽然只占整匹面料的很小一部分，却蕴涵着丰富的信息，通常可见织物的名称、作坊名、商标等内容。

一、机头织款源于"物勒工名"

所谓"物勒工名"是一种检验产品质量的制度，是指在封建官营作坊中，器物的制造者要把自己的名字刻在器物上面，以便于检验产品质量。"勒"是刻的意思，"物"是生产的器物，"工名"就是工匠的名字，合起来就是要在器物上面刻上制造者的名字。先秦时期《礼记·月令》有"物勒工名，以考其诚，工有不当，必行其罪，以究其情"的文字记载。"物勒工名"体现了一种质量管理制度，它是中国古代社会官营作坊生产管理模式的具体反映，对提高手工业产品质量具有重要意义。

丝织物上何时出现这种"物勒工名"的现象？据考证，织物中的织款在汉代就已出现，如汉锦中"韩仁绣文""得意绣文"等，据考证，韩仁、得意很可能都是织匠的名字。然而，汉锦中的这种织款并不是出现在织物的机头部分，算不上是真正意义上的机头织款。中国真正意义上的机头织款是现藏于美国费城美术馆的明代织金罗佛经经面（图11-1），其上织有"杭州局"三字的机头织款。[2]北京定陵出土的红织金缠枝四季花卉缎的机头也织有"杭州局"三字。这两件织物的机头织款是目前所知最早有织款的官营作坊产品。[3]中国丝绸博物馆藏的龙纹暗花缎头巾（长97厘米，宽66厘米），两端织有织款，中间一行是"南京局造"，循环四次，角上还有"声远斋记""清水"字样织入。"南京局"是明代南京官营织造局的名称，"声远斋"

则极像民间织造作坊的名称，"清水"则指其质量属于上品。由此可知，这件织物极有可能是官营织造局通过征召或者是委托等形式让民间织造作坊生产的丝织品。"声远斋"三个字体现了明代江南地区私营织造作坊兴盛，生产的织物已经能与官营织造作坊的产品相媲美。

图 11-1 明代织金罗佛经中的织款

二、江南三织造的机头织款延续了"物勒工名"的功用

清代统治者在江宁（南京）、苏州和杭州三地设立专办宫廷御用和官用各类纺织品的织造局，简称江南三织造，它们是在明代三处旧有织造局的基础上重建的。清顺治二年（1645年）恢复江宁织造局；杭州局和苏州局均于顺治四年（1647年）重建。三局经费的来源，完全靠工部和户部指拨的官款。由于三局产品专供封建统治者享用，因此，工艺上非常讲究，用工上不计时间，用料上不计成本，不惜使用金银丝线或孔雀羽线。光绪三十年（1904年），清政府裁撤江宁织造局，标志着清代官营织造业的衰落。苏州、杭州两织造局则随着清亡而终结。但是，江南三织造所生产的织品却是当时民间作坊所无法比拟的，体现了当时中国古代织造行业的最高水平。

江南三大织造局历来受到清帝的重视，织造局最高长官一般由内务府派郎官掌管。清代江南三织造（江宁织造、杭州织造、苏州织造）的机头织款的作用主要是延续"物勒工名"的作用，如图11-2所示为江南织造的机头织款，这些机头织款不仅注明了某某局，也注明某某臣，这说明江南三织造官员监造的产品出现任何质量问题，都会被追查到。红地金丝龙纹云锦（图11-3），尺寸为纵836厘米，宽78厘米，红地金丝团龙，体现了皇家的威严。机头处有"江南织造臣庆林"款，呈纬向排列。这件织品已于2011年9月北京的某次拍卖会上以人民币五万五千余元的价格成功拍出，可见其艺术价值之高。[4]

图 11-2 清代江南三织造的织款

图11-3　红地金丝龙纹云锦

　　笔者通过史籍的考察，对于江南三织造的机头织款成为一种制度有三方面的认识。第一，江南三织造最早出现机头织款应该是乾隆六十年至嘉庆三年（1795—1798年）佛保担任江宁织造郎中期间内。因为织物很容易腐烂，并且机头部分一般不会像服装一样保存下来，这说明，江南三织造的机头织款制度开始不会晚于1795—1798年。第二，机头织款的形式非常简单，仅在机头部分以纬向从右到左排列某某织造臣某某，并且是在匹缎机头的中间位置。因此，这种机头织款形式或已成为一种定式，从而证明清代江南三织造机头织款制度的存在。第三，现已确定的机头织款都是源于北京故宫博物院藏品。据统计，从最早发现的佛保机头织款到福祥机头织款（光绪年间杭州织造），江宁织造局有八十四任织造；苏州织造局有一百一十四任织造；杭州织造局有七十二任织造。[5]笔者发现，惠龄在上任江宁织造不到一年的时间居然也有机头织款，这就更加证明机头织款成为一种制度的可能。

三、晚清民间织物的机头织款具备商标广告功能

　　晚清时期，随着西方列强的入侵和太平天国运动的冲击，清代处于苟延残喘阶段。江南三织造逐渐失去了昔日的辉煌，官营织造局的工匠将技艺带到了民间，各地的民间丝织作坊兴盛起来。浙杭一带的民营作坊通常将作坊名织入机头（图11-4），笔者认为，这种做法有别于官营作坊机头织款的"物勒工名"功用。众所周知，晚清时期的长三角地区商品经济已经非常发达，但晚清政府并不重视本国商标的保护，直至1904年才公布第一部商标法规《商标注册试办章程》。[6]因此，这种民间织物的机头织款更像是模仿官营织造局的织款形式，但具有商标的某些功能，更多地体现了一种信誉的功用。

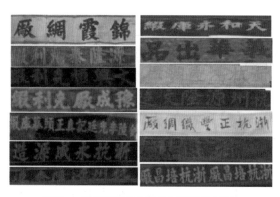

图11-4　晚清时期织入作坊名或厂名的机头织款

晚清时期，民间织物机头织款中出现了商标的萌芽。东华大学纺织服饰博物馆收藏的晚清机头织款中居然有图案和英文出现（图11-5），说明当时有一部分作坊极可能在从事出口生产，如瑞源丝织厂和姚裕兴库缎厂产品的机头织款上就有英文作坊的名称，沈常泰本厂头号库缎中有花卉的图案，王聚昌库缎和张德元库缎分别有对马和对鹤的图案，非常接近现在的商标设计。所谓库缎原是清代御用"贡品"，以织成后输入内务府的"缎匹库"而得名。可见，这些机头织款上织有"库缎"的民间织造作坊必定拥有从织造局出来的工匠。有一些机头织款织入省名、织物品种和作坊名（图11-6），分别是莹素、晶素、凤素的机头织款，其中织有"莹素"机头织款的晚清红素缎，幅宽74厘米，高11厘米，机头地部为红素缎，以白色丝线显花，纹样从右往左，依次为"江苏""莹素""仁记选置"。[7]特别之处在于"江苏"和"仁记选置"字体经向排列，加以边框，类似于印章的文格。通过印章中的文字可知，这三件织物是由江苏三家不同的作坊所织造。笔者认为，这三件"素"字机头织款同出于江苏不同的作坊，而且机头织款的样式极其相似，似乎存在着一种标准模式。这种情况出现的原因极可能是这三家作坊同属某一丝织行会，并且行会制定了相关的机头织款的标准。值得一提的是曹东记号的机头织款（图11-7），完全具有了商标和广告的功能，机头织款写明了这家作坊的字号、地址、承接的业务和欢迎光临的词句。由此可以看出，机头织款从明代正式出现后，其中的织造文字由"物勒工名"的作用逐渐向商标和广告的功能转变。

图11-5　晚清时期增织英文或图案的机头织款

图11-6 晚清时期织入省名的机头织款

图11-7 曹东记号的机头织款

第二节 | 缂丝织款

缂丝作品一般分为临摹名人字画的作品和织匠创作的作品，缂丝织款则指织匠将自己姓名织入缂丝作品中，以便和其他织匠的作品相区别。宋、清时期的缂丝艺术进入了发展高峰阶段，出现了许多精品。仅清宫收藏的缂丝作品就非常丰富。如表11-1所示，[8]从清宫收藏的缂丝作品的数量来看，宋、清两代缂丝作品较多，元、明时期的缂丝作品并不多见。从总体上看，释道人物作品最多，共一百二十七件，花鸟作品一百一十九件，书法作品一百零六件。清代的缂丝作品虽多（大多是乾隆时期的作品），但有织匠织款的较为罕见。笔者认为，清代缂丝作品较多可能与乾隆皇帝热爱绘画、书法艺术有关。乾隆将名人字画制作成缂丝作品，只注重临摹，反而限制了缂丝艺术家自己的创作，从而使清代宫廷的缂丝作品中很难出现织者织款。通观清宫收藏的缂丝作品，笔者认为可将缂丝作品中的织款分为印章型缂丝织款、文字名型缂丝织款，以及文字名和印章混合型缂丝织款三大类。

217

表11-1　清宫收藏书法、释道人物、花鸟缂丝作品分类　　单位：件

时期	书法	绘画	
		释道人物	花鸟
宋	9	37	49
元	1	2	0
明	1	7	2
清	95	91	68
合计	106	137	119

一、印章型缂丝织款

印章型缂丝织款是指在缂丝作品中仅织入了织匠名字并且像印章一样的织款类型。现今发现最早的印章型缂丝织款是南宋时期朱克柔的"朱克柔印"。朱克柔《山茶蛱蝶图》（图11-8），一只盛开的山茶花，周围蝴蝶萦绕，精妙之处在于花瓣层次的渲染，一片虫蚀的茶花叶栩栩如生，刻画细致入微。左下方织有"朱克柔印"织款。又如，现藏于台北故宫博物院四件朱克柔作品。其中，《山雀图》：一鹡鸰立于水上的岩石上，正聚精会神地啄食水中的游虾，一方两只蝴蝶萦绕，右中织"朱克柔印"。《鹡鸰红蓼》：鹡鸰攀立红蓼茎上，回首俯视水中游虾，左织"朱克柔印"。《花鸟》：一褐色鹡鸰攀在牡丹花枝上，注视着枯叶上的蜘蛛，左织"朱克柔印"。《桃花画眉》：深色地上，织浅色桃花和画眉，右中织"朱克柔印"。[9]这些缂丝作品都是只织有"朱克柔印"的织款，未见其他文字信息。

图11-8　朱克柔《山茶蛱蝶图》（宋代）

二、文字名型缂丝织款

文字名型缂丝织款是指缂丝作品中直接织入织匠姓名汉字的织款类型。宋代的缂丝大师沈子蕃现存五件作品，其中一件就是这种类型的织款，沈子蕃缂丝《桃花双鸟立轴》（图11-9），这幅作品纵95.7厘米，横38厘米。白地桃花双鸟，右下方枝叶掩映处织有"子蕃"二字，并未发现织入沈子蕃的印章，作品上的印章为后世盖上的玩赏之章。这一类型的缂丝织款非常罕见，笔者并未在其他缂丝作品中发现同类型的织款。

三、文字名和印章混合型缂丝织款

文字名和印章混合型缂丝织款是指缂丝作品中同时织入织者姓名汉字和印章的织款类型。这类缂丝作品比较多，如朱克柔《莲塘乳鸭图》（图11-10）（纵107.5厘米，横108.8厘米，现藏于上海博物馆）；沈子蕃缂丝《秋山诗意图立轴》（纵86.8厘米，横38.3厘米，现藏于台北故宫博物院）、缂丝《青碧山水轴》（纵95.7厘米，横38厘米，现藏于台北故宫博物院）、缂丝《梅花寒鹊图立轴》（纵104厘米，横36厘米，现藏于北京故宫博物院）；吴圻（1427—1509年）缂丝沈周《蟠桃仙图轴》（纵152.7厘米，横54.6厘米，现藏于台北故宫博物院）等。以《莲塘乳鸭图》为例，图间青石上隐约可见缂织的文字"江东朱刚制莲塘乳鸭图"，下织"朱克柔"印一方。"刚"是朱克柔

图11-9　沈子蕃缂丝《桃花双鸟立轴》（宋代）

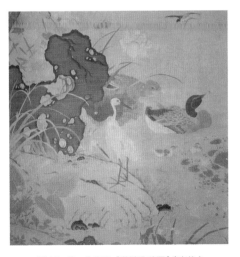

图11-10　朱克柔《莲塘乳鸭图》（宋代）

的名，这种织者题名与印章相结合的织款，反映了织者具有相当高的艺术水准，以及较强的缂丝底稿的创作能力。笔者认为，通过模仿书画作品的署名风格，织者将自己的姓名和印章都织入到作品中，证明他们已经在社会上获得了认可，除了临摹名家的字画外，极可能自己也创作一些缂丝底稿，反映了他们在社会上有一定的知名度。

第三节 | 中国古代丝织物织款的类型分析

通过对中国古代丝织物织款的分析和研究，笔者认为可将中国古代丝织物织款分为机头织款和缂丝织款两大类（表11-2）。机头织款又可细分为"物勒工名"型织款、"商标"型织款和"广告"型织款。机头织款这一特殊的产物产生于封建社会官营的织造作坊，其目的是加强织物质量管理。随着商品经济的发展，民间织造作坊之间的竞争也越来越激烈，也采用了官营织造作坊使用织款的办法，只是民间织款更多地体现了一种产品声誉。与此同时，西方列强的侵略使西方大量纺织品涌入中国，民间作坊在与西方纺织品的竞争过程中，逐渐接受了西方产品商标和广告宣传，这样就在织款中出现了大量具有"商标"萌芽和广告功能的织款。

表11-2　中国古代丝织物中的织款分类

织款类型		形式	特征
机头织款	"物勒工名"型织款	官营作坊织入"某某局臣某某"	标准统一，文字沿纬向自右向左居中排列，织款在机头部上下栏杆间
		民间作坊一般织入地名、作坊名、品名	风格依作坊不同而各异，文字一般沿纬向自右向左排列，但印章式织款沿经向排列，同时英文文字则按纬向自左向右排列
	"商标"型织款	织款中除织入地名、作坊名、品名外，还织入了一些醒目的花卉、水果、动物等图案，类似于近代的"商标"	织款文字排列一般沿纬向自右向左排列，但用色上采用多色，图案风格多样
	"广告"型织款	织款中除织入地名、作坊名、品名外，还织入一些广告用语，广告意味非常浓厚	广告用语一般采用自上而下，自右向左的书写方式

续表

织款类型		形式	特征
缂丝织款	印章型织款	织入织匠的印章	一般织于作品的左右两边中或下方
	文字名型织款	织入织匠名	织在树根石隙之间，或以小字简单款识书于画的边角或隐晦处
	文字名和印章混合型织款	同时织入织匠名和印章	综合了印章型和书写型织款的特点

缂丝作品主要是作为一种观赏性的艺术品，织款的形式也和书画作品署名相类似，据考证，到了宋代文人士大夫开始在绘画作品上题字，不过大多数绘画作品是不落款的。即使落款也会将姓名隐于画面的边角或隐晦之处。因此，缂丝作品中的织款也受到这种风尚的影响，出现于树根石隙之间或者边角和隐晦处。根据织者的署名方式可将缂丝织款分为印章型、文字名型、文字名和印章混合型三大类。对比宋、明两朝的缂丝作品，笔者发现明代的缂丝织款处于显著的位置，不再像宋代那样将书写的织者名置于隐晦处。例如，明代的吴圻缂丝沈周《蟠桃仙图轴》，织款书写"吴门吴圻制"，印"尚中"，吴门旧指苏州，吴圻字"尚中"。这一织款虽置于画面左下方，但位置处于明亮显眼之处。因此，笔者认为，缂丝织款的变化可能与绘画艺术署名方式的变化相关。

第四节　小结

中国古代丝织物的织款具有很高的研究价值。机头织款的变化更多地反映了当时政治、经济方面的变迁，从官营作坊的"物勒工名"到民间作坊"商标""广告"功能的转变，无不反映了封建官营作坊制度在商品经济的飞速发展和西方商品大量涌入的情况下逐渐瓦解的过程；缂丝织款的变化则更多地反映了文化上的变迁，从宋代缂丝织款处于画面的隐晦之处到明代缂丝织款处于显著之处，反映了当时艺术作品署名方式的变迁，同时也说明文化艺术作者地位的提升。另外，通过对古代丝织物织款的研究，可以使相关研究者从古老的传统文化中汲取精华，为当代纺织品商标广告创造提供一些有益的素材。

---

[1] 刘丽娴,王靖文. 中国古代丝织品的织款及其图形构成 [J]. 丝绸,2011(7):50-53.

[2] 金琳. 从《经纶堂记》残碑看明代浙江官营织造 [J]. 东方博物 .2007(2):71-78.

[3] 赵丰. 中国丝绸艺术史 [M]. 北京 : 文物出版社 ,2005:35.

[4] 中国嘉德四季拍卖第二十七期拍卖会·红地金丝龙纹云锦 [EB/OL].(2011-09-17)[2012-01-02].
http://yz.sssc.cn/index/item？ id=1748156&past=true.

[5] 赵丰. 中国丝绸通史 [M]. 苏州 : 苏州大学出版社 ,2005:817-827.

[6] 左旭初. 民国纺织品商标 [M]. 上海 : 东华大学出版社 ,2006:5.

[7] 刘丽娴, 王靖文. 中国古代丝织品的织款及其图形构成 [J]. 丝绸 ,2011(7):50-53.

[8] 朴文英. 缂丝 [M]. 苏州 : 苏州大学出版社 ,2009:89,92,101.

[9] 朴文英. 缂丝 [M]. 苏州 : 苏州大学出版社 ,2009:147.

第十二章

中国古代刺绣作品中的文字

刺绣，古称黹（音zhǐ）、针黹，俗称绣花或者针花，是以绣针施金银彩色丝、绒、线，按设计好的花样，在绸、缎、麻葛、布帛等织物底布上刺缀穿针，从而以绣迹构成花纹、图像或者文字。后因进行刺绣工作和擅长刺绣者多为女性，故又将刺绣称为"女红"。刺绣工艺与绣品上的文字纹样图案有着密切的关系，从材料上看，当刺绣材料出现刺绣文字所需要的绣线材料（青、黑两系颜色）时，刺绣文字才具备物质上的条件；从针法上看，当刺绣针法中出现适合刺绣文字的针法（齐针、接针和套针）时，刺绣文字才有出现的可能。

第一节 │ 刺绣作品中文字表达的技术基础

刺绣作品中文字表达的效果与刺绣工具和材料的选择、工艺流程的考虑及针法的合理使用密切相关，它们共同构成了刺绣作品中文字表达的技术基础。

一、刺绣工具与材料

刺绣工具和材料是刺绣工艺的基础，技艺娴熟的绣匠们以针为笔，以线为墨、以织物为纸进行刺绣创作，透过技艺的巧思，幻化成他们对针、线、布的艺术创作。

1.刺绣工具

刺绣工具包括绷架或绣箍、绣针。

（1）**绷架**。绷架用于刺绣大、中型绣品，正如清代著名刺绣大师沈寿（1874—1921）所言："大绷有广至丈者，适于大件，不常用。常用者为中绷，故举以为例。中绷横轴，内外各长二尺六寸。轴两端各三寸方，中二尺圆。方端之内，一寸八分，有贯闩之眼。（闩，《字汇》有：'数还切、音掮，门横栏也俗读如闪。'）眼广一寸二分，高外轴居中四分，内轴居中三分。闩之牡笋如眼，其长一尺八寸四分。"[1]绷架的形制和结构如图12-1和图12-2所示。

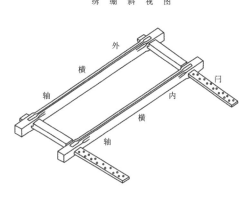

图12-1 绣绷斜视图

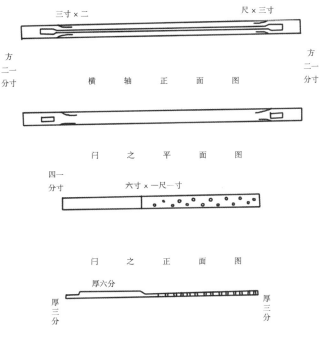

横　轴　平　面　图

三寸×二　　　　　　　　　　　尺×三寸

方
二一
　分寸　　　　　横　轴　正　面　图　　　　　　　方
二一
分寸

爿　之　平　面　图

四一
分寸　　　六寸×一尺一寸

爿　之　正　面　图

厚六分

厚
三
分　　　　　　　　　　　　　　　　　　厚
三
分

图12-2　横轴平面图

由图12-1和图12-2可知，横轴分为内外两根，它是中间呈圆柱形，两端呈方形的木杆，圆柱形部分中间有直线的嵌槽，方形部位有长方形的闩眼；绷闩两根，是一端呈凸形的扁木条，绷闩上有两排每隔3厘米的小孔，用于插绷钉；嵌条两条，是嵌入嵌槽的绳子，其长度与嵌槽的长度相等；绷钉两根，采用铁钉插入绷闩即可，用于固定绷架。

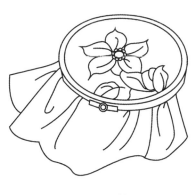

图12-3　绣箍

（2）绣箍。绣箍（图12-3）适用于家庭绣制小件绣品，是用两片竹片弯成圆形的小绷架。一般根据绣品的大小将绣底套合在内外两个圆形竹圈内，绣之前将作为绣地的面料夹在内外竹圈中绷紧。绣匠大多左手握持绣箍，右手绣花。相比于绷架，绣匠只能单手绣花，这也是绣箍只能用于家庭绣制小件绣品的原因。

（3）绣针。绣针的选择不可忽视，绣针的粗细不同，适用的绣法也不同。针尖宜锐利而针孔宜钝，最细的绣针为羊毛针。挑选绣花针时要注意针的"针鼻"和"针尖"。针鼻应为椭圆形，这样才能不咬线。针尖则越细越长越好。当然，并不是所有的情况都是如此，如纳纱绣的针尖应短而圆钝，针鼻应宽大，因为纳纱所用的是合股线或粗捻线、毛线。针鼻细小，穿线非常困难。[2]目前常用的绣针为12号针、9号针、羊毛针、绒线针等，常用刺绣针型如图12-4所示。

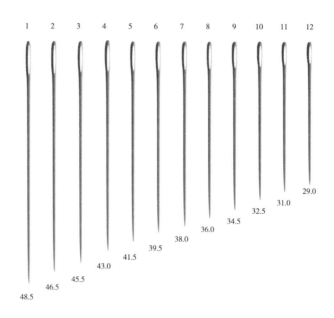

图12-4 刺绣针型（单位：毫米）

2.刺绣材料

刺绣材料包括绣线和绣底。

（1）**绣线**。绣线以蚕丝加工染制的绣花线为主，以纱线、金、银线为辅。据孙佩兰《中国刺绣史》介绍，蹙金绣所用金线，是用黄金、赤金锤炼加工而成，工艺复杂。首先把纯金锤打成极薄的金叶，再把金叶夹在油烟熏炼的乌金纸里，继续捶打成金箔。然后把金箔长宽切划整齐，贴在上胶上矾的毛边纸上。再对金纸进行磨光、磨亮处理。最后将金纸切成细条金片，把金片包捻在丝线上，就做成了捻金线。

图12-5为苏绣所采用的真丝绣线，色彩丰富。除此之外，广绣则以羽线为特征，即采用鸟类羽毛捻成，羽线中孔雀羽线最为出名，据明末清初屈大均（1630—1696）《广东新语》记载："有以孔雀毛织为线缕以绣补子及云肩袖口，金翠夺目，亦可爱，其毛多买于番舶""苏门答腊、暹罗、佛朗哥、安南……诸番赠物，均有孔雀毛、孔雀翎。"由此可知，孔雀羽线大多从外国进口，又如清代曹雪芹《红楼

梦》中就有勇晴雯病补雀金裘的故事，这件雀金裘就来自俄罗斯国的进贡。此外，使用人的头发丝作为绣线的被称为发绣，这种特殊的绣种是以头发代替毛线或丝线，利用人体头发自然的黑、白、灰、黄、棕等颜色，以及细、柔、光、滑的特性作为刺绣的绣线。

图12-5　苏绣所采用的真丝绣线

绣线在染坊染好后于坊间出售，虽然颜色丰富，但染成之色无法改变，绣工只能被动地在各色绣线之中进行挑选，选择最符合图样要求的颜色来使用。对于初学刺绣者，只需红、黄、青、绿、紫、黑、白七种基本色就够用了。

（2）**绣底**。绣底又称绣地、底子。丁佩在《绣谱》中指出："刺绣以缎为最，绫次之，绸、绢又其次也。但皆须素地，如有花纹，绣成光采必减。宜择细密光洁者为佳"。[3]笔者认为，丁佩将刺绣的绣底做了这样的排序，可能基于以下两点原因：首先，缎相对于其他织物较为厚实，在缎上进行刺绣，针线的牵引拉扯对绣底的影响会比较小；其次，缎光泽性在丝织物中为最好，绣线与绣底的光泽都很重要，这也是为何不将厚实、牢固性更好的平纹、斜纹丝织物列为最优绣底的原因。

当然，丁佩所指的是清代苏州一带的富家小姐所从事的闺阁画绣，因此，可以选择非常昂贵的缎料作为绣底。事实上，当时日用刺绣完全可以选用其他各类织物作为绣底，纱、罗、麻、棉都曾作过刺绣的绣底，只要刺绣品种、题材、针法等与绣底能相互配合，就能取得相当不错的艺术效果。通常来说，书画绣一般以经纬分明的方目纱作绣底。

二、刺绣的工艺流程

一般而言，刺绣工艺流程主要包括以下几个环节：设计、勾稿、上绷、勾绷、配线、刺绣，以及后整理等工序。

1. 设计

设计就是设计出刺绣的粉本，并不是所有的书画作品都能作为粉本，应当注意选择既能发挥书画的造型与色彩，又要考虑刺绣工艺所能达到的艺术效果。其实，画与绣有着共同性，《考工记》中记录"画缋之事"，唐代著名经学家贾公彦注释："凡绣亦须画乃刺之，故画绣二工共职。"这说明刺绣前必须先画绣稿，绣之前要对画稿进行选择。以苏绣、鲁绣为例，一般大多数刺绣作品选用国画为题材。[4] 当然，刺绣艺人在刺绣过程中并不只是一味地临摹画稿，必然会在针法和表现效果的要求下对画稿进行必要的再创作。

2. 勾稿

勾稿是将原稿描画成绣稿，当然是根据绣底的大小，将原稿放大或缩小描绘于绣稿上。这道工艺要求极高，一般是由专业人员（画师）来操作。如果是水墨画，可用版印的方式将画样印于绣稿上，但如果是水彩画，则必须由画师将原稿画于绣稿之上，并将色彩标注好，这样绣匠们才能依照绣稿在绣底上进行刺绣，如沈寿的刺绣作品《耶稣像》。1913年沈寿的丈夫余冰臣（1868—1951）将《耶稣像》油画的照片摹入绣底，沈寿则根据摄影件光色之异，巧用色线，绣成了这幅珍品。[5] 由此不难看出，如果没有余冰臣将《耶稣像》摹入绣底，沈寿可能无法绣出举世闻名的作品，可见勾稿具有非常重要的作用。

3. 上绷

所谓上绷就是将绣底固定于绷架之上，使绣底拉紧，使刺绣能在绣底上顺利进行。第一，把绷布的两边分别缝起来，沿横轴将绷布的两边卷在内外两个横轴上，中间嵌槽处用嵌条卡紧卷起来；第二，用绷闩插入横轴的闩眼处，用绷钉将整体框架固定；第三，将绣底左右两端用棉线缝上绷边竹，将绣底绷挺；第四，用绷绳穿入缝线交叉的空隙中，将绷边竹与绷闩连接缠紧，让绣底服帖，无皱纹，利于刺绣。

4. 勾绷

勾绷是指绣稿钉在绣底的反面，如果绣底是透明的，可以在绣底的正面呈现出绣稿的纹样来，此时，采用铅笔或毛笔在绣底上将绣稿勾画下来。如果绣底透明度差，还可以在绣底背面装上灯管使绣稿的纹样图案能在绣底上显现出来，再在绣底上进行勾画，这些勾画出来的线条将作为绣匠们下针的依据。

5.配线

配线是依据绣稿的色彩制作所需要的色线。据《雪宧绣谱》中所言："右凡为色八十有八，其因染而别者，凡七百四十有五。"[6]其中将色线分为青、黄、赤、黑、白、绿、赭、紫、灰、葱十类，八十八种原色，七百四十五种色线。由此可见，配制出准确的色线并非一件简单的事。

6.刺绣

刺绣时要先把劈好的线穿入针眼，在线的一端绕个小圈，将针穿入圈内抽紧，以免线从针眼脱出；线的另一端打个结，以防起针时线头拉出绣面。刺绣分为上手和下手两步，顾名思义，刺绣时一只手在绣底上方叫作"上手"，另一只手在绣底下方叫作"下手"。下手是将针自下而上刺出绣面，上手则是将针自上而下刺下去，这样一上一下，循环反复，直至绣满花纹为止。由于刺绣是一种需长时间坐着操作的安静劳动，既是艺术性创作，又是重复性劳动。因此，在其过程中要遵守一定的规则，以免损伤身体。在坐姿方面，双脚不论伸直或弯曲，必须并拢；肩膀不论高低，两边要保持平衡对称。若要避免坐的时候伤害到身体，就必须注意背部不能过高或过低；为避免口中的气哈出而弄湿了绣品，就必须和绣品保持一定的距离。

7.落绷

落绷就是将刺绣好的作品从绷架上取下来，它的操作方法和上绷完全相反。首先，放松绷线，拆除绷边竹。其次，取出绷钉，退出绷闩，拆取绷布与绣品之间的缝线，将绣品取下来。

8.后整理

绣品完成后，还需要进行后整理。后整理包括剪毛头、熨绣面、成合等工序。剪毛头是用剪刀剪去绣布上的毛头，使绣面整洁；熨绣面则是用熨斗熨平绣面，使其光滑服帖；成合是刺绣的最后一道工序，实用性绣品经过缝纫加工制成枕套、被面、靠垫等不同产品。欣赏性绣品则经过专人装裱成册或立轴。

三、刺绣针法与刺绣文字

通俗地讲，各种图案的形态与色彩全仗绣者运作手中线条千变万化而形成，而这种运针的方法，在刺绣中就叫作针法。中国刺绣到底有多少种刺绣针法？很难准确地回答。沈寿在《雪宧绣谱》中列举了十八种针法。朱凤（1910—1993）在20世纪60年代总结出六十余种传统针法。陈娟娟（1936—2003）、顾公硕（1904—1966）等人都曾认真考察过刺绣针法，并撰写过相关论文。根据这些研究成果，可以大略统计出相对稳定的刺绣针法有六十多种。

1.刺绣的基本针法

虽然刺绣的针法有六十余种，然而，根据丝线构成特点，我们认为可按其针法分为平绣、条纹绣、点绣、编结绣、挑花、辅助绣六大类。

（1）**平绣**。平绣是刺绣针法中最常见的一类，它是在平面底料上运用齐针、戗针、套针、撒和针和施针等针法进行刺绣的一类绣品。其特点是通过运针将线条组合排列成平面，粗细均匀，疏密得当，不交叉，不露底，轮廓边缘力求齐整。[7]

齐针又称直针、出边，其针法的要领是起针和落针都在纹样的边缘，主要依靠针脚的长短变化构成纹样。它的特点是线条排列均匀、整齐，根据线条的排列角度可分为直缠（图12-6）、横缠（图12-7）和斜缠（图12-8）。

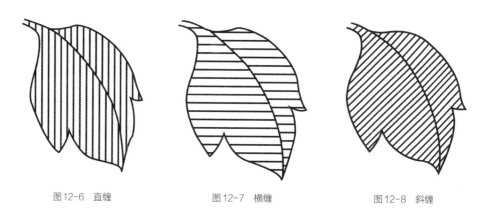

图12-6　直缠　　　　　　　图12-7　横缠　　　　　　　图12-8　斜缠

戗针又称抢针，就是用齐针的方法分皮前后衔接。针迹的分皮与纹样的结构色彩相结合，分皮越多，色泽转换越柔和。戗针根据不同的表现效果和程序可分为正戗、反戗、迭戗三种。正戗又叫顺戗，是由纹样外边开始，由外向内顺序进行（图12-9）；反戗又叫逆戗，是由纹样内部开始，由内向外顺序进行（图12-10）。它与正戗的不同之处在于，每皮之间要加扣线，即在前一皮线条末尾横绣一针，在后皮边线中心点起针竖绣一针，将横线扣成人字形，然后同理依次绣两侧的，最后横线逐渐成为弧形；迭戗是分皮间隔进行，首先，绣好一皮，空一皮，绣完半个纹样。然后在空一皮的位置上继续绣制，并将先期绣出的各皮绣线的首尾相连相迭，直到绣满纹样为止。由此可知，戗针的表现效果类似于绘画中的褪晕效果。戗针的特点是色泽变换柔和，光影效果明显，皮皮整洁匀净，富有装饰性。

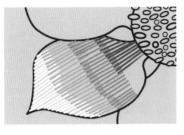 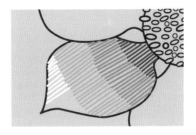

图12-9　正戗　　　　　　　　　图12-10　反戗

　　套针就是分皮地套叠在一起，正如沈寿所言："套者，先批后批，鳞次相覆，犬牙相错之谓。"套针又可分为平套、散套、集套三种。平套针是分批顺序进行，如图12-11所示，第一皮用齐针出边，两针之间留一线的空隙，以便第二皮落针。第二皮绣线在第一皮的中部下针，套入第一皮两线的空隙处。第三皮接入第一皮尾部，第四皮接入第二皮尾部，如此反复，直到绣满纹样为止。

第一皮　　　　　　　第二皮　　　　　　　第三皮

图12-11　平套针法

　　散套针的精髓在于散，即线条高低参差排列，分皮相叠。如图12-12所示散套的绣法，第一皮出边，外缘整齐，内作长短参差短针［图12-12（a）］。第二皮运用等长线条参差排列［图12-12（b）］，第二皮的线条要紧接第一皮线尾相压，并且嵌入第二皮线条之间［图12-12（c）］，以后各皮均以此类推，线条粗细与排列要均匀，针针相压，以隐伏针迹。

（a）　　　　　　　　（b）　　　　　　　　（c）

图12-12　散套针法

集套针（图12-13）是专门用于绣制圆形纹样的针法，和平套针有些类似，只是在接近圆心的位置绣线的密度要远大于边缘部位的密度，而且绣线的密度与绣线到圆心的距离成反比例。

撽和针（图12-14）又称"羼（音chàn）针""长短针""掺针"等。它与散套大同小异，不同之处是：第一，散套针线条重叠，撽和针线条平铺，绣面平整；第二，散套针的针迹隐藏，撽和针的针迹比较显露，便于加色和调绣。具体绣法：首先，第一皮用长短针线条参差排列，然后，第二皮插入第一皮线条之间，并且第二皮的线条等长，不可刺入第一皮绣线上。第三皮与第一皮首尾相接，以此类推，绣完所绣花纹。撽和针一般用于绣制花鸟、人物、树石、书法等。

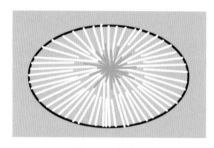

图12-13　集套针

图12-14　撽和针

施针就是施加于其他针法上的意思，这种针法疏而不密，分岔而不并拢，灵活而不死板。其操作采用分层的方式，在精品刺绣中，绣制翎毛走兽，大多采用这种针法。第一层线条长短参差，线条间的距离一般间隔两针，但如果色彩复杂，也可增大线条间的距离，第二层至第六层按照前一层的组织方法，但第二层必须和打底的绣线纹路错开，不可与它重叠。

综上所述，笔者认为，平绣在技巧方面可以简单地概括为"平、齐、细、密、匀、顺、和、光"。平是针对绣面而言，要求平整服帖；齐、细、密、匀主要是针对线条运用的要求，齐指线条齐整、排列有序；细指用针用线纤巧；密指线条排列密集，不留空隙；匀指线条排列的疏密一致。顺是针对丝理而言，要求丝理顺和。和是针对配色，要求整体配色和谐。光则突出表现的效果，要光彩夺目。

（2）条纹绣。条纹绣是表现条纹形体的一类针法，它是一针接一针，勾勒线条。它主要包括接针、滚针、切针、锁绣、拉锁子等针法。

接针（图12-15）是用均等的短针，前后衔接，后针衔接在前针末尾中间，连续进行的技法。它的特点是针迹长短相同，针针相连，隐去针脚，适合绣制线条、马鬃、松针、水草、花须、书法等。

滚针与接针相似，不同之处是：接针是针针相接，而滚针则是第二针插入第一针的中间，第三针插入第一针的末端。

切针（图12-16）又称回针、刺针、辑针，原用于衣裤的缝接。针脚大概是1毫米，第二针必须回入第一针的针眼，针针相接，每一针均成粒颗状。切针的缺点是不能藏去针脚。一般用于绣荷包上的曲折和回纹图案。

锁绣（图12-17）因其形状像一条锁链或辫子而得名，因而又叫辫子绣。其绣法：首先，第一针在纹样的根部起针，落针于起针近旁，落针时将线兜成圈形，再把第一针兜成圈形线拉紧，即可产生锁链状的形状。

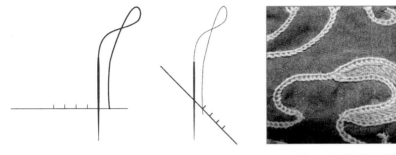

图12-15　接针　　　　图12-16　切针　　　　图12-17　汉晋绮地锁绣局部

拉锁子（图12-18）是汉族刺绣传统针法之一，它是用一根粗线盘成连续的圆圈，再用一根细线作钉线，把粗线固定下来，这种针法大多用来绣实用品上的花叶。苏绣中这种技法被称为拉锁子，而粤绣中则被称为"打倒子"。

（3）点绣。刺绣中用于表现点的针法被称为点绣，当然这些点根据需要又可组成线和面，它既可以是一种针法，又可成为一种刺绣品种。点绣包括打子针、结子针、珠绣等。

打子针（图12-19）一般用于绣制花蕊，可以产生立体感的效果。具体操作：首先，把线拉上绣面，上手先将线抽去，下手将线拉住，将针放在线外，然后，将线在针上绕一圈，形成一个线圈，在距离原针眼约一二丝处下针，收紧线圈变成一子，不可露出绣地。绣制顺序一般由外向内，子与子的排列要均匀。

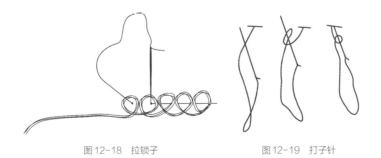

图12-18　拉锁子　　　　　　　　图12-19　打子针

结子针（图12-20）是在打子针的基础上发展而来的，结子针和打子针的不同之处是：结子针将线穿过线圈，形成一个结子，然后往下拉；打子针的线并不穿过线圈。因此两者所产生的粒子在形状上稍有不同。

图12-20　结子针

珠绣是以珍珠、珊瑚珠、宝石珠、玻璃珠等珠子作为材料的刺绣针法。早在唐代珠绣就已经出现，到了明、清两代更趋成熟。[8]其绣可分两种：一种是先用线把珠子穿成一串，以其为"综线"盘排纹样，用小针钉牢，沿花样轮廓由外向内，随盘随打。另一种是在绣好部位上钉几粒，如花蕊部位，穿一粒钉一粒。

（4）**编结绣**。编结绣是采用类似于编结的组织方式刺绣的一种绣法，它包括网绣、铺绒绣等针法。

网绣是用横、直、斜三种不同方向的线条搭成三角形、菱形、六角形等连续几何形小单位之后，用线线相扣的方法，在各小单位中搭成各种美丽的花纹。[9]

铺绒绣针法类似织锦的方法，又称为"挑绣""铺绣""别绣"。首先用丝线或生丝线紧密平行地铺满直线，即为经线。然后再用劈绒线作纬，挑出所需花纹。因所绣图案多呈几何纹，产生与织锦相似的效果。

（5）**挑花**。挑花（图12-21）是一种古老的刺绣针法，已见于东汉的刺绣遗物中。一般以平纹织物为绣底，用无数个十字鳞列成纹样。挑花的本质是"数丝而绣"，基本做法有两种，一种是横竖挑法，先挑十字的一针，挑回来时再挑另一针，即一次只挑一个十字，再用同样的方法直至挑完每一个十字；另一种是斜向挑花，先以相间垂直的单针挑过所有十字的第一针，再用同样的方法挑回来，完成每个十字。

（6）**辅助绣**。辅助绣也叫"辅助针"，顾名思义，特指为了强化艺术效果而在局部使用的特殊针法，它不能独立绣形体，因此被称为辅助针。归入这类的针法有：铺针、扎针、刻

图12-21　挑花

鳞针、施针等。

　　铺针（图12-22）即用长直针由头至尾刺绣，让绣线平铺于绣面，然后按需要在其上或施或刻。绣凤凰、孔雀、仙鹤、鸳鸯、锦鸡等动物的背部时，先用铺针铺底，再施或刻。铺法主要有两种：一种是直铺，一针一针平铺绣面，另一种是依照纹样转折，采用接针铺满绣地。铺针线条简单，排针细密。

　　扎针（图12-23）又叫"勒针"，一般在刺绣鸟类、家禽的胫部和爪部时用到，先用直针或铺针按轮廓绣好，后加横针在其上，如同扎物。

图 12-22　铺针示意图

图 12-23　扎针

　　刻鳞针是用于绣有鳞动物或蝴蝶头腹的一种特殊针法。按沈寿所言，按照技艺的高低可分为扎鳞针（图12-24）、戗鳞针（图12-25）、叠鳞针（图12-26）、施鳞针（图12-27）。扎鳞针以铺针为底，先用绣线依次勾勒出边，然后在轮廓内以短扎针用细线扎出鳞羽状，刺绣初等品一般用此种针法；中等品则用到戗鳞针，戗鳞针不用铺针，依照墨线勾勒好的鳞框来绣，近框边处用戗针，以达到颜色的自然过渡，框外第二片鳞的相接处，要留有水路；精品刺绣则用到叠鳞针与施鳞针，叠鳞针就是先按照鳞形的纹样阔度横一针，再用短针将横线扣成一个三角形，然后用套针法绣轮廓内的纹样，扣成一个鳞形，这种针法不留水路。施鳞针是灵活运用叠鳞针和施针的一种刻鳞方法，即先用叠鳞针技法，用多色线分阴阳面绣地，再用施针分鳞，使鳞片隐现而生动。

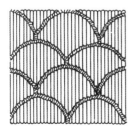

图 12-24　扎鳞针

图 12-25　戗鳞针

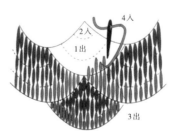

图 12-26　叠鳞针

图12-27　施鳞针

2.刺绣文字相关的技法

刺绣文字相关的技法主要包括刺绣文字的针法和刺绣文字的用色两方面，刺绣文字的针法是指刺绣文字所需要的针法，刺绣文字的用色则是刺绣文字时所需的绣线颜色。

（1）**刺绣文字的针法**。刺绣文字的针法比起刺绣图画要简单得多，清代著名刺绣大师丁佩曾指出："真字宜瘦，挑、趯、点、拂，皆须各具锋芒。如作藏锋，便少疏朗之致。草书点画最简，萦拂处更易见长，惟转折肥瘦，均须留神，否则便失书意。隶书匀整平直，但宜具古秀之致。篆则光圆宛转，本属绣工之所长，第须起讫分明，神完气足而已。"[10]丁佩的这段话从字体特征出发，说明刺绣文字的要点，只有短短一段，但评价非常当得。虽然没有具体讨论刺绣文字的针法，但分析了刺绣草、隶、篆书法应注意的细节。如果没有长期的刺绣文字的实践，丁佩绝不可能提出如此精辟的见解。沈寿在《雪宧绣谱》中进一步阐述了刺绣文字的具体针法，"绣行草书，转折处，宜用此针（接针）；点画及铺豪处，用套针"。[11]具体来看，绣制文字也可以运用斜缠针法绣制，沿着绣稿边缘呈现45°绣制，下针一定要精准。大型的字体的小墨点也使用斜针，绣制大圆点，先从圆点上部起针，定格小针，用套针针法往下绣，可以用散套也可以用单套的形式。套针的方向要以竖直方向套，切忌一下横套一下竖套。由此可知，刺绣文字只需要使用齐针、接针和套针就可以达到所需效果。

印章文字也是刺绣文字的一种，印章所用的丝线为真丝线，使用八至十六丝红色线。一般绣制印章用八丝来绣制，用斜形短线缠绕纹样轮廓绣制，适合绣制一种颜色的字体，如字体比较宽用斜缠针比较好，这种斜线当然可以用两色相间的办法处理颜色的变化。但印章是纯红色的，就不需要两色相间的办法来处理了。特别注意有弧度的地方，不是方方正正的。

（2）**刺绣文字的用色**。刺绣文字一般使用青、黑两系颜色的绣线。青色绣线流行于明代的刺绣法书，如明代倪仁吉（1607—1685）绣有《心经》一卷，据说就是以深青色线绣制的。又如朱启钤《刺绣书画录》中就记载"明刺绣《心经》、

《金刚经》一册"，为"黄洒金绢本，天青绒绣"，"明刺绣《金刚经》二册"，用"素绫本，天蓝绒绣"等。而清代绣字多用黑色，当然青字也很常见。丁佩曾指出："黑以代墨，惜无浅深。然以之绣字，则不愁'书被催成墨未浓'矣。别有墨绣一种，则又以层次玲珑界限清楚为贵也"。[12]从丁佩的言语可以看出，她认为黑色线最适合代替墨汁来刺绣书画作品，但与书法用墨相比，刺绣在法书的表现上有利有弊。弊端在于难分深浅。书法用墨，下笔有深有浅，墨色有浓有淡。但是黑色绣线只有一种颜色，无法像红绿等色一样分出深浅层次，因此也就无法最准确地摹绣出书法的精髓，这未免不是一种遗憾。沈寿在《线色类目表》中将元青、铁青也归入黑色，也是考虑到刺绣时色彩过渡的需要。刺绣和书法相比又有利处，就是不用担心"书被催成墨未浓"。古人写字要先磨墨，磨到墨汁浓稠了才能下笔写字，若是心急等不及墨磨好，写出的字墨色浅淡，观感不佳，也不利于保存。而刺绣就不必有此担心了。丝线已染好颜色，只待慢慢绣来即可，不会出现仓促落笔未尽人意的窘状。

此外，还有用头发充当黑色绣线的绣种，即"发绣"。中国人的头发多为黑色，因此发绣也被称为"墨绣"。英国伦敦博物馆收藏的《东方朔像》是迄今为止发现最早的发绣作品，相传是南宋皇帝赵构（1107—1187，1127—1162年在位）之妃刘安所绣。《女红传征略》记载宋代孝女周贞观花了二十三年时间，发绣《妙法莲华经》七万字。

综上所述，刺绣这门艺术与书法、绘画密不可分，自宋代名门闺秀以精妙的绣法绣制出各种山水、人物、翎毛、花卉，摹绣名人书画，惟妙惟肖。[13]至于字型刺绣的难易程度，沈寿曾指出："绣于美术连及书画。书则篆隶体方，行草笔圆，故绣圆难而方易"。[14]因此，在刺绣中作品中篆隶字体远比行草字体的文字简单。

第二节 ｜ 中国古代刺绣作品中的文字分析

中国古代刺绣作品中的文字大都存在于书画艺术绣和日常生活绣中，书画艺术绣是融刺绣、书画、印章为一体的艺术作品，中国四大名绣（蜀绣、苏绣、湘绣、粤绣）与顾绣均以书画绣而闻名，反映了古代社会中的士大夫、文人阶层对书画刺绣的喜爱。同时，日常生活绣中也有大量文字的身影，日常生活绣又可划分为宫廷和民间两大类，两种不同风格的日常生活绣，虽然在用料、技法上差异很大，但通过文字表现人们对生活的热爱和希望方面却有着共同之处。

一、书画艺术绣中的文字分析

书画艺术绣是指以书法或绘画作品作为粉本的刺绣艺术作品，按照题材可将其分为宗教主题和书画主题两大类。

1.宗教主题的刺绣作品

宗教之所以能伴随着人类社会长期地存在着，主要是宗教自身拥有人们所需要的政治、道德教化、文化传播、社会交往等功能，特别是道德教化功能历来受到统治阶级重视并加以利用。而中国古代宗教将宗教祭祀作为基本的教化手段，要求人们以虔诚的态度敬祭神灵，以培养人们对人格神——天子的诚实无欺的品格。[15]因此，在统治阶级内部就有很多人笃信宗教。

（1）南北朝时期带文字的刺绣佛像。佛教作为中国最大的宗教，自东汉时期（25—220年）从印度传入中国后得到飞速发展。至南北朝时期（420—589年），佛教已经发展成为上至皇室宗亲下至平民百姓普遍信仰的宗教。当时信徒普遍认为，刺绣制作佛像是为了布施，每一针代表着一句诵经，刺绣的过程也就有了积福的含义。同时，在刺绣佛像中还流行发愿文，表达了人们对佛的某种具体的祈祷。例如，1965年在甘肃敦煌莫高窟出土的北魏广阳王元嘉供奉的刺绣佛像残片（图12-28，长49.4厘米，宽29.5厘米，现藏甘肃省敦煌研究院），全幅正中是一尊大佛，其右侧是一位菩萨，下部正中是发愿文，供养人身旁为名款。供养人中有一男四女，均着胡服。从针法上看，所有的图像和文字均由锁绣绣出，线条流利如画，针势走向随纹样转折而变化。从刺绣文字上看，人物旁边的名款从左至右分别为"师法智""广阳王母""妻普贤""息女僧赐""息女灯明"，而正中的发愿文虽然残缺，但根据残存的文字"……十一年四月八日直广阳王慧安造"，以及人物的服饰等可以断定其刺绣

图12-28　北魏广阳王元嘉供奉的刺绣佛像残片局部

年代为北魏（386—557年）太和十一年（487年）和它的供养者广阳王慧安（元嘉的法号）。[16]由此可知，南北朝时期佛教在统治阶级内部非常流行，人们乐于采用刺绣佛像和发愿文的方式来表达自己的虔诚。正因为发愿文的出现对于我们了解当时人们的宗教心理提供了生动又较为准确的资料。

（2）隋唐时期带文字的刺绣佛像和刺绣佛经。唐代的《灵鹫山释迦牟尼说法图》（图12-29，高241厘米，宽159厘米，现藏于英国大英博物馆），绣布中央绣有身着红色袈裟的释迦牟尼立像，两侧侍立着二菩萨二弟子，释迦牟尼脚下绣有两只狮子，头上绣有宝盖，并在其两侧各有飞天一人。最下端是发愿文、供养人和侍女。在僧装供养人和官吏装男供养人旁有部分名款信息"崇教寺维那义明供养""……王□□一心供养"。从最下端人物的服饰上看，应为唐代人的装着。至于确定的年代，马德先生根据名款"崇教寺维那义明供养"和《李君莫高窟修佛龛碑》相关信息认为，《灵鹫山释迦牟尼说法图》的绣制时间应该在武周圣历年间（698—700年）。[17]此外，除了这件带有发愿文的刺绣作品外，世界各地还保存着大量不带发愿文唐代刺绣佛像，如《观世音像》（现藏于英国伦敦博物馆）、《千佛图》（现藏于印度国立图书馆）、菩萨绣像（长153厘米，宽126.1厘米，现藏于德国柏林印度美术馆）等。这一情况说明唐代的刺绣佛像除了功用性目的外，又开辟了一条朝着艺术性目的发展的道路。

图12-29　《灵鹫山释迦牟尼说法图》

唐代除了绣佛像外，还有刺绣经文的文献记载和遗物。唐代苏鹗编撰的《杜阳杂编》中曾记载："永贞元年，南海贡奇女卢眉娘，年十四。眉娘生而眉绿细长也。称本北祖帝师之裔。自大足中，流落于岭表。后汉卢景裕、景祚、景宣、景融，兄弟四人，皆为皇王之师，因号帝师。幼而慧悟，工巧无比，能于一尺绢上，绣《法华经》七卷。字之大小，不逾粟米粒，而点画分明，细于毛发。其品题章句，无有遗阙。"[18]唐代的刺绣佛经遗物，如法藏敦煌文献P.4500绢本蓝地金银丝线绣佛说《斋法清净经》（图12-30，长90.5厘米，宽27.8厘米，收藏于法国国家图书馆）是敦煌藏经洞所出土的唯一一件刺绣佛经。[19]它在蓝灰色的平纹绢上，先用黑线打框，再墨书经文，最后运用浅黄褐色无捻丝线，采用劈针（相当于现代的接针）刺绣。绣字共48列，每列17字，共约807字。[20]如此多的文字，在这么小的绣面上刺绣出来，一方面表现了唐代高超的刺绣针法，另一方面又反映当时人们对佛教的虔诚，否则不会花如此大的代价在刺绣佛经上。

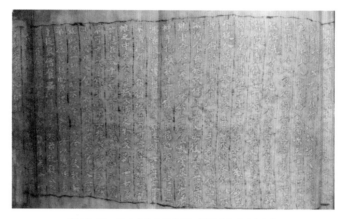

图12-30　绢本蓝地金银丝线绣佛说《斋法清净经》

（3）**宋代带文字的刺绣佛像和刺绣佛经。**宋代是中国商品经济较为发达的一个朝代，这一时期由于商品经济的发展，在民间出现了一些专门以刺绣为业的绣匠。这些绣匠中又有相当一部分是笃信佛教的贞女孝妇和出家的尼姑。据《东京梦华录》记载，在东京相国寺东门街巷中的绣巷，有很多尼姑从事刺绣的活计，并且将绣品拿到相寺两廊处出售。[21]因此，笃信佛教的绣匠刺绣一些佛像和佛经是非常合乎情理的。据《存素堂丝绣录》载："宋绣《金刚般若波罗蜜经》，本色绫地册页五十六开，每页二幅，高九寸三分，阔八寸五分，绣字五行，每行十五字，共五千九百九十六字。引首七页分绣佛相，为本经启请诸菩萨及世尊趺坐石上说法，须菩提膝地谛听，韦驮尊者护法诸相。"[22]从这段话中，不难看出，宋绣《金刚般若波罗蜜经》其实是一件集刺绣佛像与佛经于一体的刺绣书画册。又如宋绣《千手千眼无量大延寿陀罗尼经》两册（现藏于台北故宫博物院），也属于同一类型的宗教刺绣作品，可谓佛经刺绣的巨构。

（4）**元代带文字的刺绣佛像和刺绣佛经。**元朝是北方游牧的蒙古族在中原建立的第一个大统一的少数民族王朝，自忽必烈以后，元朝上层统治阶级信仰佛教，作为那个崇佛时代的见证，元代的刺绣佛经传世的比较多，北京故宫博物院、上海博物馆、首都博物馆、辽宁省博物馆都有这一时期的刺绣佛经。这一时期的刺绣佛经与宋代的有所不同，主要体现在以下四个方面：

第一，元代刺绣佛经的文字数量上要远比宋代的多。例如，上海博物馆收藏的元代刺绣《妙法莲华经》第一卷（全长1953.3厘米，宽41.1厘米），加上序文、题名和经文共有9122个刺绣文字。[23]而据序文所言，这一作品原本是全套的七卷刺绣《妙法莲华经》，其总字数应超过7万字。又如收藏于首都博物馆的元代黄缎地刺绣《妙法莲华经》第五卷（长2326厘米，宽53厘米）共绣有10752个文字。[24]此外，收藏于北京故宫博物院的元代刺绣佛经字数则为10752字。[25]而朱启钤录入《存素堂丝绣录》的宋绣《金刚般若波罗蜜》经共有5996个刺绣文字，相比元代的刺绣佛经，字数要少很多。

第二，宋元两代典型的刺绣佛经均采用佛经和佛像的巧妙结合，但经和像的位置却有所不同。如宋绣《金刚般若波罗蜜经》引首七页分别绣诸菩萨、世尊、须菩提、韦驮尊者等像，卷尾并未绣像。而收藏于上海博物馆的元绣《妙法莲华经》第一卷卷首彩线绣灵会诸佛像，卷尾彩线绣制护法韦驮像。同样，首都博物馆收藏的元代黄缎地刺绣《妙法莲华经》第五卷（图12-31）和故宫博物院收藏的元至正二十六年绣《妙法莲华经》，卷首尾均分别彩绣释迦牟尼佛和韦驮护法图。

图12-31　元代黄缎地刺绣《妙法莲华经》第五卷卷首

第三，从首都博物馆、上海博物馆所藏的元代刺绣《妙法莲华经》来看，均用到钉金绣刺绣经文中的"佛"字，且在"我"字之后的"佛"字均用钉金绣绣出一个佛的形象（图12-32）。通过对这两件作品的经文题跋可知，上海博物馆所藏的刺绣《妙法莲华经》第一卷为嘉禾（今嘉兴市）城南桂坊女善人李德廉绣制，而首都博物馆收藏的刺绣《妙法莲华经》第五卷则是李德廉与其外甥女姚惠真共同绣制。由于故宫博物院所藏的刺绣《妙法莲华经》的资料较为简略，并不能确定是否为李德廉与姚惠真所绣，但从其确定的年代至正二十六年（1366年）来看，也有此三作同为李德廉与姚惠真绣制的可能性。不管这三件作品是否出自同一绣工之手，我们都可以看出，元代的刺绣佛经中的佛像主要分插入于卷首和卷尾，经文中的关键字则有时采用元代流行的钉金绣绣制。

第四，宋元时期的刺绣佛经大致印证了明代高濂（1573—1620）对宋元两朝画绣的评价。高濂曾在《燕闲清赏笺》中指出，宋代的绣画，无论是山水人物，还是楼台花鸟，在用针上，十分细密，不露针脚，工艺精湛；在用线上，用绒只有一二丝；在用色上，设色开染甚至超过绘画。而元代的绣画则用绒粗肥，落针不密。在人物眉目上一般采用墨笔描绘。虽然，现存的元代《妙法莲华经》并没有用墨描画，但在用线、用针上确实粗肥和疏松。

（5）明清时期的刺绣佛像和佛经。 明清时期，出现了很多刺绣佛像佛经的高手，据朱启钤《女红传征略》中所载，有顾韩希孟、净业庵尼、蒋溥妻王氏、邹涛妻赵氏、俞韫玉、钱蕙、徐湘苹、金采兰等。其中徐湘苹（约1618—1698）不仅是刺绣佛像的女红高手，而且也是清初著名的女词人、诗人、书画家。清初著名学者陈维崧（1625—1682）对徐湘苹的评价极高，在其《妇人集》中称她："才

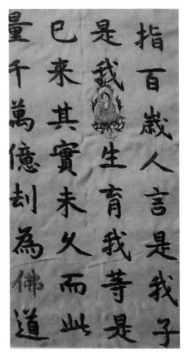

图12-32　黄缎地刺绣《妙法莲华经》第五卷经文局部

锋遒丽，生平著小词绝佳，盖南宋以来，闺房之秀，一人而已。其词，娣视淑真，姒蓄清照。"在书画方面，徐湘苹擅长大士像，据《庸闲斋笔记》中记载，她曾画大士像5048幅，世人都争着收藏，清世祖顺治皇帝曾将她的大士像取入宫中，并在像上题词。[26] 可见，徐湘苹才华横溢。

现传世的明清刺绣佛像以顾绣佛像的艺术水平最高，其中具有代表性的有顾绣《十六应真册》、顾绣弥勒佛像等。目前发现的顾绣《十六应真册》其实有两套，分别收藏于北京故宫博物院和上海博物馆。应真即罗汉，是小乘佛教修炼的最高果位，中国的罗汉一般为十八罗汉，那是因为在唐代之后，后人将降龙尊者与伏虎尊者加入罗汉使其增至十八位。北京故宫博物院与上海博物馆收藏的顾绣《十六应真册》均为十八开，首开大慈大悲观世音菩萨，末开韦驮护法尊者，中间十六开各绣一应真，接针绣"皇明顾绣"朱文印。这两套作品中的人物刻画细致入微、面部表情传神，绣品背景非常简略，典雅素净，突出禅宗的意境。唯一区别之处在于上海博物馆所藏钤有"明月松间照，清泉石上流""水竹山人"等收藏印章（图12-33、图12-34），说明两套刺绣佛像均用同一粉本。明代著名画家丁云鹏的《罗汉册》与这两套绣册几乎一模一样，只是在白描和设色上有所区别，因此，有学者认为，丁云鹏的《罗汉册》应为顾绣《十六应真册》的粉本。[27]

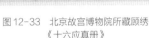

图12-33　北京故宫博物院所藏顾绣
《十六应真册》

图12-34　上海博物馆所藏顾绣
《十六应真册》

对于顾绣《十六应真册》的年代，学界还存在一些争议，有些学者认为其是清代绣品，[28]也有一些学者认为其是明代绣品。[29]笔者认为，顾绣《十六应真册》为明代绣品的可能性极大。第一，"皇明顾绣"这一绣印中的"皇明"一般是明代人对当朝的尊称，明代的很多典籍也是以"皇明"冠名的，如《皇明典礼志》《皇明通纪》等。当然，这种习惯也为清人所沿用，一般称当朝为"皇清"，如清代的《皇清经解》《皇清职贡图》《皇清开国方略》等都是这样命名的。

第二，自有清以来大兴文字狱，文字中稍有流露对故国的留恋就会造成杀身灭族之祸。仅清代文字狱数量而言，比中国历史上其他朝代的总量还多，大概在160至170起左右。从清代文字狱的惩处力度上看，中国任何一个朝代都没它严酷。[30]例如，顺治十七年（1660年），张缙绅为刘正宗的诗集作序，称为"将明之才"。仅依这四个字，清廷就以"煽惑人心"之罪，将著书的刘正宗立绞，作序的张缙绅立斩。又如雍正四年（1726年），查嗣庭到江南某省主持科考，仅出考题"维民所止"，因"维止"有"雍正"去首之意，就被雍正皇帝处斩。[31]仅仅由于清代统治阶级的某种猜忌，就无端处人以斩首的惩罚，可见，清代的文字狱是何等残酷。在这种情况下，清代顾绣中如果出现"皇明"两字，定会招来杀身灭族之祸。

第三，认为顾绣《十六应真册》是清代作品的观点中，其主要佐证是由于有两套一模一样的作品的存在，而断定其为商品绣，从而将其划入清代的范畴。事实上，通过对其针法的分析，其针法极细、注重细节，并没有运用笔墨来处理人物的面部表情，因此，笔者认为其为商品绣的可能性并不大，不能仅因为存在两件一模一样的作品，就断定其为商品绣。

综合以上三点，笔者认为，传世的顾绣作品中如果出现"皇明顾绣"刺绣印章，断定其为明代的产物应该是没有太大问题的（赝品除外）。

除了顾绣《十六应真册》外，明清时期的顾绣弥勒佛像（图12-35，纵54.5

厘米，横26.7厘米，现藏于辽宁省博物馆）也是刺绣佛像中的精品。该图构思巧妙，下端为一跌坐于蒲团之上的弥勒佛，面像憨态可掬，身着百纳僧衣，大腹便便，给人一种既可爱又亲切的感觉，上端墨书董其昌题赞："于一豪端，现宝王刹；向微尘里，转大法轮。"题赞后端题有"董其昌书"款和"董其昌"朱文印章。绣幅上无作者名款年月，对于此作品的作者，学界存在两种观点，一种观点认为是韩希孟作品，另一种观点认为可能是缪氏作品，均无定论。[32]笔者倾向于其为韩希孟作品这一观点。第一，韩希孟必定刺绣过佛像，但并未绣有自己署名的印章。我们从其夫顾寿潜的号"绣佛斋主人"可知，如果韩希孟没有刺绣过佛像，其夫也绝不会使用"绣佛斋主人"这样的称号，并且韩希孟绣过的佛像作品必定也不在少数，否则顾寿潜为何不号"绣山水鸟鱼斋主人"；第二，在佛像作品中一般不会署上自己的名字，因为刺绣佛像一般是用于供奉礼拜之用，绣上自己的名字是不合适的，这也是韩希孟的佛像作品中没有出现署名的原因；第三，顾绣弥勒佛像作品中有明代著名书画大师董其昌的题字，而且在其作品中上端早已预留较大空间让其题字，可见这件刺绣佳作的主人与董其昌的关系非同一般，否则也不会有十足的把握预留题字的空间。而根据相关的记载，韩希孟的丈夫顾寿潜就是董其昌的入室弟子，这种亲密的师生关系，最有可能在绣品上预先留有空间请董其昌题字。

图12-35　顾绣弥勒佛像

2.书画主题的刺绣作品

书画主题的刺绣作品是指以书画作品为粉本的一类作品，传世的这类刺绣作品以明清时期的居多。笔者认为，对于书画主题刺绣作品不仅要对现存的传世作品进行搜集与整理，而且还要对历史文献中的相关记载进行搜集与整理，这样才能对其作出客观的分析与研究。

（1）中国古代文献中书画绣品。中国古代文献资料中有大量书画绣品的记载，而最早将书画引入刺绣作品中的应当是三国时期吴主孙权（182—252）的赵夫人，前秦（350—394年）王嘉（？—390）撰的《拾遗记》卷八中记载："吴主赵夫人，丞相达之妹。善画，巧妙无双，能于指间以彩丝织云霞龙蛇之锦，大则盈尺，小则方寸，宫中谓之'机绝'。孙权常叹魏、蜀未夷，军旅之隙，思得善画者使图山川地势军阵之像。达乃进其妹。权使写九州方岳之势。夫人曰：'丹青之色，甚易歇灭，不可久宝；妾能刺绣，列国方帛之上，写以五岳河海城邑行阵之形.'既成，乃进于吴主，时人谓之'针绝'。"[33]虽然，赵夫人所刺绣的是一幅地图，但地图中必定使用文字标注城郭、山川、河流。因此，赵夫所作刺绣的地图也必定也有刺绣文字。这说明至迟在三国时期，就已经出现了刺绣文字。

到了唐代，刺绣文字的使用逐渐增多，据《旧唐书·舆服志》所载："则天天授二年二月，朝集刺史赐绣袍，各于背上绣成八字铭。长寿三年四月，敕赐岳牧金字银字铭袍。"[34]此足知则天时之风，尚字数盖以多为贵也。宋吴曾《能改斋漫录》中载："《新唐书·狄仁杰传》载仁杰转幽州都督，赐紫袍、龟带。后自制金字十二于袍，以旌其忠，其十二字史不着著，家传云：'以金字环绕五色双鸾，其文曰：敷政术，守清勤，升显位，励相臣。'"[35]笔者认为，"后自制金字十二于袍"应当是刺绣金字，当然，可能是武则天（624—705，690　705年在位）手书，宫女或宫中的织绣作坊进行绣制。首先，如果是直接书写在袍上，显然不合乎常理。袍服的使用必然会将其弄脏，需要清洗，这样就会使手书的字迹模糊甚至消失，因此，只有刺绣上去才能解决衣服清洗这类问题。其次，作为一国之君的武则天绝不会自己亲自将字刺绣在衣服，一则她日理万机，根本没有时间去进行刺绣之类的女红之事；二则亲自刺绣可能会带来非议。因此，狄仁杰（630—700）的这件带有金字的袍服极可能是由则天皇帝手书，他人代为刺绣的产物。

唐代除了使用刺绣文字对大臣进行表彰和拉拢外，还有人使用刺绣文字作为座右铭。据唐王仁裕（880—956）《开元天宝遗事》所载："唐光禄卿王守和，未尝与人有争。尝于案几间大书忍字，至于帏幌之属，以绣画为之。明皇知其姓字非时，引对曰：'卿名守和，已知不争。好书忍字，尤见用心。'奏曰：'臣闻坚而必断，刚则必折，万事之中，忍字为上。'帝曰：'善。'赐帛以旌之。"[36]

到了元代，元帝下的诏书也有采用刺绣文字的记载，据元代陶宗仪的《辍耕录》中记载："累朝皇帝於践祚之始，必布告天下，使咸知之。惟诏西番者，以粉书诏文於青缯，而绣以白绒，纲以真珠。至御宝处，则用珊瑚，遣使赍至彼国，张于帝师所居处。"[37]由此可知，在元代新皇登基，针对海外诸国的诏书均使用刺绣文字。

明清时期，文人已经开始收藏刺绣书画。据明代汪砢玉（1587—？）撰《珊瑚网画录》载："龠州藏宋名家山水人物画册共二十有七，其末有高阁、燕思雪阁二帧，空绣滕王阁景，填以王子安诗序其一，亦是阁景，所绣字有细若蚊脚，画品精工之极。"龠州即明末文士王世贞（1526—1590）的别名，江苏太仓人。笔者认为，王世贞所藏的宋名家山水人物画册为顾绣的可能性极大。第一，江苏太仓南临上海，与松江顾家的距离不算太远，在空间上有获得顾绣的可能；第二，顾绣发源地露香园是由顾名世在明嘉靖年间（1522—1566）建造。王世贞曾经约在万历十五年

（1587年）游露香园，亦有得到顾绣的可能。第三，顾绣的起源与顾汇海（顾名世长子）之妾缪氏有关，但起源并不代表顾名世的妻妾就不精通女工，起源只是顾绣之名的起源。第四，顾名世的活动年代正好与王世贞的差不多，由顾名世嘉靖三十八年（1559年）中举，可知顾名世应与王世贞为同一时期的人。综合以上四点，笔者推断王世贞所收藏宋名家山水册要么为缪氏所绣，要么为顾名世的妻妾所绣，总之，是顾绣出名之前的露香园的作品。

除了书画绣之外，清代也有纯文字的书法绣的记载，据朱启钤的《丝绣笔记》中记载："萧山张岱杉藏绣字一幅，高三尺余，广二尺许，绣程子四箴，绣款为吴门顾学潮谨书。二印，一白文，学潮时年七十有三，一朱文，字曰小韩，乃乾隆五十四年所书，缎地蓝丝绣极平整。"[38]据《二程集》所载，四箴由视箴、听箴、言箴、动箴组成。《视箴》："心兮本虚，应物无迹。操之有要，视为之则。蔽交于前，其中则迁。制之于外，以安其内。克己复礼，久而诚矣。"《听箴》："人有秉彝，本乎天性。知诱物化，遂亡其正。卓彼先觉，知止有定。闲邪存诚，非礼勿听。"《言箴》："人心之动，因言以宣。发禁躁妄，内斯静专。矧是枢机，兴戎出好。吉凶荣辱，惟其所召。伤易则诞，伤烦则支。己肆物忤，出悖来违。非法不道，钦哉训辞。"《动箴》："哲人知几，诚之于思。志士励行，守之于为。顺理则裕，从欲惟危。造次克念，战兢自持。习与性成，圣贤同归。"[39]由此可知，随着二程学说在清代流行，其经典的箴言也会被人书写并刺绣出来加以膜拜。

（2）中国古代书画刺绣作品实物分析。中国古代书画刺绣作品肇始于南北朝时期，书画刺绣其实源于宗教类刺绣。北魏广阳王元嘉供奉的刺绣佛像如果撇去其宗教目的，本质就是中国最早的书画刺绣作品。而隋唐时期刺绣与绘画、印染等技术的巧妙结合更是推动了刺绣技艺的写实化进程，并随即出现了具有很高观赏性的绣品。[40]只是这一时期，书与画处于分离的状态，真正意义上的书画刺绣作品还处于萌芽酝酿期，为迎接宋代书画刺绣的大发展准备着技术、文化等方面的积淀。因此，这一时期的刺绣佛像、佛经的发展对书画刺绣起到了积极的推动作用。

至北宋时期画绣已经达到相当高的水平，其中写实化的工笔画对刺绣产生了很大的影响，当时模仿绘画作品的绣品努力追求绘画的艺术效果，使刺绣技法得到很大的提升，已经能对套针、戗针、扎针等够灵活运用。例如，《海棠双鸟图》（长27.7厘米，宽26.3厘米，现藏于辽宁省博物馆）、《梅竹鹦鹉图》册页（长27.2厘米，宽27.7厘米，现藏于辽宁省博物馆）等作品都生动形象地表现所画花卉虫鸟，堪称宋代画绣中的精品。南宋时期，绘画、书法、印章、题款开始融合，开创中国文人画的写意画风。刺绣作品的粉本如果大量采用文人画，必然会出现大量的书画绣，然而宋代的绣品中书画绣并不多见。究其根源，笔者认为，首先，宋代画风的主流还是以院体画为主，毕竟宋代皇帝们极力推崇院体画，这就决定了当时社会刺绣粉本以院体画为主导。其次，文人画只是在宋代开始发端，至元代才臻于大成。[41]这就决定了刺绣粉本采用文人画的概率不大。

元代由于统治阶级喜用金，其绣品中也常用到绣金线。同时，其帝王的艺术素养远不及宋代，因此书画绣并不多。但又由于其笃信佛教，刺绣佛像佛经较多，一般大量使用盘金、泥金、钉金箔等技法，这些都可在元代刺绣《妙法莲华经》中窥见一斑。

明清时期的书画绣则以顾绣为代表，其中韩希孟的绣品当首推第一。韩希孟一般在自己的作品中会绣有自己的印记或题有名款，如"韩氏女红""希孟手制""武陵韩氏""韩氏希孟""绣史"等，这些都可以作为辨别韩希孟作品的重要依据。[42]据笔者统计，韩希孟已确定存世的书画作品主要是韩希孟绣《花卉虫鱼册》、韩希孟《宋元名迹方册》。韩希孟绣《花卉虫鱼册》现藏于上海市博物馆，此册四开，依次为《湖石花蝶》（图12-36，纵30.3厘米，横23.9厘米）、《络纬鸣秋》（图12-37，纵30.3厘米，横23.9厘米）、《游鱼》（图12-38，纵30.3厘米，横23.9厘米）、《藻虾》（图12-39，纵30.3厘米，横23.9厘米）。这四幅作品上均有"韩氏女红"字样的绣章。

图12-36 《湖石花蝶》　　图12-37 《络纬鸣秋》　　图12-38 《游鱼》　　图12-39 《藻虾》

《湖石花蝶》和《络纬鸣秋》属于花卉虫的范畴，这也是中国古代绘画中最常见的一种题材。《湖石花蝶》绣品上描绘湖石旁边的花丛上，一远一近两只蝴蝶正在翩翩起舞，象征生活的和谐甜美，大小两只蝴蝶表现了时空感，使人能产生强烈的共鸣。《络纬鸣秋》中的络纬是一种昆虫，其雄性能用前肢摩擦发出类似"轧织、轧织"的声音，因此又被称为"纺织娘"。绣品上的络纬在枝叶上轻盈地振翅而鸣，略带枯黄的身躯与还在盛开的小花表现了一种季节的变化，草茎枝叶已经开始逐渐萎黄，这一切都预示着季节正在转换。韩希孟用针法将这一场景表现得淋漓尽致，将时间永远固定在季节转换的那一刻。

《游鱼》在构图思想上与《藻虾》类似，均是以俯视的角度观察到的图画。《游鱼》中池水清澄，落叶浮于水面，三条体态、色彩各异的游鱼闲处其间，似在对话。

水藻和浮萍采用套针，并以水路分出茎脉，刻画得非常细致。《藻虾》描述的是在清澈的河水中，几只河虾身姿摇曳在水藻间嬉戏和觅食。从针法上看，采用戗针技法用青灰色绣线绣出虾身，附肢采用接针和鸡毛针使其结构粗细有致，将河虾的形象非常逼真地表现出来。水藻、树叶则分别采用松针、套针、斜缠针等技针，将其枯黄的叶面表现得惟妙惟肖。最关键的是图画的左上角有韩希孟手迹"辛巳桂月绣于小沧洲韩氏希孟"和"韩氏女红"绣章，使我们一睹她的书法水平，领略她的作品神韵。

首先，从韩希孟的字迹中可以看出她具有较高的书法水平，中国刺绣历史上，凡名气较大的女红大师不仅刺绣技法极高，而且书法绘画水平也达到相当高的水平。其中晚清著名的刺绣大师沈寿不仅与韩希孟的出身相当，而且他们婚姻也有很多相同之处。①各自的丈夫都具有相当高的书画水平，韩希孟的丈夫顾寿潜是董其昌的弟子，其书画水平相当高，否则董其昌也不会收其为徒。同样，沈寿的丈夫余冰臣出身书香门第，能书善画，为晚清时期的举人。②顾寿潜与余冰臣都喜爱刺绣，顾寿潜自称"绣佛斋主人"，沈寿的刺绣图底装饰花纹均为余冰臣所绘。③顾寿潜与余冰臣都善于炒作各自夫人的绣品，顾寿潜通过其师董其昌对顾绣的赞美而成就了韩希孟，余冰臣则通过慈禧太后的赞美而提升了沈寿的名气。

其次，韩希孟的手迹也反映了她一些鲜为人知的经历。从手迹的署名日期可知，现藏于上海博物馆的《藻虾》绣于崇祯十四年（1641年），而董其昌的题跋则写于明崇祯九年（1636年），陈子龙的题跋又是崇祯十二年（1639年），这种现象显然是不符合常理的。跋文通常是题文者在看到绣品之后才撰写的，而《藻虾》出现在跋文之后，似乎说明了现存的这幅作品并不是董其昌和陈子龙撰写跋文时看到的作品。据历史文献记载，崇祯十三年开始，明王朝的主要统治区域几乎都发生了旱蝗灾害。随着灾情的蔓延，甚至出现人相食的惨剧。[43]在大饥荒中，顾寿潜与韩希孟夫妇的日子想必也不好过，据叶梦珠（约1623—1688）在《阅世编》中所言："露香园顾氏绣，价最贵……"，[44]说明顾寿潜一家已经开始出售顾绣来维持生活。笔者认为，现存的《藻虾》可能是第二幅同名作品，前一幅作品或许由于某种原因或出售或遗失，韩希孟因此绣制了第二幅作品，并且亲手在绣品上署上"辛巳桂月绣于小沧洲韩氏希孟"。一则反映，顾寿潜一家当时并没有居住在"露香园"，而居住在小沧洲。二则反映，韩希孟重绣《藻虾》后，对人世的变迁感慨颇多，手迹其绣品上。这有可能是《藻虾》上出现韩希孟手迹，并且跋文的撰写的时间早于绣品时间的原因。

韩希孟除了绣《花卉虫鱼册》外，还绣过成套的《宋元名迹册》（现藏于北京故宫博物院）。其《宋元名迹册》选取宋元时期著名的绘画作品为粉本，据1928年刊印的《存素堂丝绣录》中记载，《宋元名迹册》，董玄宰题，顾寿潜作跋，皆书于绣册，希孟复于墨迹上加绣。此方册由八幅作品组成，分别为《洗马图》《百鹿图》《补衮图》《鹌鸟图》《米画山水图》《葡萄松鼠图》《扁豆蜻蜓图》《花溪渔隐图》。整册作品用色淡雅，绣工精细，白色绫地上，采用复杂针法绣制各种景物，作品上均有"韩氏女红"绣章或有"五峰珍赏""净香室秘玩""宝奎号五峰"等鉴藏印章。笔者认为，这八幅作品中，《花溪渔隐图》（图12-40）最为特别，渔者坐于孤舟上独钓，老松苍劲有力，将士大夫寄情山水的意境表现得淋漓尽致。其上有韩希孟亲题"花溪渔隐，仿黄鹤山樵笔，韩氏希孟"，由此可知，这幅作品可能是韩氏自认为最得意的作品，否则她也不会真迹于其上。

图12-40　韩希孟《宋元名迹册·花溪渔隐图》

整体而言，明代顾绣代表了中国书画刺绣的最高水平，其艺术性、观赏性是任何一个时期所无法比拟的。到了清代随着商品绣的出现，顾绣的质量有所下降，通常会在一些细节部位采用绘画形式进行补笔。如图12-41所示，为清初顾绣《相国逍遥图轴》（长143厘米，宽40厘米），此图表现了相国公在恬静幽雅的环境中独酌自饮的惬意生活场景，小桥廊亭上捧着菜肴等物往来的童仆，竹林、溪水、廊桥、湖石等景物构成了恬静安逸的生活场景。作品在色彩上采取二色间晕的装饰方法，并运用滚针、缠针、平针、套针、网针等针法。其主要特点是纹样多以绣线勾勒，然后采用石青、石绿、赭石等色渲染点苔，充分体现了绣绘点染的表现手法。图案上端墨书"相国闲来何所乐，竹林深处独逍遥"。落款为朱绣"露香园"和"虎头"款。由此可见，清初顾绣就已经出现商品绣的端倪。"露香园"和"虎头"均为露香园顾绣的款识，起到商品标签的作用。至晚清时期，画与绣部分的比例处理不好，逐渐失去顾绣原本的特色，沦为装饰性的物件。

图12-41　顾绣《相国逍遥图轴》

二、日常生活绣中的文字分析

日常生活绣是指广泛应用于日常生活中的刺绣品，它主要包括宫廷和民间日常绣品两大类，宫廷日常绣品和民间日常绣品分别代表了中国古代社会统治阶级与被统治阶级对绣品的欣赏水平和绣制能力。宫廷刺绣采取昂贵的材料，运用复杂的针法进行刺绣，并使用艺术化的特定文字来表达统治阶级对福、寿、喜的渴望。民间刺绣则采用普通的材料，简单的针法，直白的刺绣文字同样表达对幸福生活的追求。

1.宫廷日常绣品中的文字

中国古代宫廷中的日常绣品体现了中国实用性绣品的最高水平，清代之前宫廷的日常用绣品原本无法考证，但随着明代皇陵的发掘，使我们有机会能窥见明代宫廷绣品的原貌，因此，中国现存的宫廷日常绣品集中于明清两代。当然这些绣品中包含了大量带有文字的刺绣精品。根据北京故宫博物院收藏和明定陵出土的日常绣品在生活中的作用，笔者认为，大致可将明清宫廷日常绣品中的文字分为服装类、垫料类、屏风类等几大类。此外，这些绣品中不仅包括苏绣，还包括广绣、京绣等多个绣种。

（1）衣物上的刺绣文字。明清宫廷衣物上的刺绣文字主要以寿字纹、喜字纹、福字纹、万字纹等为主。

寿字纹：明清宫廷衣物中刺绣寿字纹是最常见的，根据陈娟娟对明清时期织绣文物中寿字纹的收集整理，寿字纹样字体存在着如下的变化：明代织绣文物中寿字纹字体常用颜体正楷，篆书次之，草体字则偶尔使用；清代顺治时期寿字以长形篆体字为主，但也出现了团寿字，花型属于中小型纹样。康熙至乾隆年间，篆体长寿字与圆寿字交替使用，圆寿字渐居主要位置。道光至光绪时期，在圆寿字上常加卍字符，并与鹤、绶带鸟、蝙蝠、牡丹、菊花、松柏、葫芦、桃子、佛手柑、石榴、寿山石、如意头、海螺等组成吉祥图案。[45]当然，陈娟娟针对的文物既有刺绣也有织锦，但清代宫廷衣料上的刺绣寿字纹还是符合这一变化规律。北京故宫博物院收藏大量的清代带寿字刺绣纹的成衣和衣料，它们或为皇帝或为后妃们所有。这些寿字纹的绣品一般用作夹褂、马褂、氅衣、衬衣、龙袍、坎肩、袍服等清代服装的衣料。

第一，用于夹褂的寿字纹绣品。例如，清嘉庆石青缎绣五彩五福捧寿纹夹褂（图12-42）在石青色缎底上，以红、蓝、黄、白色绒线及捻金线为绣线，绣制寓意"五福捧寿"的主题纹样，即五只蝙蝠围着一个红色团寿字的团花纹。同时，"五福捧寿"纹样之间填充各种字体的金字百寿纹。从刺绣针法上看，红色团寿纹采用齐针绣制，百寿纹则采用捻金线绣制。从色彩上看，红色的大团寿纹和金字百寿纹在石青色的缎地上，形成强烈的对比，给人极大的视觉冲击。从构图上看，以各种寿字作为主题纹样，图案灵活细腻，如团寿纹中的蝙蝠就是艺术化的云状蝙蝠，似云似蝙蝠，给人一种仙境的感觉，在衣领、袖口及底边采用镶边装饰，其图案以云纹与两个相连卍字组成，又体现了万寿之意。这件夹褂属于嘉庆时期苏绣中的精品，素雅中透露着浓厚的寿文化的气息。

图12-42　清嘉庆石青缎绣五彩五福捧寿纹夹褂

第二，用于马褂面料的寿字纹绣品。马褂又称为行褂，是清代一种长不过腰，袖仅掩肘的短衣。[46]例如，清同治石青缎绣五彩福寿水仙纹马褂料（图12-43，现藏于北京故宫博物院），在石青色缎面上，以白、红、粉、桃红、月白、黑、绿、豆绿等绒线及捻金线为绣线，采用齐针、接针、滚针、鸡毛针、正戗针等针法，绣制寓意

"五福捧寿""仙祝寿"图案。具体使用鸡毛针绣水仙叶片，用正戗针绣蝙蝠瓣和水仙花，用齐针捻金线绣圆寿字。从整体上看，此马褂料用色明丽爽目，构图简练，绣工精湛，具有苏绣的风格。又如清光绪湖色绣浅彩葡萄玉兰寿字纹马褂料（图12-44，现藏于北京故宫博物院），在湖色绸面料上，采用黄、蓝、灰、白、藕荷为主色调的十六种绒线与捻金线为绣线，绣制寓意"连长寿多子"的玉兰、葡萄和金圆寿字纹图案。依照其绣料的图案，这两件绣品为宫廷后妃们平时所穿的马褂面料。

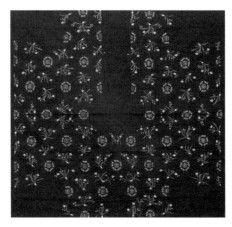 

图12-43　石青缎绣五彩福寿水仙纹马褂料　　　　图12-44　湖色绣浅彩葡萄玉兰寿字纹马褂料

除了以上两件马褂料外，清宫还有一件带寿字刺绣纹的绛紫色绸绣桃花团寿镶貂皮夹马褂（图12-45，身长62厘米，两袖通长140厘米，袖口宽21厘米，底边宽74厘米，现藏于北京故宫博物院），此件马褂面料在绛紫色绸上采用平针、套针及勾边等针法绣制折枝桃花与万字圆寿纹。图案设色和谐雅致。装饰并不繁复，却显现出皇家服饰端庄典雅的风范，为冬季后妃们喜穿的一种马褂款式。

图12-45　绛紫色绸绣桃花团寿镶貂皮夹马褂

第三，用于氅衣面料的寿字纹绣品。氅衣为圆领，右衽，捻襟，直身，平袖，左右开衩至腋下，边饰镶绲的清代女式日常服装。[47]氅衣本不是满族的传统服饰，清宫氅衣是在融合满汉两族服饰的基础上创造而来的，清宫现存最早氅衣是道光时期（1821—1850年）的。到了光绪时期（1875—1908年），氅衣在清宫已经非常流行。[48]例如，清光绪雪灰色缎绣水仙金寿字纹夹氅衣（图12-46，现藏于北京故宫博物院），此件氅衣在雪青色缎面料上，采用绿、粉、灰色绒线和捻金线作为绣线，绣制寓意"仙祝寿"的整墩水仙及金团寿字纹。此外，还有牡丹与团寿纹组成的刺绣氅衣面料。例如，清光绪藕荷色缎绣牡丹团寿纹夹氅衣（图12-47，身长137厘米，两袖通长122厘米，底边宽118厘米，现藏于北京故宫博物院），此衣面料在藕荷色缎底上，绣制折枝牡丹和万字团寿纹。领袖等处镶绲，同样以牡丹和团寿纹作为纹样。

图12-46　雪灰色缎绣水仙金寿字纹夹氅衣　　　图12-47　藕荷色缎绣牡丹团寿纹夹氅衣

其实，晚清的慈禧太后对这种带有寿字纹的刺绣氅衣也非常喜爱，从现存的慈禧太后照片或画像中都能看到这种氅衣的身影。图12-48为身着刺绣葡萄寿字纹氅衣的慈禧太后画像，图12-49为身着团寿氅衣的慈禧旧照片。目前发现的慈禧太后的照片中，还有一些也是穿着寿字纹刺绣氅衣的，这些旧画像和旧照片反映了慈禧太后对寿字纹的喜爱。

图12-48　清人画孝钦后便服像屏　　　图12-49　着团寿氅衣的慈禧旧照片

第四，用于衬衣面料的寿字纹绣品。衬衣与氅衣的款式大同小异，不同之处在于衬衣无开衩，而氅衣则左右开衩，它是清代妇女的一般日常便服。花纹一般以绒绣、纳纱、平金、织花居多，周身加边饰。在清宫旧藏中也有带寿字刺绣纹的衬衣，如清光绪品月色缎平金银团寿菊花棉衬衣（图12-50，现藏于北京故宫博物院，身长134厘米，两袖通长130厘米，袖口宽23厘米，底边宽114厘米），在品月素缎上，采用平金银绣九种菊花，谐音"久居"，间饰平金万字圆寿，组成"久居长寿"的意蕴。从针法上看，这件衬衣仅用到平金银针法，但通过

图12-50　清光绪品月色缎平金银团寿菊花棉衬衣

平金银无镶、平金镶金、镶银、镶元青边的变化组合，使各种菊花展现出不同婀娜妩媚的姿态。从色彩上看，虽无艳丽之色，但通过金银之色表现了富贵瑰丽，同时也表现出强烈的浮雕质感，给人金碧辉煌的感觉。

第五，带有寿字纹的龙袍。龙袍是带有龙纹的袍服，一般为皇室成员服用，其领、袖都用石青片金缘边，绣纹金龙九条，列十二章，间以五色云，下幅为八宝立水。[49]根据黄能馥、陈娟娟搜集的清代刺绣龙袍纹样图案，[50]笔者发现乾隆皇帝的多件龙袍中带长形和圆形刺绣寿字纹。这些纹样分别是乾隆皇帝夏朝服（现藏于北京故宫博物院）局部图（图12-51）、乾隆皇帝龙袍（现藏于北京故宫博物院）局部图（图12-52）、乾隆皇帝红江绸地平金绣十二章龙袍（现藏于北京故宫博物院）局部图（图12-53）。图12-51中的刺绣圆寿纹被巧妙地安排在龙头下方的神珠中，可谓匠心独运。图12-52和图12-53中则有长形和圆形寿字纹，它们分别被安置在龙纹的周围，体现皇帝长寿（长形寿纹）和万寿（万字圆寿纹）的含义。

图12-51　乾隆皇帝夏朝服局部

图12-52　乾隆皇帝龙袍局部

图12-53　乾隆皇帝红江绸地平金绣十二章龙袍

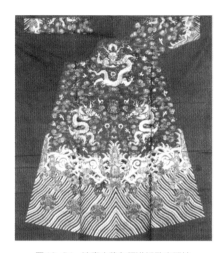

图12-54　清嘉庆酱色绸满绣孔雀羽地
金蟒纹袍料

除了在龙袍的主题纹样中刺绣寿字纹外，还有一种情况是在海水江崖下方水脚处刺绣万字圆寿团窠纹。例如，清嘉庆酱色绸满绣孔雀羽地金蟒纹袍料（图12-54，长306厘米，宽149厘米，现藏于北京故宫博物院），此件袍料以酱色绸为底料，在酱色绸料上采用钉线法，将孔雀羽线满绣袍地，然后在其上刺绣各种龙袍所需要的纹样。为了摆脱袍底水脚处的单调，正面有意绣制了六个万字圆寿团窠纹。由于此件龙袍采用了孔雀羽毛线，可断定其为广绣的范畴。

第六，用于坎肩面料的寿字纹绣品。坎肩又称为"马甲""背心"，无领或有领，只有衣身，没有袖子，衣长一般在腰身左右，两侧开裾或三面开裾，通常在领口、衣襟、底摆处镶饰花边以显华丽。[51]例如，清光绪品月缎彩绣百蝶团寿字女大夹坎肩（图12-55，现藏于北京故宫博物院），在品月色缎地上，用五彩丝线绣蝴蝶、团寿字。蝴蝶翅膀采用反戗针绣成，其他部位则采用斜缠针、滚针、针线、施毛针。团寿字则使用圆金线以平金法绣成。类似的带寿字纹的刺绣坎肩还有清光绪茶青色缎绣牡丹女夹坎肩（图12-56，身长75厘米，肩宽35厘米，底边宽83厘米，现藏于北京故宫博物院）和清同治石青色纱绣水仙团寿纹坎肩（图12-57，现藏于北京故宫博物院）。

图12-55　品月缎彩绣百蝶团
寿字女大夹坎肩

图12-56　茶青色缎绣牡丹女夹坎肩

图12-57　石青色纱绣水仙团
寿纹坎肩

第七，用于后妃常服袍料的寿字纹绣品。清宫后妃常服袍的款式与龙袍类似，只是花纹色彩稍不同。[52]笔者发现，清宫中带有刺绣文字的后妃常服袍中也是以寿字纹居多。例如，清光绪品月缎绣五彩灵芝金寿字纹袍料（图12-58，长314厘米，宽212厘米，现藏于北京故宫博物院）、清光绪红缎五彩把莲圆寿纹袍料（图12-59，长304厘米，宽228厘米，现藏于北京故宫博物院），寿字纹均为捻金线绣制的金色万字小团寿，只是围绕寿字纹的纹样有所不同，清光绪品月缎绣五彩灵芝金寿字纹袍料绣制象征"灵仙祝寿"之意的灵芝；清光绪红缎五彩把莲圆寿纹袍料则绣制寓意"长寿多子"的用带子系着的莲花、芦苇。

 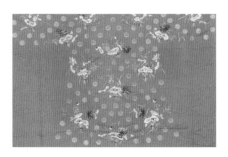

图12-58　品月缎绣五彩灵芝金寿字纹袍料　　　图12-59　红缎五彩把莲圆寿纹袍料

喜字纹：喜字纹样是中国古代比较受欢迎的一种汉字图案，喜字纹包括单喜纹和双喜纹两种。据考证，双喜纹早在宋代就已经出现。[53]宋代以后，双喜纹的运用比单喜纹更加广泛。它广泛地运用在建筑、家具、织物、剪纸、金银器、铜器、瓷器等上作为一种装饰纹样。清宫中也有一些双喜字纹的绣品，如清光绪红绸百蝶金双喜单氅衣（图12-60，身长132.5厘米，两袖通长116厘米，袖口宽33.5厘米，底边宽114厘米，现藏于北京故宫博物院），在大红色纱地上采用平针、缠针、戗针、套针、打子针等针法绣制百余只两两相对的五彩蝴蝶，使用盘金绣技法在蝴蝶之间绣双喜字纹。寓意着婚姻美满，双喜临门。这种喜字纹的氅衣应该是在皇帝大婚期间皇后所穿的服饰。[54]这种现象反映了汉族民间婚俗文化在光绪时期已经对清宫服饰产生了的深远影响。

福字纹：福字刺绣纹在清宫中的衣

图12-60　清光绪红绸百蝶金双喜单氅衣

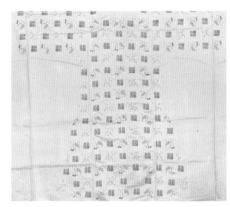

图12-61　清道光金黄缎绣五彩福寿齐天纹袍料

料中也有出现，如清道光金黄缎绣五彩福寿齐天纹袍料（图12-61，现藏于北京故宫博物院），以金黄色缎为面料，采用蓝、绿、红、白、黑为主色调，绣制寓意"福寿齐天"的折枝桃、天竺、荸荠和福字纹饰。这种款式的袍服为后妃们平时所穿的便袍。它最独特的地方在于使用蓝色丝绒绣线绣制福字，使福字与金黄色的底料形成和谐的色差，达到很好的装饰效果，如果福字采用黑色或金银丝绒色则显得非常不和谐和突兀。

万字纹：万字纹即"卍"字形纹饰，在古代印度、希腊、波斯等国家被认为是太阳或火的象征，后来应用于佛教，作为一种护符和标志，认为是佛陀胸部所现的"瑞相"，随着佛教一起传入中国。[55]在中国历史上，对卍字的翻译意义各不相同，北魏时期较早的一部经书中将卍字译为"万"字，而唐代著名高僧玄奘（602—664）等人则将其译为"德"字，直到唐武则天垂拱元年（685年）卍字最终被定为汉字，音"万"，也作为"万"字的变体，一直沿用至今。由于它在中国佛经里面被解释为"吉祥万福聚集之所"，因此深受历代中国人所喜爱。[56]宫廷织物中的刺绣卍字纹多作为边饰，如清嘉庆石青缎绣五彩五福捧寿纹夹褂衣领处（图12-62），就有刺绣卍字纹，而卍字纹两两相连，表达万字相连，福不断的含义。

图12-62　清嘉庆石青缎绣五彩五福捧寿纹夹褂衣领局部

笔者在晚清时期一件刺绣十二章纹皇帝吉服袍料（图12-63，现藏于奥地利国家博物馆）中也发现了卍字纹。清代皇家宗室的补服和补子均由江南三织造定制进贡，尺寸、图案都有严格的规定。显然，这件皇帝吉服上的刺绣十二章纹加入卍字纹似乎非常出格。据史料记载，乾隆时期，八旗都统金简（？—1794）是武二品兼文二品的户部侍郎，他别出心裁地在其补子的狮尾部加绣一只小锦鸡。当乾隆皇帝召见时，发现他的这一行径，乾隆皇帝大发雷霆指出："章服乃国家大典，岂容任意儿戏！"金简最终受到"著交部议处"的处罚。[57]由此可知，乾隆皇帝对穿戴僭越服制的官补的行为处罚非常严格，江南三织造不可能私自在龙袍上绣制这种十二章纹。笔者认为，有两方面的原因可能促成在十二章纹中出现万字纹。一方面，作为皇帝的朝服，在十二章纹中刺绣万字纹，只有在得到皇帝同意的情况下才可能绣制；另一方面，晚清时期清廷处于内忧外患的局面，皇帝有可能从心理上想借助宗教的力量乞求解决现实的困境，从而在十二章纹中出现了刺绣万字纹。

（2）宫廷补子上的刺绣文字。 补子原本是缀于官员胸前和后背上的禽兽纹样，用以区别其官职高低的一种标识。到明朝洪武二十六年（1393年）最终定型，文官绣禽，武官绣兽，袍色花纹也有各自的规定。[58]补子中一般不会出现任何刺绣文字。然而，宫廷中还存在着另一类的补子——"应景补子"，其中却存在着刺绣文字。所谓应景补子，是指专门在特定的时间、场合所服用的补子。[59]其中，在皇帝和后妃们生日时，宫廷中有穿戴生日补子的习俗，这类补子中经常出现"卍"字和"寿"字纹。明万历时期（1573—1620年），南京御史孟一脉（1535—1616）在其上疏中曾提道："遇圣节则有寿服，元宵则有灯服，端阳则有五毒吉服，年例则

图12-63　晚清时期皇帝吉服袍料上刺绣十二章纹

图12-64　明洒绣红地五彩寿字纹方补

有岁进龙服。"[60]这里的寿服就是生日补子服，可见，至少在明代万历年间就已经出现生日补子服。例如，明洒绣红地五彩寿字纹方补（图12-64，现藏于北京故宫博物院），绣品在红色纱地上，以红色绣线绣菱形底纹，采用红、蓝、绿、白等十多种彩线、绒线和捻金线为绣线，运用平金、网绣钉线、散套针、齐针、鸡毛针、戗针等针法绣制灵芝、长寿字、茶花、牡丹花。寿字采用金线绣成，灵芝与牡丹用反戗针绣成，花蕊则采用网绣。

到了清代，清宫继承了明代宫廷中穿戴应景补子的传统。例如，在正月十五元宵节时，按照民间的传统，家家要点起灯笼，以示庆祝。这一天，宫廷中的女子会

穿戴灯景补子。这种补子是以灯笼为纹样图案，为了表现吉祥一般会在灯笼纹中加入寿字纹样。图12-65为清代乾隆石青缎五彩灯笼纹圆补，现为北京故宫博物院收藏，属于乾隆时期苏绣中的精品，此件圆补以石青色缎为底，以红、绿、蓝、黄、白、五色绒线和捻金线为绣线，采用散套针、打子针、正戗针、齐针、平金等针法，绣制圆形灯笼纹，其中葫芦上半部就绣有圆形寿字纹。这件补子是正月十五灯节时后妃所穿补服上的补子纹饰。

除了灯景补子外，清宫中还有数量众多的生日补子，其中带有寿字纹的生日补子也不在少数。例如，清乾隆石青缎绣五彩莲庆五福捧寿万代有余纹圆补（图12-66，现藏于北京故宫博物院）、清乾隆石青缎绣五彩莲福寿纹圆补（图12-67，现藏于北京故宫博物院）、清同治石青缎绣五彩福寿吉祥纹圆补（图12-68，现藏于北京故宫博物院）等。

图12-65　清乾隆石青缎五彩灯笼纹圆补

图12-66　清乾隆石青缎绣五彩莲庆五福捧寿万代有余纹圆补

图12-67　清乾隆石青缎绣五彩莲福寿纹圆补

图12-68　清同治石青缎绣五彩福寿吉祥纹圆补

图12-66～图12-68中的三件生日补子，都在圆补的中心位置，采用捻金线绣制万字圆寿，说明了万字圆寿在清宫中深受喜爱。它们之间的不同之处是围绕万字圆

寿的纹样有所不同，如清乾隆石青缎绣五彩莲庆五福捧寿万代有余纹圆补中，在寿字周围绣制了寓意"连庆五福捧寿万代有余"的勾莲纹、磬、蝙蝠和带子系着的鱼等纹饰。同一时期的清乾隆石青缎绣五彩莲福寿纹圆补，则在寿字周围绣制卷莲花，边缘处绣制五只蝙蝠，寓意"连福寿"，图案显得稍为简练。清同治石青缎绣五彩福寿吉祥纹圆补寿字周围的纹样较为复杂，有蝙蝠、仙桃、菊花及八吉祥纹样（法轮、法螺、宝伞、白盖、莲花、宝瓶、金鱼、盘长结八种）。

通过对北京故宫博物院现存的应景补子纹样图案的分析，我们不难发现，乾隆时期带刺绣文字的应景补子最多。笔者认为，造成这种情况的原因主要有以下三点：第一，乾隆皇帝是清代在位时间最长的皇帝，他在位六十年，还做过三年的太上皇。因此，他在位时的应景补子也就最多；第二，乾隆皇帝在位时，清廷入关近百年，满族统治阶段已经完全接受了汉文化。宫廷对于前朝的一些习俗采取了继承的策略，其中就包括使用应景补子的传统；第三，乾隆皇帝是清代皇帝中文化艺术素养最高的皇帝，据不完全统计，他一生创作诗文有四万多首。而且，他崇尚汉族文化，特别是寿文化。

综上所述，宫廷服饰中带有大量吉祥含义的刺绣文字，其中以"寿""喜""福""卍"字纹样图案居多。单纯的"寿""喜""福""卍"等文字，具有严格对称、有序排列的特征，能产生平衡、静止、稳定的视觉效果，带给人一种平和、宁静的心理感受。然而，这种单调的有序性也极容易造成呆板的感觉。因此，绣匠们通过两种方法来解决这一矛盾。一种办法是当这些文字纹样作为主题纹样时，在这些文字旁边添加其他吉祥含义的动物（凤凰、仙鹤、麒麟、蝙蝠等）或植物（竹、兰、梅、松、桃、牡丹、水仙、石榴、佛手等）纹样图案进行装饰，从而打破单调感，使文字与装饰纹样分不出主次，融为一体，文字起到画龙点睛的作用；另一种办法是当只用文字作为纹样较图案时，采用文字的不同艺术字体，打破那种重复与呆板，产生一种素雅清心感觉。

（3）活计类。活计是清代宫廷对刺绣、缝纫女红作品的统称，一般用于传统服装的佩饰或其他实用性小件（荷包、香囊、眼镜盒覆面等）。在现存的清宫活计中，也可以发现文字的身影。例如，清纳纱绣葫芦喜字纹香囊（图12-69，现藏于北京故宫博物院）、清嘉庆黄缎品满纳满文腰圆荷包（图12-70，现藏于北京故宫博物院）、清戳纱绣眼镜盒（图12-71，现藏于北京故宫博物院）。其中，清纳纱绣葫芦喜字纹香囊采用满地纳纱绣五色葫芦，每个葫芦上又都绣有一个"喜"字，充满喜庆色彩；清嘉庆黄缎品满纳满文腰圆荷包则是在深蓝绣底上满纳满文；清戳纱绣眼镜盒上绣制万字纹、海水江崖纹及"寿"字纹等，寓意是"江山万代，万寿无疆"。

图12-69　清纳纱绣葫芦喜字纹香囊

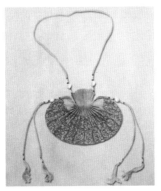

图12-70　清嘉庆黄缎品满纳满
文字腰圆荷包

图12-71　清戳纱绣
眼镜盒

从清宫活计绣工上看，技法几乎囊括了所有绣种。已经完全背离了清初统治者的告诫："我朝服饰，列祖所定，太宗尝诫后世衣冠仪制，永遵勿替。"[61]从活计的用料上看，底料包括缎、绸、纱等，绣线包括五彩绒线、捻金线、衣线等，其他装饰性的材料还包括玉石、珍珠等；从活计的图案上看，图案多以福、禄、寿、禧为主题，除部分直接绣制满汉文字外，多以象征、寓意的手法进行构图。例如，以牡丹、葫芦、蝙蝠象征或寓意"福"，鹿、葫芦寓意"禄"，桃实、桃花、绶带鸟、松、鹤、菊、山、猫、蝴蝶、佛手等寓意"寿"，蝴蝶、喜鹊等寓意"禧"。[62]由此可见，清宫的绣活在小小的空间内，将皇家的气派和奢华展露得淋漓尽致。笔者认为，随着满清入主中原后，满族由野外游牧征战的生活向城市安定生活转型，刺绣活计逐渐成为纯装饰性的佩饰或掌中把玩之物。最重要的是满清统治阶级对汉族文化的认同和传承，采用汉语谐音和比喻手法的装饰纹样，就可知其对汉文化的欣赏。

（4）**垫料类**。垫料是指铺在桌子、椅子或其他家具上的织物，宫廷中有大量这种织物。刺绣型的垫料也不在少数，笔者发现有一类刺绣垫料非常特别，它们是在红缎底料上刺绣众多童子玩耍的情景，并在边框处绣有双喜纹样。例如，清光绪红缎绣百子放风筝纹垫料（图12-72，长129.5厘米，宽96.5厘米，现藏于北京故宫博物院）、清光绪红缎绣五彩百子娱乐垫料（图12-73，长116厘米，宽97.5厘米，现藏于北京故宫博物院），这两件刺绣垫料底料完全相同，构图采用方框式结构。清光绪红缎绣百子放风筝纹垫料的纹样以云、坡地、树木、亭子为背景，由演节目、放风筝、放爆竹三个场景组成。大树左侧的童子有的在摇拨浪鼓、耍木偶。右侧亭子里有的童子在吹唢呐、玩游戏。大树下，有的童子在奔跑放蝙蝠风筝；有的双手举着风筝帮他人放；有的一手拿线板，一手抖着线，正往高空放大红福风筝；有的在放乌龟风筝和蝴蝶风筝。其下有的童子坐在大石头上用长竿挑着爆竹，石下的童子为其点火。此垫料以葫芦、金双喜字及口衔桃子的蝙蝠为边饰。清光绪红缎绣五彩百子娱乐垫料也是以坡地、奇石、亭子为背景，在织物中间绣一棵松树，童子的活动以松树为中心，开展运爆竹、放爆竹、打腰鼓、敲锣、玩弹弓、表演节目、过家家等游戏。垫料边框采用寓意"子孙福寿万全双喜"的葫芦、双喜字及蝙蝠口衔带子系着的折枝桃为边饰。

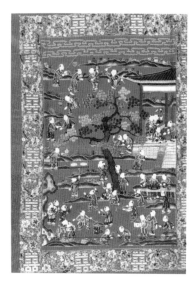

图12-72 清光绪红缎绣百子　　　　图12-73 清光绪红缎绣五彩百子娱乐垫料
放风筝纹垫料

笔者认为，这两件垫料应为后妃大婚时洞房内所用的垫料，采用众多童子，寓意多子多孙，反映了清代帝后宫眷渴望人丁兴旺的强烈愿望。清宫自咸丰皇帝以来，子嗣都不旺，咸丰皇帝（1831—1861，1850—1861年在位）长大成年的子女只有同治皇帝（1858—1875，1861—1875年在位）和荣安固伦公主（1855—1875），而同治皇帝刚刚成年就病死，并无子嗣，这些都给清宫一种子嗣不旺的情景。光绪统治时期，清宫更加渴望皇嗣，因此，在后妃大婚时一般要铺上这种众多童子纹样图案的垫料，希望能有皇嗣诞生。

（5）屏风类。屏风是中国古代居室中最主要的陈设器物之一，有分割、美化、挡风、协调室内空间的作用。根据清宫屏风其屏心所表现的内容，大致可分为山水风光、渔樵耕读、历史及神话故事、花鸟禽鱼、博古文玩、御制诗文及吉祥用字六大类。[63]北京故宫博物院和沈阳故宫博物院均有大量的清宫旧藏屏风，其中不乏带有刺绣文字的屏心。例如，清光绪白缎绣五彩绣球锦鸡虞美人挂屏心（图12-74，长88厘米，宽57.5厘米，现藏于北京故宫博物院），这幅屏心花纹以一棵枝叶残缺不全的高大的绣球花树和艳丽多姿的虞美人花及回首奔走的雄鸡引出以霸王别姬为主题的画面。为了烘托主题，在花间又绣竹子，在空中又绣飞雀加以点缀。飞雀旁用黑色丝线绣制"剑血多年尚有神，楚歌声里弄残春。迎风似舞腰肢细，文采煌煌点缀新。"

又如清光绪白缎花鸟蝶挂屏心（图12-75，长88厘米，宽57.5厘米，现藏于北京故宫博物院），屏心左边绣有高大的奇石，奇石上爬满盛开的凌霄花，石右上方有一对比翼双飞的绶带鸟，下绣菊花小草。右边绣月季和萱草及在花间飞舞的蝴蝶，并在屏心右上方绣七言诗一首："向日凌云志气豪，同将雅态写离骚。诗人曾比贤君子，犹与黄花品更高。"清宫类似的刺绣屏风屏心还有很多，如清光绪白缎绣花鸟蝶挂屏心（长88厘米，宽57.5厘米）、清光绪白缎灵仙祝寿双全纹挂屏心（长88厘米，宽57.5厘米）、清光绪白缎芙蓉翠鸟挂屏心（长88厘米，宽57.5厘米）等。

图12-74　清光绪白缎绣五彩绣球锦鸡虞美人挂屏心

图12-75　清光绪白缎花鸟蝶挂屏心

除了以上书画作品作为屏心的刺绣作品外，还有一类主要以社会教化为目的的刺绣屏心，如2009年中国嘉德国际拍卖有限公司以33万拍卖的清康熙彩绣《耕织图》绣片（图12-76，私人收藏），此套绣片画面完全取自康熙朝刊行的《耕织图》中的四幅图画，分为"浴蚕""二眠""三眠""捉绩"四道桑蚕饲养工艺。这四幅绣品以白色绸为绣底，运用五彩丝绒线为绣线，采用多种刺绣工艺绣制。每幅绣画上方均题写与画面内容相关的诗句，诗首绣"渊鉴斋"印章，诗尾则绣

图12-76　清康熙彩绣《耕织图》绣片

有"康熙宸翰""保和太和"二方印章。通过对这三枚印章的分析，笔者认为，这四幅刺绣《耕织图》极可能源于清宫。第一，"渊鉴斋""康熙宸翰""保和太和"三枚印章为康熙皇帝的鉴赏印章。第二，根据这三枚鉴赏印章钤盖位置与康熙朝刊行的《耕织图》位置完全一致。[64]第三，康熙时期，大兴文字狱，如果没有得到皇帝的首

肯，这类绣有皇帝的御笔的绣品绝不会出现，万一出现错误可能就有杀头之罪。第四，从这四件绣品的工艺上看，也绝非一般官宦家眷所能绣出，极可能为官营的织绣工场所作。

2.民间日常绣品中的文字

民间是与皇室和官方相对的，即普通平民中间。从现今留存于世的古代刺绣作品来看，大部分都是清代的绣品，同时，民间绣品又占了其中的大宗。清代对于民间服饰颜色的使用没有太多禁令，只是不许用明黄、金黄、香色。[65]众所周知，平民百姓在日常生活中最讲究实用性，但在实用性的基础上，他们也有追求美的渴望。虽然，民间日常绣品在技艺上远远比不上宫廷，但在简朴中又表现另一种趣味。清代民间日常绣品中的刺绣文字也有很多，笔者将其梳理一番，大致可将其分为枕头顶绣片、门帘、烟荷包、伞套等几大类。

（1）**枕头顶绣类**。枕头顶绣片，即在枕头两端顶方形的区域内所进行的刺绣。笔者发现清代文字诗纹枕头顶绣片（图12-77，私人收藏）极具趣味性，这件绣品在蓝色棉布上分别绣制"一枕黄粱梦""长宵寤寐春"诗文，这首诗本来是比喻虚幻不实的事和欲望的破灭犹如一梦。用于枕头顶似乎在警示睡眠者不要沉溺于睡眠，要勤奋努力，具有极强的趣味性。笔者认为，这件绣片的所有者应该是民间具有一定文化水平的读书人，而且在科举应试中屡试不中。绣制这样的绣片，一方面对自己进行鞭策，发奋图强；另一方面又是对人生的一种感悟，心情郁闷，内心压抑。

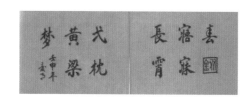

图12-77 清代文字诗纹枕头顶绣片[66]

（2）**门帘、窗帘类**。门帘、窗帘是门口或窗口挂的帘子，在古代用于挡风、挡蚊虫和美化室内空间等。民间门帘或窗帘上的刺绣文字一方面体现当时的风俗习惯，另一方面又反映了当时的禁忌，如清代花凤呈祥门帘（图12-78，私人收藏）。此门帘在白色棉布绣底上，在下端正中处刺绣一个花瓶，花瓶中由下而上分别插有牡丹、莲花、芙蓉三种花卉，花瓶两端各有一对花猫和蝙蝠。顶端则有一展翅盘旋的凤凰，并用青、墨两种色调刺绣"花凤呈祥"字样。这一画面非常独特，几乎是民间习俗与禁忌的融合。

图12-78　清代花凤呈祥门帘

笔者认为，第一，“花凤呈祥”几个字反映了民间对“龙”形图案的禁忌，中国古代社会，龙是作为帝王的象征，如果有人胆敢僭越使用龙形就有被斩首的危险。第二，凤形图案虽然作为皇后和后妃们的象征，但并不具有唯一性，相反民间很多女子亦有成为皇后或后妃的可能，因此，在民间对于凤的图案使用，并没有像龙形图案那样忌讳。第三，瓶中插有牡丹、莲花、芙蓉，以及花瓶两侧的蝙蝠均反映了民间存在着“富贵平安”“多子平安”“福在两旁”的观念，这些都体现了民间多子多福、平安富贵的文化习俗。第四，花瓶两侧的猫又反映了当地的生产习俗，猫一般不会作为瑞兽，但在江浙一带由于桑蚕饲养过程中，经常会受到老鼠的侵害，猫因作为桑蚕的保护神而得到喜爱，这对猫的出现也说明了这件绣品极可能出自清代江浙一带的民间。

门帘、窗帘上的刺绣文字中还有一类绣有戏曲名称的绣品，通过文字来对戏曲故事的图案进行解释与说明，如清代《天河配》窗帘（图12-79，私人收藏）、《双官诰》门帘（图12-80，私人收藏）等。《天河配》和《双官诰》是中国民间流行非常广泛的戏曲曲目，几乎各个地方戏目中都有它们的身影。《天河配》讲的是牛郎与织女的故事。清代这件《天河配》窗帘绣品，画面简洁、粗犷，在素色棉布上采用极简单的针法绣制牛郎和织女的形象，并未使用戗色针法。如果没有刺绣“天河配”三个字，估计很难让人想到讲述的是牛郎与织女的故事。图案的中莲花最多，共有五朵，最左侧还有仙桃和牡丹的形象，虽不生动，但还是清晰可见。

图12-79　清代《天河配》窗帘[67]

图12-80　清代《双官诰》门帘

《双官诰》是一部完全符合当时道德观念的戏剧，又名《三娘教子》《机房训》《忠孝节义》，讲述的是冯琳如避仇远逃，他的妻妾都以为他已死，均盗财物另嫁他人，留下通房丫头碧莲与冯琳如的儿子，碧莲含辛茹苦地教养儿子，最终冯琳如做了大官回乡，儿子也登甲科状元，父子两人的官诰都归碧莲一人，故名《双官诰》。清代《双官诰》门帘上的刺绣图案描绘的正是"圆诰"这一折，坐在左边椅子上的妇人正是通房丫头碧莲，右边身着官服坐在椅子上的正是冯琳如，跪在碧莲下方则是冯琳如的儿子，身着状元登科服。碧莲身旁是一名侍女，绣片上方有类似于演戏时的幕布，上方绣着"双官诰"三个大字。梁恭辰（1814—？）在《劝戒四录》中特别推崇《双官诰》这部戏剧，认为它可以激励寡妇们坚定守寡。[68]笔者认为，民间这些耳熟能详的戏剧，必然会成为民间女子刺绣的题材，但由于一般普通女子的绣法并不高超，所绣图画则需要文字加以点缀说明才能让人一目了然，因此，在民间一些与戏曲相关的刺绣作品中必然会出现戏曲名称。

（3）**烟荷包**。烟荷包是用于装烟丝的小袋，上面刺绣着花鸟兽鱼、典故人物、吉祥图纹。产生于明代，盛行于清代，为中国古代绣品的一种。[69]但民间的烟荷包中却有一种直接绣有文字的作品，如清代"双生贵子"烟荷包（图12-81，私人收藏）。此外，还有烟荷包上绣有使用者名字的，如清代"福禄寿喜"烟荷包（图12-82，私人收藏），在福禄寿喜下端绣出了"王山"的名字。

 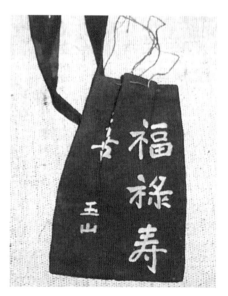

图12-81 清代"双生贵子"烟荷包[70]　　　图12-82 清代"福禄寿喜"烟荷包[71]

（4）**伞套**。古代伞套具有保护、收纳雨伞的作用。古人在伞套上不仅绣上普通瑞兽、珍禽、瑞草等纹样图案，而且还有一些文字图案。例如，清代三件伞套（图12-83，私人收藏），其中左右两件都是带有刺绣文字图案，左边的采用传统的长寿字纹。右边的则较为独特，在黑色绣面上刺绣"晋五鹿砖宜子孙，汉双鱼洗大吉羊"六言对联，落款为"米山人作"。

图 12-83　清代三件伞套[72]

笔者认为，上联"晋五鹿砖宜子孙"可能与晋重耳（前697—前628）乞食五鹿的典故有关。据《左传》及《史记·晋世家》记载：重耳过卫，卫文公不礼焉，出于五鹿（今大名县城东），乞食于野人（乡民），野人盛土器中进之，重耳怒，欲鞭之。赵衰（？—前622）曰："土者，有土也，君其拜受之。"由此五鹿这个地名附会出吉祥的意味，此外，"五"与"福"谐音，"五鹿"又谐音"福禄"，因此，在秦汉的砖上面刻有五鹿图案和宜子孙的字样，明示吉祥。下联"汉双鱼洗大吉羊"，则与汉代笔洗有关，汉代的笔洗是洗毛笔的一种器皿，底部有一对双鱼图案，而侧面题有"大吉羊"，"羊"字在汉代通"祥"字，"鱼"又与"余"谐音，这样就组成了"连年有余大吉祥"的意思。所以，无论是晋五鹿砖还是汉双鱼洗，都有吉祥如意的含义。

第三节 ｜ 小结

通过对中国古代刺绣作品中文字的研究可知，刺绣文字从针法和用色上很容易实现。中国的刺绣又与书法、绘画有着密切的联系，书画的技法对刺绣文字有着深远影响。刺绣文字在书画艺术绣和日常生活绣中都存在。首先，书画艺术绣中又分为宗教主题和书画主题两大刺绣作品，宗教主题的刺绣作品多以刺绣佛经和佛像为主，它们均通过刺绣文字和佛像来表达信徒对佛的虔诚和礼拜。书画主题的刺绣作品中的文字一般受到绘画艺术的风格影响，宋代文人画开始融绘画、书法、印章为一体，随着文人画的发展和流行，刺绣粉本也逐渐开始使用文人画，以书画为主题的刺绣作品中也就大量出现刺绣文字。其次，日常生活绣根据其使用的人群可分为宫廷日常绣和民间日常绣，宫廷日常绣品在服装、补子、活计、垫料等上均可找到福、寿、喜等有吉祥含义的刺绣文字；民间日常绣品在技艺上虽远远比不上宫廷，但在简朴中又表现出另一种趣味。在民间日常绣品中也可以找到大量有关福、寿、喜等相关的刺绣文字，说明了不管是宫廷还是民间，人们对于福、寿、喜的理解具有相通性。除此之外，民间日常绣品中还有刺绣戏曲人物，并配有刺绣文字曲目，从另一个侧面说明了民间刺绣的简单性，需要文字加以说明。

---

[1] 沈寿,张謇.雪宧绣谱图说[M].济南:山东画报出版社,2004:38.

[2] 郑珊珊.刺绣[M].北京:中国社会出版社,2007:85.

[3] 丁佩.绣谱[M].北京:中华书局,2012:80.

[4] 许崇岫.山东地区刺绣工艺的艺术特征探究[J].农业考古,2008(4):138-144.

[5] 申宪.金针神绣 绝代佳品——刺绣工艺大师沈寿及其代表作《耶稣像》《倍克像》[J].东南文化,1993(5):222-224.

[6] 沈寿,张謇.雪宧绣谱图说[M].济南:山东画报出版社,2004:117.

[7] 孙佩兰.吴地苏绣[M].苏州:苏州大学出版社,2009:47.

[8] 郭雷,冯伟一.珠绣镶嵌工艺在毛衫服装设计中的运用[J].江苏纺织,2012(11):52-54.

[9] 钱小萍.中国传统工艺全集:丝绸织染[M].郑州:大象出版社,2005:235.

[10] 丁佩.绣谱[M].北京:中华书局,2012:48,49.

[11] 沈寿,张謇.雪宧绣谱图说[M].济南:山东画报出版社,2004:83.

[12] 丁佩.绣谱[M].北京:中华书局,2012:105.

[13] 钱小萍.中国传统工艺全集:丝绸织染[M].郑州:大象出版社,2005:204.

[14] 沈寿,张謇.雪宧绣谱图说[M].济南:山东画报出版社,2004:143.

[15] 杨周相.中国古代宗教对国家管理的作用探析[J].长春教育学院学报,2014(12):12,13,20.

[16] 王进玉.敦煌北魏广阳王佛像绣[J].丝绸之路,1994(3):35,36.

[17] 马德.敦煌刺绣《灵鹫山说法图》的年代及相关问题[J].东南文化,2008:71-73.

[18] 上海古籍出版社.唐五代笔记小说大观:下册[M].上海:上海古籍出版社,1999:1381,1382.

[19] 武玉秀.唐代佛教刺绣艺术所反映的弥陀净土信仰[J].民间文化论坛,2012(6):67-77.

[20] 赵丰.敦煌丝绸艺术全集:法藏卷[M].上海:东华大学出版社,2010:227.

[21] 予嵩.宋代的刺绣[J].河南师大学报(社会科学版),1982(4):46.

[22] 朱启钤.存素堂丝绣录[M].石印本,1928:44.

[23] 庄恒.元代刺绣《妙法莲华经》卷[J].文物,1992(1):83-85.

[24] 黄春和,闫国藩.元代刺绣《妙法莲华经》[J].收藏家,2000(6):40-43.

[25] 赵丰.中国丝绸通史[M].苏州:苏州大学出版社,2005:365.

[26] 吴香洲.女词人徐湘苹[N].海宁日报,2008-12-12(6).

[27] 刘刚.绒绣眉目,瞻眺生动:上海博物馆藏顾绣十六应真册解读[J].收藏家,2008(3):25-30.

[28] 杨海涛.顾绣的断代与鉴定[J].文物鉴定与鉴赏,2011(5):56-59.

[29] 于颖.明代顾绣针法技艺探析[J].丝绸,2010(5):47-51.

[30] 张兵,张毓洲.清代文字狱的整体状况与清人的载述[J].西北师大学报:社会科学版,
2008(6):62-69,70.

[31] 尹金欣.清代文字狱和禁书运动[J].开封大学学报,2011(1):48-50.

[32] 薛亚峰.顾绣[M].上海:上海文化出版社,2011:55,56.

[33] 上海古籍出版社.汉魏六朝笔记小说大观[M].上海:上海古籍出版社,1999:544.

[34] 黄永年.二十四史全译:旧唐书第二册[M].上海:汉语大词典出版社,2004:1530.

[35] 江苏广陵古籍刻印社.笔记小说大观(第八册)[M].扬州:江苏广陵古籍刻印社,1983:270.

[36] 上海古籍出版社.唐五代笔记小说大观(下册)[M].上海:上海古籍出版社,2000:1743-1744.

[37] 陶宗仪.南村辍耕录[M].王雪玲,校点.沈阳:辽宁教育出版社,1998:25.

[38] 朱启钤.丝绣笔记:卷下[M].台北:广文书局有限公司,1970:43,44.

[39] 宋志明.二程与正统理学的奠基[J].河南社会科学,2009(3):18-20.

[40] 王素花.宋代刺绣工艺兴盛探究[J].剑南文学,2011(5):190-192.

[41] 王彦发.宋代院体绘画的发展及其影响[J].史学月刊,1999(4):31-34.

[42] 包燕丽.露香园顾绣[J].上海文博论丛,2003(1):22-25.

[43] 陈晓翔.明崇祯十三、十四年浙江灾荒浅析[J].青海师范大学学报(哲学社会科学
版),2006(2):61-64.

[44] 薛亚峰,唐西林,杨鑫基.顾绣[M].上海:上海文化出版社,2011:106.

[45] 陈娟娟.织绣文物中的寿字装饰[J].故宫博物院院刊,2004(2):10-19,156.

[46] 华梅.中国服装史[M].天津:天津人民美术出版社,1989:78.

[47] 黄能馥,陈娟娟.中国服饰史[M].上海:上海人民出版社,2004:598-599.

[48] 殷安妮.清代宫廷氅衣探微[J].故宫博物院院刊,2008(4):149-155,161.

[49] 张祖芳.中西服装史[M].上海:上海人民美术出版社,2007:100.

[50] 黄能馥,陈娟娟.中国丝绸科技艺术七千年:历代织绣珍品研究[M].北京:中国纺织出版
社,2002:391-405.

[51] 傅傅.锦绣华丽的民族符号:沈阳故宫博物院藏坎肩赏析[J].收藏,2013(21):103-110.

[52] 黄能馥,陈娟娟.中国服饰史[M].上海:上海人民出版社,2004:569.

[53] 刘快.中国双喜字纹饰与农居民俗生活[J].农业考古,2012(6):338-341.

[54] 殷安妮.清代宫廷氅衣探微[J].故宫博物院院刊,2008(4):149-155,161.

[55] 楚珺.中国传统吉祥纹样万字纹艺术符号研究[D].长沙:湖南工业大学,2013:3.

[56] 翁连溪.宫中的卐字图案[J].紫禁城,1991(2):21,30.

[57] 吕同.清代补子[J].紫禁城,1987(2):38-40,15.

[58] 王文权.清朝官服补子研究[J].学术探索,2012(1):132-135.

[59] 胡桂梅.顺应天时祈福纳祥:明代的应景补子[J].收藏,2014(11):120-122.

[60] 董进.图说明代宫廷服饰(三)——皇帝常服、吉服与青服[J].紫禁城,2011(8):121-125.

[61] 吴振棫.养吉斋丛录[M].北京:北京古籍出版社,1983:233.

[62] 殷安妮.清代宫廷的织绣活计(下)[J].文史知识,2012(9):62-68.

[63] 李理,王小莉.精工巧做典雅奢华:沈阳故宫珍藏的各式清宫屏风[J].收藏,2012(7):105-117.

[64] 王璐.清代御制耕织图的版本和刊刻探究[J].西北农林科技大学学报:社会科学版,2013(2):142-148.

[65] 宁云龙.古代织绣[M].沈阳:辽宁画报出版社,2001:75.

[66] 枕顶绣片,枕两端制作的一方形刺绣片。中国古代新婚嫁妆中,女方要准备一定数量的枕头绣片,一是显示新娘的手艺,二是作为礼品赠送公婆、姑嫂、亲人们。所以女子在未嫁前,要精心绣出各式花色、品种的枕头顶便形成特定的习俗。

[67]《天河配》讲的是牛郎织女的故事,"七月七日天河配,天上织女会牛郎"。据《荆楚岁时记》载:"传玄《拟天问》云:'七月七日牵牛织女会天河。'"又说:"七月七日为牵牛织女聚会之夜。是夕,人家妇女结彩楼,穿七孔针,或以金银鍮石为针,陈瓜果于庭中以乞巧。"唐代大诗人杜甫就在《牵牛织女》诗中写过"牵牛出河西,织女处其东。万古永相望,七夕谁见同"的名句。

[68] 王湜华.论《红梦楼》与昆曲[J].红楼梦学刊,1994(2):195-219.

[69] 江军中.烟荷包惹人藏[N].中国商报,2006-06-22(003).

[70] 宁云龙.古代织绣[M].沈阳:辽宁画报出版社,2001:119.

[71] 宁云龙.古代织绣[M].沈阳:辽宁画报出版社,2001:120.

[72] 宁云龙.古代织绣[M].沈阳:辽宁画报出版社,2001:125.

第十三章

中国古代夹缬作品中的文字

夹缬是依靠木制花版夹住织物进行防染的一种印染技艺，即把所染的织物根据需要对折或多层折叠起来，夹在木质花版中间，用铁架把花版套住，使织物被花版夹紧，防止染料渗透至所夹的花纹中，再把所需要的各色染料通过浇注或浸染的方式对未夹到的织物部分进行染色。夹缬源于隋唐，盛于唐代，衰落于宋元。[1]到了现代，只有在浙南地区还残存着传统夹缬印染技艺。虽然在当代的夹缬作品中能经常找到一些特定的夹缬文字，然而，在古代织物中带夹缬文字的极少见，目前只发现一件存世的辽代作品。笔者认为，造成这种情形的原因是多方面的，既有其工艺方面的原因，又有当时社会的政治、经济、文化等多方面的原因。

第一节 | 夹缬作品中文字表达的技术基础

夹缬工艺是应用这种工艺的织物上的纹样图案表达的技术基础，因此，夹缬文字的表达效果同样也与其工艺有着密切的关系。夹缬工艺包括夹缬的工具和材料的准备、夹缬的操作工序。

一、夹缬的工具和材料

1.夹缬的工具

夹缬的工具包括刻版工具（图13-1）、固定花版的工具，以及染色所用的工具。刻版工具有刻刀、凿子、墨斗，以及各类木工用具。刻版工具中品种最多的是凿子，有不同规格的平凿、圆凿、斜刃凿，其中圆凿又分为内圆凿和外圆凿。当然还有一些特殊刻版工具，如小凿刀（挖孔钻眼）、敲木、铁打圆划、木尺、锉刀、顶子、拔子、刷子、车钻，以及雕花等。[2]

图13-1 刻花版所用部分工具

染色所用的工具包括染缸、染缸上方的杠杆装置（图13-2）。染缸采用旧时农户家用的大水缸即可，染缸上方的杠杆装置由支架、杠杆及挂钩组成，支架一般固定在屋梁上，杠杆通过支架一端绑着挂钩装置连接花版，另一端与绳子相连控制花版的升降。这种杠杆装置的使用大大提高了

图13-2 染色所用工具

人们的工作效率，特别是当十多块笨重的花版叠放在一起时工匠们仍能轻松自如地将它们提起或放下。

2.夹缬的材料

夹缬的材料主要包括待染的坯布和染液。坯布是指待染的织物，据郑巨欣先生对已见发表的历代夹缬实物的汇总，共搜有90余件，其中绝大部分为绢、罗、绮等丝织物。这说明在古代夹缬的材料最初应该是丝织物，然而，元代之后，随着棉纺织业在中国的传播与发展，棉织物逐渐成为平民百姓的重要衣料，自然也成为夹缬的重要载体，如苍南夹缬，使用的就是当地手纺的纯棉土布。

苍南夹缬的染液采用靛蓝作为染料，其染液的配制方法为：空缸制染液时，先将染缸注满1/2缸的水，加土靛5千克左右，搅匀静置。等染液出现绿光时，再加水至2/3缸位置，复加5千克左右土靛，搅匀再静置观察，如此反复，轮番加土靛和水，直至缸水加至需要的高位。[3]约经12小时，利用土靛中含有的有机物发酵，使不溶于水的靛青转化为可溶于水的靛白，待染液变至绿色时上染。[4]

二、夹缬的工序

夹缬的整个工艺过程可分为画样、刻版、备布、夹印、染色、漂洗晾整六个主要工序。

1.画样

夹缬的画样如同剪纸一样，依据题材不同虽有所区别，但均是由四周边饰和中间主题构成，均是先将粉本画在纸上，然后复印到木板上。

2.刻版

夹缬所用的花版（图13-3）采用木制花版，其形制颇多，但最主要的应是凹纹版。凹纹版不同于镂空版，它像浮雕一样雕刻，凹处夹不到织物，可以染色。凸出处则夹紧织物，染不上色而呈本色。[5]苍南夹缬雕化木版选材有枫树、杨梅树、海梨树和红柴等。第一步，将所选的木材根据花版的尺寸锯成合适、平整的板材，为了便于雕刻需要浸泡一个星期。雕版工具种类繁多，有直刀、弯刀、平锉、圆锉、二分钹、二分圆、三分圆等，特殊工具要自己做，如钻眼神、水路钻头等。第二步，雕刻之前先将粉本贴在待刻的花板上；第三步，按照粉本的纹样进行雕刻。[6]雕刻的顺序是从外到里、从左到右，也就是先刻外边框，然后从左到右刻里边的人物和点缀纹样，完毕后取白纸拓回纹样，进行下一块花版的制作，直至花版雕刻完成。因此，合理的刀法在雕版时尤为重要。从刀法上讲先斜刀然后才正刀，分三次。通俗讲，第一次用斜刀，浅浅地刻个底，第二、第三次才用正刀，把握好分寸挖下去。在雕刻花版过程中，最难的地方是人物眼部的水路。如果稍有疏忽，眼睛有可能会被钻破或者钻头断到里面。这样就非常麻烦，只好整个头部挖出不要，重刻一个嵌进去。[7]花版雕刻完成后，为了保持花版不变形，要将其放入在水中保持湿润，因为木制的花版如果干燥就极易变形。

图13-3　雕刻好的花版

3.备布

备布是将坯布通过整布和卷布两个步骤，达到夹缬前的要求。①整布，即确定待染布匹的尺寸，同时清除布面中的油脂和杂质，使染液能均匀上色。具体做法：首先，坯布取长约1000厘米，宽50厘米，将宽幅对折，长幅取40厘米将坯布折叠完成，形成40厘米长、25厘米宽的一叠布。然后，将折叠好的坯布放入到盛有清水的水缸或盆中浸泡4个小时以上，去除油脂和杂质。②卷布，即在布面上定位，以方便夹印的操作。具体做法：第一步，将1000厘米长的布面以250厘米长度四折平放在工作台上；第二步，用竹棒丈量花版的尺寸，并在布面上用一小竹片蘸靛青料点出，并且两版之间以四指作为间距，一一做好标记。第三步，取一木棒作为卷轴，将坯布从头卷起至布尾成筒状。[8]我们不难发现，夹缬的坯布准备并没有像蜡缬和灰缬那样采用煮布的方法去除油脂和杂质。笔者认为，煮坯布会降低织物的强度，会影响夹印时的质量。因此，夹缬染匠们只采用清水浸泡的方法来去除油脂和杂质。

4.夹印

夹印就是坯布上版，具体做法：按照靛青做好的标记，将木卷轴上的坯布按顺序逐一铺开，并将布条与雕版逐一交替叠装，两版之间夹布一折一夹，装完17片花版。装完后用框架固定花版组，再用小木片塞紧缝隙，力求严密。[9]这样，每两块对称的花版被严密地结合在一起，染液只能通过花版上的明渠暗道渗入到没有夹持的部位，坯布会被染上蓝色，而夹持的部分则染液无法进入，保持坯布的原色。

5.染色

夹缬染色采用的是浸染方法，夹缬17块花版很重，染色时需要用杠杆吊起缓缓放入染缸。浙南夹缬采用靛蓝染色，第一步，将装好坯布的化版组浸入染缸，浸染25分钟后，将花版组吊离染缸，进行氧化作用，进行固色。第二步，约5分钟后，再次将装好坯布的花版组浸入染缸，接下来进行第2次浸染与氧化。第三步，将雕版组上下翻转，做第3、4次浸染。染好一条成品夹缬布料，可能要进行8～16次浸染和氧化。[10]当然，浸染的次数和时间，染匠们可根据染布的色泽灵活运用。

6.漂洗晾整

夹缬工艺最后的工序是漂洗晾整，第一步，将完成染色的花版组放于地面，取水冲刷干洗，防止拆开夹缬框架时染料滴落在布面上；第二步，拆开框架，卸版取布，晾于染布棚；第三步，将晾干后的布料在清澈的河边、溪边清洗干净，洗去浮尘；第四步，晾干布料，用熨斗进行整烫。

第二节 ｜ 中国古代夹缬织物中文字的分析

关于中国古代夹缬织物的研究可分为夹缬织物的考古研究和传统夹缬非物质文化遗产研究两部分，考古方面的研究是从考古实物出发，进行工艺方面的复原和溯源的研究，非物质文化遗产方面的研究则是从现存的工艺、纹样、文化蕴意等方面进行的研究。因此，对于中国古代夹缬织物上文字纹样的研究也需要从考古实物和非物质文化遗产两方面进行。

一、唐宋时期夹缬织物中文字的分析

根据郑巨欣先生整理的《已见发表的历代夹缬实物名录》（截至2008年）可知，已经发现的古代夹缬织物共有91件，其中唐代71件、辽代14件、西夏2件、明代4件。由此可知唐代夹缬织物的数量最多，从辽代（相当于北宋时期）开始夹缬织物的数量开始锐减。这些夹缬文物中花卉、鸟兽纹类占89件，佛像类2件，其中带有文字的仅有辽代南无释迦牟尼佛夹缬绢，这一夹缬织物笔者在本章第三小节《辽代南无释迦牟尼佛夹缬绢的分析》中进行了深入讨论，这里就不再赘述。从这些夹缬织物的色彩上看，它们绝大部分都并非蓝地白花或白地蓝花，这说明唐宋时期中原的夹缬织物主要采用复色套印方法，有别于现存于浙南的蓝夹缬。笔者对唐宋时期

夹缬织物中文字纹样仅有一件的情况有如下分析：

1. 夹缬织物的用途限制了文字纹样在其上的发展

唐代的夹缬织物主要用于衣料。[11]通过对现存唐代夹缬织物及与夹缬相关的图文资料的分析，似乎都能证明这一观点。敦煌莫高窟中唐代壁画人物服装直观反映了夹缬织物用于服饰，如196窟壁画人物服饰图案（图13-4）就是典型的夹缬纹样。历史文献中也有大量关于夹缬用于服装衣料的记载，如北宋学者王谠编撰的《唐语林》中所言，关于夹缬起源于婕妤妹适赵氏的一段，[12]虽未明确指明王皇后制作夹缬布后的用途，但"因敕宫中依样制之"，可推断用于服饰的可能性最大。又如，《入唐求法巡礼行记》中记载"任判官施夹缬一匹，辛长史见来，便交裁做褐衫"[13]等。唐代诗文中也有大量对夹缬布的描写，如白居易（772—846）的《玩半开花赠皇甫郎中》中的"成都新夹缬，梁汉碎胭脂"，李贺（790—816）的《恼公》中"醉缬抛红网，单罗挂绿蒙"等，都从侧面反映了当时妇女对夹缬服饰的喜爱。

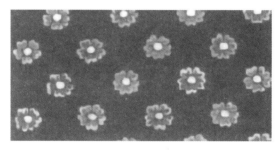

图13-4　莫高窟196窟壁画人物服饰图案

到了宋代，据《宋史》记载，宫室常服彩色夹缬，为了有别于民间，宫廷两次下令禁止民间流通。[14]然而，中国汉晋时期，人们曾经大量将文字运用到织锦织物上，用来表达求仙求福、子孙繁盛的愿望。但到了唐宋时期，日常服饰很少使用文字纹样，而较多采用团花、折枝、碎花等新型纹样图案，而这一时期，夹缬织物恰好用作日常服饰的面料，这样就间接导致夹缬织物中文字纹样图案的缺失。

2. 对折夹染的工艺限制了文字纹样的发展

传统夹缬印染工艺采用木刻对称花版、对折待染面料的夹染工艺，一般情况只适合字型左右对称的文字纹样，如"吉""囍"等文字纹样。并且会在织物中间产生一道折痕，这些都会影响到文字纹样的美观性，然而汉字大多都是非对称的字形，因此，夹缬织物上的文字一般拘囿于对称文字；至于非对称字型的文字，如果采用夹缬对折夹染工艺，必然会使织物左右两端造成文字纹样的一正一反现象。显然，夹缬的工艺特征会对文字纹样在其上形成限制作用。

　　但是，在夹缬织物图案的设计中，如果采用花卉、鸟兽、圆点、团窠等对称性纹样情况就完全不一样。

　　首先，这些纹样非常适合对称的构图方式，不仅在夹缬织物上容易实现，而且具有匀称的美感。例如，现藏于英国大英博物馆的唐代对马夹缬绢（图13-5），一对马身上饰有"卍"字纹，另一对马身上则饰有斑点。织物的底部另有一对马可见马腿，但马腿方向相对，正说明这两行马之间是夹缬制成时的折叠中轴线。又如现藏于英国维多利亚与艾尔伯特博物馆的晚唐簇六团花夹缬绢（图13-6），纹样被对称地刻在两块木板上，分为地、花和叶三个区域，然后将这两块木板中间夹上丝织物，再根据纹样不同部位染色的需要决定木板上开孔的情况，最后在原为白色的绢上染色后，成为深蓝色地上绿色叶和橘红花的图案。[15]

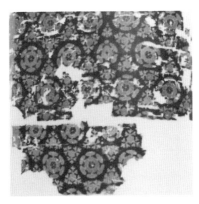

图13-5　唐代对马夹缬绢　　　　　图13-6　晚唐簇六团花夹缬绢

　　其次，碎花、朵花纹也非常适合夹缬工艺。例如，现藏于法国的红地朵云朵花纹夹缬绢（图13-7），主题是四瓣朵花图案，一朵红花与一朵绿花瓣上有红点的花间隔排列，所有的红花之间用朵云纹样斜向相接，赵丰[16]认为染色时可能采用了两套雕版，第一套雕版将织物夹持时采用浸染的方法染出红色部分的花瓣、绿瓣花中的红点和花芯，以及地色，然后再用另一套雕版染绿色花瓣、云纹和花芯。从以上三件唐代夹缬文物中不难发现，在对夹缬织物进行纹样图案设计时，对称性纹样、碎花、朵花比非对称纹样图案更容易实现。特别是碎花、朵花纹样在进行面料折叠时，不仅可以进行对折，甚至可以二折、四折，这样产生的碎花、朵花纹在经纬两个方向都能产生对称效果，一方面可以产生非常美观的效果，另一方面一副夹版可以印染出大幅的花纹，既节省了夹版，又节省了人工。工艺上，文字纹样与花卉鸟兽纹等对称性纹样相比较，处于非常明显的劣势。因此，唐宋时期夹缬织物中极少使用文字作为构图纹样。

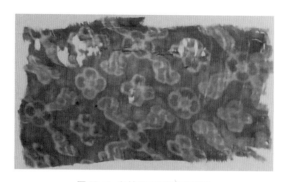

图 13-7　红地朵云朵花纹夹缬绢

二、中国古代蓝夹缬织物中文字的分析

所谓蓝夹缬指的是采用夹缬工艺，使用靛蓝染料浸染的白底蓝花的织物。蓝夹缬的流行，很可能是在元代以后。第一，棉布日益普及，由于其质地粗厚，染色较难，故以棉布作为底料的夹缬进一步向单色发展；第二，元代的统治阶级由于其草原游牧民族的特性，更加喜爱织金锦，对于夹缬印染织物并不感兴趣，这也是目前还没有发现元代夹缬织物的主要原因。第三，在民间由于更廉价的灰缬织物的冲击，夹缬的使用范围逐渐缩小，常常只见于床上用品，目前的浙南蓝夹缬只用于被面也说明了这一点。

由于中国蓝夹缬只在浙南地区的民间保存下来，古代蓝夹缬（1840年以前的织物）的实物亦非常少见，因此，笔者认为对于中国古代蓝夹缬织物中文字纹样的研究只能采用辉格式的研究方法，即以现存的蓝夹缬技艺和近现代的蓝夹缬织物来对古代的蓝夹缬织物中的文字纹样图案进行推断。据张琴女士对中国蓝夹缬的工艺的调查，近现代蓝夹缬织物中只有"囍"字等少数几种吉祥字符，如图13-8所示为"抢亲"纹样，其上端就是一个双喜纹样，点明了喜庆的主题。原型为一公子哥儿挥拳策马（马匹被前面两人遮住大半，仅露出马腿和马屁股），指挥童仆背一女子前行。三人神情各异，公子哥儿骄横凶狠，童仆鬼鬼祟祟，女子则惊惶回顾，似在努力挣扎。随着粉本的流传，纹样逐渐走样，公子哥儿的神态渐次温和，高举的手臂渐次收回；童仆不

图 13-8　蓝花布"抢亲"纹样走样[17]

再探头探脑，露出稚气模样；被抢的女子，也不再挣扎，和和气气地伏在童子背上。而男主角胯下的马匹，已基本丢失不见，虽然男主角依然屈腿保持骑马的姿态。[18]

当然，还有一些以昆曲情节为粉本的纹样中，也存在着这种双喜纹样。如以《西厢记》故事情节为粉本的蓝夹缬被（图13-9），其主题纹样由"游殿惊艳""斋坛闹会""白马解围""夫人赖婚""乘夜逾墙""月下佳期""红娘受拷""长亭送别""衣锦还乡""终成眷属"戏纹10片、待考戏纹2片及婴戏纹4片共16片构成，其中双喜纹就出现在位于四角的婴戏纹边框上方居中的位置。为什么在蓝夹缬中只出现囍字纹样，而不是其他文字纹样？

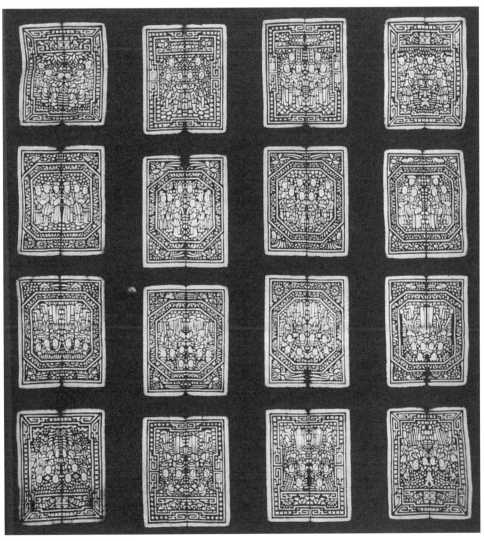

图13-9 《西厢记》蓝夹缬被面[19]

究其根本原因，笔者认为有如下三点：

①工艺上的限制使文字很难出现在蓝夹缬上。由于蓝夹缬工艺本身的限制，即蓝夹缬花版中的"明渠暗道"要保持"水路"畅通，必须尽量避免各种细短的独立线条，夹缬出的汉字笔画虽不至很细短，但笔画周边的蓝色背景则需要很细短的明渠，而这种细短的"明渠暗道"，则很容易堵塞造成文字的失真。因此，除了像囍字等特定的文字外，其他文字就很难出现在蓝夹缬上。

②囍字属于左右对称的特定文字，适合半版夹缬的浸染工艺。由于蓝夹缬采用染布折叠的方法，印染出来的文字是左右对称，一块夹版在边框上方最左侧的位置雕刻单个喜字纹，另一块则在最右侧的位置雕刻，印染完成后，将布面单层展开，就会在边框居中的位置出现囍字纹。从理论上讲，只要左右对称的单字，如"吉"字纹、万字圆寿纹、长寿纹等都可以通过这种方法达到理想的效果，如果是多个字，则必然会出现除居中位置外，其他位置的字两两反向的情况，这也是蓝夹缬中只有单字而且在居中位置的原因。

③囍字符合新婚新被的文化含义。众所周知，蓝夹缬被的用途是作为被套面，而且是新婚夫妻的被面。因此，这一特殊的用途就促使染工们必须想尽一切办法印染出这种寓意双喜临门的纹样图案来，这是囍字纹出现在蓝夹缬上的心理动因。

通过对中国古代彩色夹缬和蓝夹缬织物中文字纹样的分析，我们得出如下结论：唐宋时期的彩色夹缬由于工艺、用途的原因限制了文字纹样在夹缬织物中的使用（南无释迦牟尼佛夹缬绢从文字纹样的角度看其实是一件失败的作品），而唐宋以后蓝夹缬虽然在工艺上无法突破文字纹样的限制因素，但在民间强大的心理动因的驱动下，通过选择合适的字形、字体使类似于囍字的特殊文字在蓝夹缬上得以实现。

第三节 ｜ 辽代南无释迦牟尼佛夹缬绢的分析

辽代南无释迦牟尼佛夹缬绢发现于山西应县佛宫寺地宫，共有标本VA（长66厘米，宽61.5厘米）、VB（长62.5厘米，宽62厘米）、VC（长65.5厘米，宽62厘米）三件。虽然三件夹缬织物尺寸稍有差异，但型板图案完全相同，本文选取其中标本VB（图13-10）进行分析。该印花织图案为佛说法图，佛陀端坐莲台，双手扶膝，上出花盖，两侧有折枝花朵，飘丽花雨，前有方案，上置摩尼宝珠，两侧各有四众弟子合十侍立，神态各异，并有协持、化生童子各一人。[20]最为神奇的是织物左端印有"南无释迦牟尼佛"七个汉字，而右端印有相同的汉字，只是字型相反。

通过对南无释迦牟尼佛夹缬绢的分析，不难发现其三大特征：①织物中间有明显的折染痕，以折染痕为中轴线左右图案对称，佛成全佛；②织物色彩由色块组成，而色块边缘有防染的封闭线，并通过封闭线完成色块的封闭染色；③织物最为特别的是色彩叠印，色彩叠印一般需要套版工艺来完成。因此，南无释迦牟尼佛夹缬绢可以通过套版夹缬实验来验证。

图13-10　辽代南无释迦牟尼佛夹缬绢[21]

一、南无释迦牟尼佛夹缬绢印制方法的分析

有关南无释迦牟尼佛夹缬绢的印制工艺，纺织史和印刷史学界说法不一。通过搜集、整理和分析相关的观点，笔者大致将它们分为木版印刷法、丝漏印刷法和木版夹缬法。

1.木版印刷方式

国家文物局文物保护科学技术研究所等文物保护单位认为，南无释迦牟尼佛夹缬绢是一种绢地彩印画，发现时是折叠存放，图案为佛陀说法图。佛陀和弟子们面部及其他细部，使用了红、黑两色描绘开光。全幅系木刻半板，折叠印刷。原板边侧上方有楷体阴文"南无释迦牟尼佛"七字。三件为同版所印。同时，他们还认为这三件作品在雕版印刷史上具有重大科学价值。但是他们也不排除可能采用丝漏彩印方式印制。[22]郑恩淮先生也持这一观点，他认为从织物图案上看，图案以中间为轴对折印刷。采用的是木刻半板，丝绢折叠进行印刷，然后在其纹样图案的轮廓上，采用红、黄、蓝三色进行轮廓内色彩的填充，最后将全图展开，佛像就呈现出全像。[23]

2.丝漏印刷方式

丝漏印刷是一种古老的工艺技术，它是将丝绸或其他织物与金属丝网绷紧在网框上，按照图案纹样的需要，只留下图文需要着墨部分，而将其他的丝网眼堵死。当油墨倒在网框内，然后用一种橡皮刮板（古代可能采用其他形式的刮板）在丝网背面进行加压滑动运动，油墨透过着墨部的孔洞被挤出来，在承印物上，便形成需要印刷的图文。[24]侯恺、冯鹏生两位学者就是持这种观点，他们认为，南无释迦牟尼佛夹缬绢似乎是运用两套版印制，先漏印红色，后漏印蓝色。图案中的黄色部分则是用笔刷染出来的。正是由于漏印方法不容易印出精细的线条，因此，对于细微之处，如脸部、手、足和服领处用笔进行勾勒。对于画面左右的人物、图案、字迹对称，以及一侧"南无释迦牟尼佛"七字反置的原因，侯恺、冯鹏生指出南无释迦牟尼佛夹缬绢只制半幅画的漏版，印染时将绢对折，使颜色浸过两层绢素，再打开成为整幅，对折处就不免留下一条污色。[25]

3. 木版夹缬方式

纺织史学界基本持这一观点，赵丰先生认为这件夹缬绢是一件十分典型的夹缬加彩绘的印花织物。印制时需要三套夹缬花版，色彩分别为红、蓝、黄，最后在细部用彩笔略加勾画。[26]郑巨欣先生也持这一观点，他认为，南无释迦牟尼佛夹缬绢符合所有夹缬工艺的技术特征。首先，南无释迦牟尼佛夹缬绢中间有折痕。其次，南无释迦牟尼佛夹缬绢色块外都有防染的封闭线。这两个特征都是夹缬工艺最显著的特征。[27]

笔者比较倾向于第三种观点，即南无释迦牟尼佛夹缬绢是木版夹缬织物，而非绢地印刷织物。第一，正如郑巨欣先生所言，南无释迦牟尼佛夹缬绢符合所有夹缬工艺的技术特征，我们通过考察现存的浙南蓝夹缬可以看到这两大特征。第二，采用木版印刷方式和丝漏印刷可以避免中间折痕的出现，并且无须对人物面部进行手绘开光。例如，同为山西应县佛宫寺木塔内发现的，辽代木刻版《大法炬陀罗尼经卷》第十三中就有一幅版画（图13-11），画面呈对称性，然而，其刻版却是由整幅木板雕刻而成，因为图案顶端左右两侧祥云之间的四对鸿雁并非两两对称，这充分说明辽代印刷佛经中的印版完全采用一块木板雕成。因此，如果采用木版印刷的方式印制南无释迦牟尼佛夹缬绢就不会出现中间的折痕。第三，作为古代的佛像，若非印染工艺上的局限，工匠们也绝不会在左右两端印出字型相反的"南无释迦牟尼佛"七字榜题，这是对佛陀的大不敬。第四，郑巨欣先生通过套版夹缬工艺印证了南无释迦牟尼佛夹缬绢的原貌。他的实验模拟中国古代的印染条件，采用三套版夹印，取得实验成品与实验标本高度一致的结果。这次实验证明了多次印套色夹缬法的可行性，从而验证了与古代南无释迦牟尼佛夹缬绢

图13-11 《大法炬陀罗尼经卷》第十三中的版画

印染工艺最接近的一种复原方式。

二、基于南无释迦牟尼佛夹缬绢复原的另一种假想

通过分析研究郑巨欣先生关于南无释迦牟尼佛夹缬绢的复原实验，笔者一直存在着这样一种疑问，即能否使这块夹缬绢上的"南无释迦牟尼佛"七个字左右两端完全一致。查找和翻阅大量有关夹缬的著作与学术论文后，笔者认为，在理论上至少有两种办法达到这一目的。

1.木刻全版法

众所周知，夹缬工艺的原理是将两块表面平整、并刻有能互相吻合的阴刻纹样的木板夹住织物进行染色。染色时，木板的表面夹紧织物，染液无法渗透上染，而阴刻成沟状的凹进部分则可流通染液，随刻线规定的纹样染成各种形象。待出染浴后释开夹板的捆缚时，便呈现出粲然可观的图案。[28]而当代的蓝夹缬，为了减少刻版的工作量，一般会采用半版的方式来印染对称纹样。如果要实现"南无释迦牟尼佛"七字都是正常字型的话，最简单的办法就是采用木刻全版法，即待染布料不再对折，而是平整铺开，花版也不再采用木刻半版，而是全版雕刻。然而，这种做法在理论上虽然可行，但在工艺上又非常难实现。首先，雕刻花版的工作量要增加一倍。采用半版夹缬法实现一个单元的花纹图案只需要雕刻两个半版，而现在则需要雕刻两个全版，雕刻工作量增加很多。其次，全版的使用也增加了刻版的难度，夹缬花版工艺中最特别的地方是"明渠暗道"，即在表现大色块时，采用"明渠"的方式很容易实现上色，而在表现小色块时，如人物纹样脸部细节处，则使用"暗道"的方式。因此，在全版雕刻时，"暗道"的处理就很难实现，毕竟要在刻版内部钻取一个"小道"。正因如此，传统蓝夹缬采用半版。最后，全版木刻使待染布料不再需要对折，这样传统夹缬工艺的特征似乎需要做一些修改。基于以上分析，现实中木刻全版法并不适合验证这一假设。

2.半版加片法

有没有一种方法在既不增加雕刻的工作量和难度的前提下，又能实现"南无释迦牟尼佛"七字左右完全正确，不再一正一反。笔者受到现存的非对称蓝夹缬图案印染工艺的启发，认为可以采用这种方法来实现。所谓非对称蓝夹缬图案，即蓝夹缬一个单元纹样图案中左右并不对称（图13-12）。根据张

图13-12　蓝夹缬图案中的非对称现象

琴女士针对蓝夹缬中非对称纹样图案的调查，花版艺师对非对称花版的解决之道是巧妙而简单的：在一块花版上放好坯布，压上另一块花版。即在对折的两层坯布之间，隔上一片薄金属片，使两边的染液互不流通，从而完成对传统对称均齐构图的突破……[29]此处所描述的正是半版加片法，具体方法如图13–13所示。

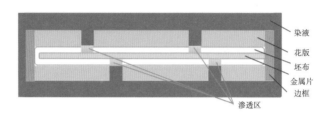

图13–13　半版加片法示意图

　　那么，受到蓝夹缬中非对称纹样图案的启发，笔者认为，可以在郑巨欣先生南无释迦牟尼佛夹缬绢复原实验的基础上，稍加一点改动，即可实现使该夹缬绢上"南无释迦牟尼佛"七字在左右两侧都呈正常的状态。具体做法如下：郑巨欣先生的复原实验采用三套色浸染的方法，即按第一套印红、第二套印黄、第三套印蓝。由于"南无释迦牟尼佛"七字是红底白字，第一步，将两块半刻花版上的"南无释迦牟尼佛"都雕刻成印章一样的反向文字，其他部位的纹样图案依然是两版对称，并不改变。第二步，将待印染的丝绢对折，并用一条与"南无释迦牟尼佛"七字长宽一致的金属薄片隔在对折丝绢间相应的位置，并将两块夹缬版夹紧。第三步，进行第一套印红，即投入红色染料的染缸中进行浸染，当第一套印红后，就会出现纹样图案左右两侧"南无释迦牟尼佛"七字正常的情况。第四步，进行第二、三套印黄、印蓝操作，方法同上。第五步，采用手绘的方式将佛像的面部及细微处彩绘，完成整个印染过程。

第四节 ｜ 小结

　　夹缬源于隋唐之际，在盛唐时期的发展达到顶峰，宋元时期迅速衰败下去，目前只有浙南地区还有少量遗存。通过对现存唐宋时期唯一带有文字纹样的夹缬织物——南无释迦牟尼佛夹缬绢的研究，笔者认为，南无释迦牟尼佛夹缬绢的印染工艺虽然主要有木版印刷法、丝漏印刷法、夹缬浸染法三种说法，但通过对夹缬工艺的特征分析，赞同南无释迦牟尼佛夹缬绢为夹缬织物的观点。同时，在考察浙南蓝夹缬非对称纹样图案染织技巧的基础上，笔者提出运用半版加片法可以实现南无释迦牟尼佛夹缬绢左右两端汉字字型一致的办法。此外，唐宋时期夹缬织物文字纹样图案罕见主要是由两方面的因素决定：一方面，从流行趋势上看，唐宋时期服装纹样图案已不再像汉晋时期那样流行文字纹样，而对外来的联珠纹、对鸟对兽纹、卷草纹及自创的团窠、碎花、折枝等新型纹样情有独钟。而当时的夹缬织物主要用于服装面料，文字纹样当然不会在夹缬织物中流行。另一方面，从印染工艺上看，夹缬工序为了减少雕刻花版的工作量，采用对折夹染工艺，本质上很难印染出非对称的文字纹样，反而很容易实现当时流行的服饰纹样。因此，唐宋时期文字纹样在夹缬织物中比较罕见。

[1] 吴元新,吴灵姝.传统夹缬的工艺特征[J].南京艺术学院学报:美术与设计版,2011(4):107-110.

[2] 郑巨欣.浙南夹缬[M].苏州:苏州大学出版社,2009:117.

[3] 郑巨欣.浙南夹缬[M].苏州:苏州大学出版社,2009:123.

[4] 郑巨欣.中国传统纺织印花研究[D].上海:东华大学,2005:101.

[5] 赵丰.中国丝绸通史[M].苏州:苏州大学出版社,2005:229.

[6] 王业宏,刘剑,姜丽.苍南夹缬遗存印染工艺研究[J].东华大学学报:社会科学版,2009(2):85-87.

[7] 张琴.中国蓝夹缬[M].北京:学苑出版社,2006:91.

[8] 郑巨欣.中国传统纺织品印花研究[M].杭州:中国美术学院出版社,2008:70,71.

[9] 张琴.木版印花的遗存——蓝夹缬[N].中国文物报,2012-01-20(004).

[10] 陈后强.苍南夹缬印染工艺的前世今生[N].中国包装报,2011-08-19(002).

[11] 张琴.寻找夹缬:蓝夹缬工艺命名人[M].郑州:大象出版社,2011:26.

[12] 王谠.唐语林[M].北京:中华书局,1987:405.

[13] 圆仁.入唐求法巡礼行记[M].上海:上海古籍出版社,1986:188.

[14] 脱脱.宋史[M].北京:中华书局,1977:3577.

[15] 赵丰.敦煌丝绸艺术全集:英藏卷[M].上海:东华大学出版社,2007:192-197.

[16] 赵丰.敦煌丝绸艺术全集:法藏卷[M].上海:东华大学出版社,2007:198.

[17] 张琴.蓝花布上的昆曲[M].北京:生活·读书·新知三联书店,2008:93,94.

[18]《易经》爻辞里有一段,被学者认为是反映抢亲现象的。云:屯如邅如,乘马班如,匪寇,婚媾。中国旧制婚俗里,仍有抢亲的遗留。比如男方迎娶女方,女方要蒙红盖头,据说原始意思为了防止女子半路伺机出逃,或者,防止她们记下回家的路。

[19]《西厢记》全名《崔莺莺待月西厢记》,又称"北西厢",元代中国戏曲剧本,王实甫撰。书中的男女主角是张君瑞和崔莺莺。《西厢记》中无不体现出素朴之美、追求自由的思想,它的曲词华艳优美,富于诗的意境;是我国古典戏剧的现实主义杰作,对后来以爱情为题材的小

说、戏剧的创作影响很大。

[20] 郑巨欣.中国传统纺织品印花研究[M].杭州:中国美术学院出版社,2008:79.

[21] 1970年修复山西应县木塔佛宫寺,发现了一些画绘的佛经和3幅南无释迦牟尼夹缬绢。这是迄今为止发现的唯一一件明确用三套色夹缬的辽代夹缬丝织品,但部分图案用手绘方式完成。

[22] 张畅耕,毕素娟,郑恩淮.山西应县佛宫寺木塔内发现辽代珍贵文物[J].文物,1982(6):1-8.

[23] 郑恩淮.应县木塔发现佛家七宝与佛牙舍利[J].赤峰学院学报:汉文哲学社会学版,1987(2):75-78.

[24] 刘跃.丝漏印及其在博物馆的应用[J].中国博物馆,1984(1):40-43,58.

[25] 侯恺,冯鹏生.应县木塔秘藏辽代美术作品的探讨[J].文物,1982(6):29-33.

[26] 赵丰.中国丝绸通史[M].苏州:苏州大学出版社,2005:300.

[27] 郑巨欣.中国传统纺织印花研究[D].上海:中国纺织大学博士学位论文,2003:48.

[28] 赵丰,胡平.浙南民间夹缬工艺[J].中国民间工艺,1987(4):61-64.

[29] 张琴.蓝花布上的昆曲[M].北京:生活·读书·新知三联书店,2008:140.

第十四章

中国古代蜡缬作品中的文字

蜡缬又称蜡染，现代印染学中称为蜡防染色。蜡缬制品花样饱满，层次丰富，其来源可追溯至秦汉之际的西南地区少数民族。当时他们已经熟悉蜜蜡、虫蜡和松脂等物质的防水特征，从事织物的蜡染。[1]唐代蜡缬在中原地区得到飞速发展，创造出大量精美的蜡缬织物，广泛应用于服装面料和室内装饰材料等领域。然而，在这些古代蜡缬织物中却几乎没有发现一件带有蜡缬文字的，但在现代少数民族的蜡缬作品中却还能发现一些蜡缬文字的踪迹。针对这一现象，笔者首先从蜡缬印染工艺方面入手，着重介绍了工艺涉及的材料、工具，以及工艺本身的特点等，然后，结合文化与技术的关系，分析了中原文化在蜡缬技艺产生发展过程中所处的地位和发挥的作用，从而最终解答了蜡缬文字在古代织物中从未出现的原因。

第一节 | 蜡缬作品中文字表达的技术基础

蜡缬工艺的研究内容包括其工具、材料和工序，它的工具和材料都非常简单，少数民族地区的平常农家就能配置。蜡缬的工序则包括画、染、煮等过程，较为烦琐，但比起夹缬工艺，蜡缬则灵活机动，随时可做；比起扎缬，蜡染的图案更加丰富，富于变化，能体现制作者的个人喜好和情感。

一、蜡缬的工具和材料

1.蜡缬工具

蜡缬工具主要有蜡刀、瓷碗（或金属罐）、水盆、大针、骨针、染缸、小炭炉、木炭（或谷壳）等。蜡刀种类繁多，主要用于刻画线条。蜡刀大者刀口宽10厘米，高6厘米，手柄长20厘米；小者刀口宽1厘米，高0.5厘米，手柄长7厘米。蜡刀（图14-1）的刀片数也有所差别，有2～7片不等，片数越多，存储蜡液越多，但蜡刀刀口会厚一些，只能用于画粗线，画细线的蜡刀一般只有两三片。而刀口的形状除了图14-1所示的等腰三角形外，在贵州有些地方还有扇形、弧形、斧形及方形的刀口；[2]瓷碗（或金属罐）是用来盛蜡的容器，家庭用的普通瓷碗即可；水盆是用来退蜡和清洗蜡染织物的容器；虽然技艺高超的蜡染艺人在画蜡时不需要任何辅助画图工具，但大多数人都会采用一些参照物来确定尺度，大针或骨针则用于点蜡时在布面上针刺小孔定位；染缸是进行染色的工具，在其中放入染液，将画蜡后的蜡布放入其中，进行染色。染缸一般采用陶制的大水缸，大小可根据染料的多少而决定。小炭炉用于加热防染蜡，使蜡保持液状，便于在坯布上勾画线条；木炭（或谷壳）则是给小炭炉加热的燃料。

2.蜡缬材料

蜡缬材料包括防染的坯布、蜡料及染料等。坯布相当于作画的白纸，是图案的载体；蜡料相当于素描所用的铅笔，用来勾勒纹样图案的线条轮廓；染料则相当于颜料，用来涂抹线条轮廓内的颜色。

图14-1　各种型号的蜡刀

（1）**坯布**。传统蜡染艺术材料基本以棉麻为主，源于当时人们的生产能力。[3]麻是元代之前中国平民百姓使用最广泛的纺织纤维，过去，贵州中西部地区的少数民族几乎家家种麻。每年的五、七、九三个月是贵州收麻的月份，当麻长到三四尺高时就收割：第一步，用竹条打掉麻叶，剥取麻皮，去掉粗皮，留下纤维部分，这种麻纤维被称为"生麻"。第二步，用水反复漂洗其中的浆汁，使"生麻"成为"熟麻"，这道工序相当于汉族地区的"沤麻"，即去除麻纤维中的杂质和胶质，用于纺织。第三步，进行绩麻，就是将麻纱纤维捻绩成麻纱，挽成麻团。第四步，将麻团制成经、纬线，经过牵纱、梳布、挽综、织造等工序织成麻布。

棉布也是西南少数民族常用的纺织面料。第一步，棉花在八月采摘后，经过暴晒，用轧棉机去除棉籽。第二步，用大弓将棉花弹松，并用细竹条将其制成中空棉条，称为开松、卷筵。第三步，用纺车将棉条纺成棉纱卷绕在稻草筒上，排成支纱，用高温煮纱，扭在竹竿上一周左右，再用豆浆上浆。第四步，将制成的棉纱分别制成经纬线，经过布经、穿综、上筘等上机准备后进行织造，制成棉布。

（2）**蜡料**。传统的蜡料有蜜蜡和虫白蜡两种。古代被称为石蜡者其实也是蜜蜡，正如石蜜、木蜜、土蜜的称呼一样，石蜜又称崖蜜，是蜜蜂筑巢于高山岩石间所产的蜂蜜；而木蜜和土蜜则是蜜蜂分别在树上和土中筑巢所产的蜂蜜。据《古今图书集成》载："陶弘景曰，蜂皆先以此为蜜跗，煎蜜亦得之……"[4]虫白蜡，系由虫脂制成，又名木蜡。木蜡，亦非木料之蜡，乃指虫白蜡，其虫大如虮虱，芒种后则缘树枝，食汁吐涎，黏于嫩茎，化为白脂，乃结成蜡，状如凝霜。处暑后剥取。延缘树枝者，有冬青树、榆树、楮树、苦梨树等。[5]对古代蜡的使用和分布情况，李时珍也作了说明，唐宋之前，基本使用的是蜜蜡。到了元代以后，虫白蜡逐渐取代蜜蜡的地位，其产地集中于四川、湖广、滇南、闽岭、吴越东南等地，并以川、滇、衡、永产地的质量最佳。

（3）**染料**。古代西南少数民族地区蜡染采用蓝靛作为染料，由于家庭经营的小农经济的长期影响，对于蓝的栽培、加工和使用，均停留在一家一户的小天地。蓝草是一种可以用来作染料的草本植物，为春季栽种，一般在夏（七月）秋（十月）两季收割。制蓝步骤如下：第一步，将蓝靛枝叶一束束放入木桶中，盛满清水漫过枝叶。木桶采用1米高的杉木桶，生叶和水的比例为1：12；第二步，生叶浸泡3~5天，观察叶片，看是否出蓝。天热时由于发酵时间短，只需要3天，天冷时则需要5天。如果叶片开始变软，表明已经开始出蓝，反之，叶片呈青绿色且质地青脆，则说明浸泡时间还不够。第三步，将石灰水倒入桶中，在制作蓝靛的过程中，石灰用量的多少是决定蓝靛质量好坏的关键。石灰放得过多或过少，都会使蓝靛染布的质量受到影响，使染布达不到理想的效果。通常靛叶、水和石灰水的比例为5：60：1。并且在加入石灰水后，需要一至两个小时淘水搅拌的打靛过程，石灰水与靛蓝色素分子结合，形成不溶于水的靛蓝素；第四步，经过一天的沉淀，舀出木桶中的水，再舀出沉淀的蓝靛换到另一只小桶中反复沉淀，可得到蓝靛。[6]蓝靛制作完成后，就可以配兑染水，染水是用蓝靛和白酒按适当的比例兑水调和而成。

当然，如果种植的蓝靛多，农户可采用大塘制靛方法。北魏时期贾思勰在《齐民要术》一书中对大塘制靛法有详细的记载："七月中作坑，令受百许束，作麦秆泥泥之，令深五寸，以苫蔽四壁。刈蓝倒竖于坑中，下水，以木石镇压令没。热时一宿，冷时再宿，漉去，内汁于瓮中，率十石瓮，著石灰一斗五升，急手抔之，一食顷止。澄清泻去水，别作小坑，贮蓝淀著坑中。候如强粥，还出瓮中，蓝淀成矣。"[7]用这种方法制作的蓝靛主要用作商品出售，其产量高、质量稳定。现在贵州凯里地区还保存着这种制靛工艺。

二、蜡缬工序

蜡缬工序包括坯布的准备、画蜡、浸染、退蜡四道工序。

1.坯布的准备

画蜡前，先进行一些准备工作。第一步，将棉、麻布进行捣练。棉麻等天然植物纤维含有杂质，而且经线在织造前还进行过上浆处理，如果不清除这些杂质和浆料，将严重影响布料的染色。因此，在古代通过对布料反复浸泡、捶打、清洗和日晒的方式来清除，古代称这道工序为"练"。唐代名画《捣练图》（图3-36）能形象地表现这一道工序。西南苗族地区，练的方法，因地而异，归纳起来有5种方法：①用开水煮烫；②用草木灰水浸泡；③用碱或石灰水煮；④先用布料在拌有柴灰的水中煮，进行脱胶，然后用蜂蜡煮，使之光滑柔软；⑤清晨将布料置于室外，利用自然露水进行除杂。[8]

第二步，要对布料进行浆布处理。棉麻布脱胶、退浆后，布面不够平整，还需要进行特殊的浆布处理。即用魔芋浆均匀地涂抹在布的背面，使布面挺括。具体的做法是：先将一块魔芋洗干净去皮煮熟，再用小刀细细刮成糊状，放入盆中加入少量水，降低魔芋糊黏度，然后用毛巾包住魔芋糊，并在布面用力蹭，将汁液渗进布里，最后将布风干，这样这块布就硬挺起来。当然，这种浆布的特殊性在于魔芋汁不仅有使布面挺括的功效，同时也不影响染料渗入到布面纤维。

第三步，对布面进行磨平处理。这样做是为了使布面平整光洁，贵州苗族大部分地区用牛肩胛骨作为打磨的工具，但有些地区，如丹寨，就是采用牛角磨平、磨光，以增加布料的硬度。[9]总之，这道工序本质上就是画蜡前对布面进行的研光处理。

2.画蜡

画蜡时，先将处理好的坯布平贴在木板或桌面上，把蜂蜡放在瓷碗或金属罐里，用木炭或糠壳点燃小炭炉，并将瓷碗或金属罐架在其上熔蜡。技艺娴熟的苗族妇女直接用蜡刀蘸起蜡汁在布上作画，胸有成竹。当然，也有一些苗族妇女先用剪纸花样确定画样的大致轮廓，再蘸蜡作画。在画蜡时，蜡汁温度的控制非常重要，蜡汁温度不能太高，以保持在60～70℃为宜，若蜡汁温度超过70℃，蜡汁在布上容易渗浸到四周而使纹样模糊不清。如果蜡汁温度过低，在布料上凝固过快，同样也不能绘成纹样。[10]因此，每蘸一次蜡后，都要求以最快的速度完成点蜡。苗族妇女中还保留着用细竹条画蜡的方式，不过现在已经基本被蜡刀所替代，主要是蜡刀具能保持蜡汁温度的特性，蜡刀中的铜片一般2～7层，蜡汁盛于蜡刀的铜片中，铜片具有较好的热传导性，并且铜片和蜡汁的接触面比较大，可以使蜡汁保持在便于作画的合适温度。而细竹条热传导性较差，无法给蜡汁持续供热，在画蜡时间上远远比不上蜡刀，因而逐渐被蜡刀所替代。

3.浸染

浸染是将画蜡好的布料放入染缸中染色的过程。蜡缬一般需要将布料浸染5～6次。首次浸染通常需要8～9个小时，然后将布料取出染缸进行清洗和晾干，清洗和晾干过程中要特别注意不能将布折叠，以免防染蜡失去防染功能。当布料晾干后，再反复进行4～5次浸染，每次浸染的时间只需要4～5小时，直至达到布料所要求的颜色为止。如果一件蜡缬染制品中有深浅两种蓝色需要上色，需要在首次浸染、清洗、晾干后，将作品需要浅色的部位再次用蜡汁盖住防染，然后进行多次浸染，即可使同一件蜡缬染制品中出现深浅不同的蓝色。[11]

4.退蜡

退蜡是将浸染好布料除蜡的过程。具体操作是将浸染好的布料放入烧开水的锅中，并在煮的过程中不断用筷子搅动蜡布，以便使布上的蜡加快脱落。一般十几分钟后，布料上的蜡就会溶化，然后将布料从锅中取出放入清水中漂洗干净晾干，这样一件蜡缬作品就完成了。[12]

第二节 | 中国古代蜡缬作品中的文字分析

在了解了蜡缬工艺的基础上，不难发现，采用蜡缬工艺印染出文字似乎没有任何技术上的问题。然而，对传世的蜡缬作品进行搜集与整理，却没有发现任何一件带有文字的蜡缬作品，这不禁使人感到惊讶！是什么原因造成这样的结果？笔者通过对中国古代蜡缬技艺时空的转换、蜡缬在中原地区消失的原因分析，以及中原地区蜡缬织物的用途与特征三个方面来对文字在蜡缬中的缺失进行了分析。

一、蜡缬技艺在中国的时空转换

中国的蜡缬技艺源于何处？一直以来都是纺织史学界争论的话题。陈维稷先生认为，中国的蜡缬可追溯到秦汉之际的西南地区少数民族。当时西南地区少数民族已经开始使用蜜蜡、虫蜡和松脂等防水性物质，进行织物的蜡染。随着土贡和文化贸易的交流，蜡缬技艺逐渐传播至中原地区。[13]赵丰先生曾考证新疆尼雅出土的半裸女神的蜡染制品，他从女神手持的丰饶角与其背后的光芒具有印度犍陀罗文化的因素断定，中国的蜡缬技艺源于印度。无论中国的蜡缬源于自身的少数民族地区还是外部，最需要解决的是弄清这种技艺是何时传入中原地区及其在中原地区的发展情况。

1.唐代蜡缬在中原地区得到飞速发展

1959年新疆于田屋于来克古城遗址出土了两件北朝时期（396—581年）的蜡缬织物，一件为蓝色蜡缬毛织物，另一件为蓝色蜡染棉布。笔者认为，这两件文物的出土并不能证明在北朝时期中原地区就已经拥有了蜡缬技艺。众所周知，毛织物为中国北方少数民族地区的主要织物，如果在中原地区存在，那么一般是少数民族地区传入到中原地区的。而棉织物也绝非当时的中原地区所有，因为北朝时期，中原的主要衣物材料还是丝、葛、麻，棉织物同样也是由西北、西南的少数民族进贡而来。因此，北朝的这两件蜡缬织物绝不能作为中原地区掌握蜡缬技艺的证据。

虽然，笔者不能确定北朝时期中原地区是否已经掌握了蜡缬技艺，但却可以证明至少在唐代中原地区已经开始流行蜡缬。

证据一：1968年，在敦煌莫高窟发现了一批唐代的残幡，其中就有蜡缬丝织物，如湖蓝底云头禽鸟花草纹蜡缬绢、绛底灵芝花鸟纹蜡缬绢、黄底云头花鸟蜡缬绢、土黄底花卉纹蜡缬绢等。首先，从这些蜡缬织物的坯料来看，都是丝织物，可以证明已经开始流行用丝织物进行蜡染。然而，当时掌握丝织技术的国家还有西域的高昌国，似乎并不能证明这些织物一定来自中原地区，只能说明有来自中原地区的可能。其次，从这些蜡缬的纹样图案上看，则完全可以证明其产生在中原地区。中原地区的汉民族将灵芝、瑞草作为祥瑞的象征广泛地应用于织物纹样上，这是其他民族所不具有的。根据以上两点，笔者推断至少在唐代蜡缬技艺已经在中原地区扎根、发展起来。

证据二：现藏于日本奈良正仓院唐代蜡缬织物。日本奈良正仓院目前保存着大量蜡缬制品，如树木象羊蜡染屏风（图14-2），以兽毛染色蜡绘而成，花纹极为华丽。[14]从图案上看，是经过精工设计，制品既有精细层次，又有色调文雅的外观。据日本文献资料记载，唐代装饰用品"屏风"非常著名，当时曾输出国外，作为珍贵的友谊礼品。[15]无论其通过何种方式传入日本，其为唐代中原地区所产已获得国内外众多学者的肯定。

图14-2 唐树木象羊蜡染屏风

综上所述，从中国和日本传世的唐代蜡缬实物来看，当时的蜡缬工艺早已脱离了其发展的萌芽阶段，进入一个较成熟的阶段，蜡染图案饱满流畅，边缘清晰，主题突出，精致细腻，这样才有可能作为国礼赠送给外邦或进行对外贸易。

2.南宋时期蜡缬已经在中原地区迅速消失

虽然蜡缬在唐代达到较高水平，然而到了南宋时期，蜡缬却在中原地区已经少有人知晓了。南宋学者周去非（1135—1189）《岭外代答》曾记载："瑶人以蓝染布为斑，其纹极细，其法以木板二片，镂成细花，用以夹布，而熔蜡灌于镂中，而后乃释板取布，投诸蓝中。布即受蓝，则煮布以去其蜡，故能受成极细斑花，炳然可观，故夫染斑之法，莫瑶人若也。"[16]由此可见，南宋时期，汉族居住区蜡缬工艺已经消失，否则，周去非也不会将瑶人蜡缬工艺作为一种趣闻而记载。

正是由于中国古代蜡缬技艺的时空转化，导致蜡缬技艺在中原地区的发展出现断层，只能在西南少数民族地区缓慢发展，然而，在整个中国古代民族史中，西南少数民族地区的民族大多只有语言而无文字，反映在蜡缬织物上基本就是一些装饰性或民族图腾式纹样图案。因此，蜡缬技艺时空的转换是导致文字在其上缺失的重要因素之一。

二、蜡缬在中原地区消失的原因分析

对于蜡缬在中原地区迅速消失的原因，中国纺织史学界普遍认为主要是由于宋代对染缬的禁令造成的。通过对唐宋时期相关的历史资料的分析，笔者承认宋代染缬的禁令会给蜡缬工艺在中原地区的发展产生不良的影响，但并不认为宋代的染缬禁令是造成其迅速消失的主要原因。其真正消失的原因应该包括政治、经济、技术等多方面，具体来讲，宋代染缬禁令是蜡缬发展环境恶化的重要政治因素，原料的缺乏是影响蜡缬发展的重要经济因素，灰缬的产生是蜡缬在中原地区消亡的重要技术因素。

1.宋代染缬禁令是蜡缬发展环境恶化的重要政治因素

纺织史学界普遍认为，宋代染缬禁令的出台是由于染缬的盛行，造成大量人力物力用于制作精美的染缬服饰和生活用品。为了抑制奢华，提倡简朴，政府才对其实施禁令。然而真实的情况可能并非如此，如果要提倡简朴，比染缬更加费工费时的缂丝、织锦则更需要在民间禁止，但它们反而在宋代得到飞速发展。笔者认为，染缬的禁止与舆服制度有着密切的关系。据《宋史·舆服志》载宋徽宗（1082—1135，1100—1126年在位）政和二年（1112年）诏令："后苑造缬帛，盖自元丰初置为行军之号，又为卫士之衣，以辨奸诈，遂禁止民间打造。"不难看出，完全是出于当时的染缬工艺正普遍用于行军之号和卫士之衣，为了与平民百姓在制服上明显区别开来，才禁止染缬在民间的流行。虽然目的不同，但造成的效果却是相同的，如此法令对包括蜡染在内的各种印染业应该是一个不小的打击。

2.原料的缺乏是影响蜡缬发展的重要经济因素

蜡缬最关键的原料是蜡。中原地区用于蜡缬的原料主要是蜂蜡，古时候，蜂蜡还运用在其他很多方面。早在汉代，蜂蜡就用于照明。据晋代葛洪的《西京杂记》载："南越王献高帝石蜜五斛、蜜蜡二百枚。"此外，在陕西乾县的唐永泰公主墓中的壁画上，发现有持蜡烛的壁画。[17]除了用于制作蜡烛外，蜂蜡还有如下用途：第一，用于医药。古代蜂蜡是传统的药物，主要用于治疗下痢，同时具有止痛生肌的功能，如民间广泛流传的三黄宝蜡丸，就是用来治疗跌打损伤的，功用极佳；第二，作为书信、公文的封印，防止信息泄露。宋代在战争时期就经常使用蜡丸书进行信息的传递，甚至用它作为与辽、金进行宣战、议和、沟通的手段；第三，蜂蜡是古代塑像、装裱图书的重要配料；第四，蜂蜡在古代作为防腐、润滑材料广泛应用于制鞋、制车、纺织等多个行业。[18]由此可知，古代中原地区的蜂蜡的用途非常广泛。

然而，中原地区的养蜂业却无法提供足够的蜂蜡来满足生产生活。通过调查宋代各地方朝贡蜂蜡的数量，就能证明这一点。据宋代《元丰九域志》《宋会要辑稿》《宋史》中所载，各地朝贡蜂蜡的情况如下：河南洛阳蜂蜡一百斤、河南邓州花蜡烛一百条、陕西延安蜡一百斤、陕西兴州蜡三十斤、山西新绛蜡烛一百条、山西离石蜡二十斤、甘肃成县蜡烛一百条、重庆开县黄蜡十斤、重庆奉节蜡三十斤、重庆彭水蜡十斤、安徽合肥蜡二十斤等。[19]我们不难发现，中原各地朝贡的蜂蜡并不多，多则不超过一百斤，少则只有十斤。此外，宋代一斤只相当于现在的六百四十克，由此可知，蜂蜡是何其昂贵。

那么，这样就存在着一个悖论，为何养蜂业远不及宋代的唐代能使蜡缬在中原地区发扬光大，而宋代却使蜡缬逐渐消亡？笔者认为，首先，这一现象的出现与唐宋两代的统治疆域有着莫大的关系。众所周知，唐代疆域辽阔，取得蜂蜡的区域较宋代更多。据《新唐书》中所载，今天的陕西、山西、安徽、湖北、四川、甘肃、浙江、福建、贵州等地都上贡蜂蜡。[20]此外，唐代加快对西南地区的控制，在剑南道（约当今四川西部及云南大部地区）、江南道（约当今湖南西部、贵州全部及广西北部地区）、岭南道（约今广西大部，云南东部，南抵印支半岛广大地区）建立415个羁縻州。在唐代西南边疆发展较快且大量输入内地的地方产品，仍主要是药材、手工制品、珍稀动植物及其制成品。[21]其中就包含了蜂蜡产品上贡的主要地区贵州等地。[22]相反，宋代的疆域大减，丢失燕云十六州，失去对西南少数蜂蜡产区的控制，中原地区获得蜂蜡的数量可能要比唐代少得多。

其次，唐代的贸易环境要远好于宋代，其外部输入蜂蜡的条件必然也远远好于宋代。唐太宗时期就已击破突厥，控制西域，使东西方交通畅通无阻。同时又开通西南、海上丝绸之路，大量外来商品涌入中国。虽然，史书中并没有明确记载具体从外部输入蜂蜡的事件，但不能否认有这样的可能。相反，宋代，西北地区的通道被西夏所阻断，西南又无法控制，经常受到交趾的侵扰，唯有海上通路尚可交易。因此，宋代从外部获取蜂蜡的途径要远比唐代少得多，数量上也会比唐代少，这样就阻止了蜡缬的发展。

3.灰缬的产生是蜡缬在中原地区消亡的重要技术因素

灰缬具有蜡缬无法比拟的优势。第一，从防染浆料上看，灰缬的防染浆料采用的是最常见的黄豆粉、绿豆粉等植物性粉料，辅料则是司空见惯的石灰粉。因此，灰缬所使用的防染浆料要远比蜡缬的便宜，并且容易获取。第二，从工艺上看，灰缬的浆料也不需要加热，配制好以后直接在镂空纸版上刮浆防染，工艺水平要求不高。相反，蜡缬则需要对防染蜡进行加热，由于蜡具凝固速度很快，因此对染匠的技艺要求较高。第三，从产品的标准化上看，灰缬非常容易实现产品的标准化，只需要控制好镂空纸版的质量，灰缬产品的质量就能保持高度的一致性。这对于古代染缬作坊来说，是一件非常了不起的事情。相反，蜡染正是由于防染蜡需要加热的缺陷，又很难实现产品的标准化，质量的控制也远远比不上灰缬。基于以上三点，蜡缬在灰缬产生后，逐渐在民间消亡是必然的。

蜡缬在中原地区民间的消亡，并不代表它就彻底在中原地区消亡。因为皇室宫廷对于蜡缬的生产成本几乎是不考虑的，只要能受到上层统治阶级的喜爱，它还是有存在的空间。然而，非常不幸，接替宋朝的元朝是一个由北方游牧民族蒙古族所建立的王朝，当朝者的残酷统治使南方经济文化均遭受重创，染缬业也骤然低落。最为重要的是，元代的皇室与贵族的尚武习性和追求奢侈生活的风气以及统治者对西亚文化的推崇，促使他们更加喜爱富贵华丽的织金锦缎，而清丽雅致的各类染缬根本无法得到其喜爱。这样，一度流行天下、贵贱通用的蜡染从此在中原地区销声匿迹，蜡染的中心区此时已向南移至西南的崇山峻岭中，并在西南地区长盛不衰。

通过对蜡缬在中原地区迅速消失的原因分析可知，宋代染缬禁令虽然并没有明确禁止蜡缬，但造成当时整个染缬行业的不景气，必然会影响到蜡缬在中原平民阶层中的使用。蜡缬的原料蜂蜡价格应该是制约蜡缬在中原地区平民阶层发展的最重要的原因，当出现防染剂更加便宜的灰缬时，蜡缬在中原地区平民阶层中被取代是必然的。这样，当宋代之后中原地区平民阶层普遍出现以"寿""喜""福"等吉祥文字图案作为织物纹样时，蜡缬已经在中原地区消失了，这也是蜡缬中文字纹样较少的原因。

三、中原地区蜡缬织物的用途与特征分析

中国古代蜡缬织物用途与特征也是导致文字在其上缺失的另一重要因素。根据敦煌出土的蜡缬实物和日本奈良保存的蜡缬实物的功用看，日本奈良保存的唐代蜡缬织物主要用于屏风，中国敦煌出土的蜡缬实物则主要用于佛教的经幡。从古代的

蜡缬实物上看，尚未发现蜡缬用于衣物。可能在唐代中原地区用于衣物的染缬织物还有夹缬和扎缬，其效果要比蜡缬更好，特别是扎缬，更受到广大民众的喜爱。

日本奈良正仓院收藏的蜡缬屏风上的图案虽然精美，但都是采用一种程式化的形式。例如，现藏于日本奈良的熊鹰蜡缬屏风、鹦鹉蜡缬屏风，其构图与树木象羊蜡缬一样，都是在一棵大树下面分立熊鹰和鹦鹉。因此，笔者认为，这类屏风上的图案并非绘画作品，而只是一种装饰图案。即使蜡缬屏风上采用绘画作品作为粉本，笔者也同样认为不会出任何文字。因为直到宋代以后，将绘画与书法结合在一起，在绘画中题字咏诗的风气才开始盛行。因此，在唐代蜡缬屏风上也就不会出现文字纹样。到了宋代，蜡缬已经转移到西南少数民族地区，即使可以使用带有文字的绘画作品作为粉本，中原地区也已经没有技术条件来实现了。同样，中国新疆出土的蜡缬经幡上的图案，则是中国秦汉时期流行的云气仙山、飞禽瑞兽纹的延续，这些图案早已深入人心，无须任何文字进行说明解释。

此外，从蜡缬织物的特征上看，由于蜡的凝结收缩，以及防染布要经历揉搓，浸染后的织物图案会产生一种奇妙的类似于裂纹的效果。当使用文字作为图案时，产生的裂纹效果从美学的角度看远不及云气仙山、飞禽瑞兽美观。因此，蜡缬织物图案只会采用符合其工艺特征的纹样，而避免使用文字纹样。

第三节 ｜ 小结

蜡缬印染技艺从工艺上看，可以毫无困难地实现蜡缬文字。然而，现存的古代蜡缬作品中却很难发现带有蜡缬文字的作品，究其根源主要集中在三个方面：①蜡缬技艺时空的转换，是造成蜡缬织物上文字缺失的直接原因；②政治、经济、技术三方面因素的影响，是宋代之后平民阶层的蜡缬织物上缺失文字的最根本原因；③中原地区蜡缬织物的用途与特征尤其是蜡缬织物能产生裂纹的特征，限制了文字图案在蜡缬织物中的运用，因其美学效果及清晰度较差，致使中原地区的文人士大夫阶层并不热衷于蜡缬文字。

[1] 新疆维吾尔自治区博物馆.新疆出土文物 [M].北京:文物出版社,1975:21.

[2] 贺琛,杨文斌.贵州蜡染 [M].苏州:苏州大学出版社,2009:28.

[3] 项镇,黄亚琴.论传统蜡染艺术的传承与发展 [J].江苏技术师范学院学报,2013(1):56-58.

[4] 陈梦雷.古今图书集成·方舆汇编·职方典 [M].台北:鼎文书局,1985:1568.

[5] 李时珍.本草纲目 [M].沈阳:辽海出版社,2001:1103,1104.

[6] 贵州省编辑组.苗族社会历史调查(一)[M].贵州:贵州民族出版社,1986:24.

[7] 李永.探究南通民间蓝印花布 [J].东南文化,2005(1):56-58.

[8] 贺琛,杨文斌.贵州蜡染 [M].苏州:苏州大学出版社,2009:22.

[9] 宋利荣.贵州丹寨苗族蜡染工艺调查 [J].大舞台,2011(4):174-175.

[10] 阿土.蜡染的第一道工序——画蜡 [J].贵州民族研究,2007(6):111.

[11] 阿土.蜡染的第二道工序——浸染 [J].贵州民族研究,2007(6):188.

[12] 阿土.蜡染的第三道工序——脱蜡 [J].贵州民族研究,2007(6):194.

[13] 陈维稷.中国纺织科学技术史 [M].北京:科学出版社,1984:276.

[14] 包应钊.谈谈彩色蜡染 [J].印染,1985(3):25,26.

[15] 明石染人.染织史考 [M].矶部甲阳堂藏版,1927:22.

[16] 于雄略.中国传统蓝印花布 [M].北京:人民美术出版社,2008:33.

[17] 杨淑培.中国古代对蜜蜂的认识和养蜂技术 [J].农业考古,1988(1):242-251.

[18] 葛凤晨,陈东海,历延芳.源远流长的长白蜜蜂文化(十九)——古代蜂蜡小考 [J].中国蜂业,1998(1): 27-28.

[19] 张显运.宋代养蜂业探研 [J].蜜蜂杂志,2007(5):14-16.

[20] 郭锐.唐代蜂业初探 [J].中国社会经济史研究,2011(1):5-10.

[21] 方铁.论唐朝统治者的治边思想及对西南边疆的治策 [J].云南民族学院学报:哲学社会科学版,2001(2):51-54.

[22] 贺琛,杨文斌.贵州蜡染 [M].苏州:苏州大学出版社,2009:9.

第十五章

中国古代灰缬作品中的文字

灰缬是采用灰浆作为防染剂，雕花纸版作为花版的一种防染工艺。目前，以江苏南通、湖南凤凰和邵阳、湖北天门、浙江桐乡、山东泰安、河北魏县等地的灰缬蓝印花布较为出名。其中以江苏南通为代表的蓝印花布印染技艺，已于2006年成功入选第一批国家级非物质文化遗产名录，说明了中国政府对这种传统印染技艺的重视。灰缬蓝印花布中蕴含着大量与文字相关的纹样图案，它们深刻地反映了民间文化习俗的变迁。

第一节 │ 灰缬作品中文字表达的技术基础

蓝印花布按其纹样图案的造型和色彩可分为蓝底白花和白底蓝花两类，因此，在花版制作和印制过程上略有不同。一般蓝底白花采用阴刻法、白底蓝花采用阳刻法。当然，也有将两类纹样图案融合在一起的情况，如边框采用蓝底白花、主题纹样则采用白底蓝花，反之亦然。灰缬作品中文字表达的技术基础本质就是其制作工艺，按其工艺的流程，我们可将其分为准备、刮浆印染、后整理三个阶段。

一、准备阶段

准备阶段分为坯布准备、染液配制、纸板制作、花版雕刻四个步骤：

1.坯布准备

蓝印花布的坯布一般采用农家手织土布，要求布面平整、色泽白净、质地紧密。当然，拿到这种土布之后，还要进行脱脂处理。脱脂的好处在于去掉土布上的浆料，以便染液能顺利地浸入织物纤维。具体操作方法是：第一步，将土布剪裁成12.5米长的规格，并放入含碱性的水中浸泡一天，有时为了提高效率，可将水温加热至50℃。第二步，将布料放置于清水中浸泡2～3天，使布中的浆料发酵。第三步，反复用清水冲洗，去除浆料，晒干后待用。

2.染液配制

蓝印花布靛蓝染液的配制：第一步，要配色，即将泥状的靛蓝从储存缸中取出，投入染池中与水按1∶50的比例配制；第二步，将石灰粉按靛蓝的1～1.5倍配制成石灰水，当石灰水温度降至常温时，将石灰水倒入染缸中充分搅拌。石灰水的功效在于靛蓝溶液能充分溶解于碱性溶液，加速靛蓝的溶解；第三步，加入酒糟式米酒，其用量为染料的1.5倍，目的是加快染液发酵，将靛蓝还原成靛白，从而能进行染色。当染缸中的水面浮现靛沫时，说明靛蓝已经发酵充分，可以进行染色。

当然，坯布下缸的时间还要通过观察染液的状况来决定，千百年来民间印染艺人总结出了"看飞杯"的宝贵经验。具体做法是：每天清晨时，先用碗舀起一碗染液，用手指在头皮上擦几下，沾上油脂。然后将手指插入碗中的染液中，如果油脂推开苗水的速度很快，说明染液充分溶解，可以下缸。反之，则需要继续用石灰水和酒进行调和，达到充分溶解。此外，染液还需要"养"，如果在气温比较低的十月需要生火加温，使染缸内的温度保持在10℃，燃料一般为农家的稻糠、棉籽壳、木屑等常见之物，白天开炉加温，晚上则封炉，直到第二年三、四月份气温升高到10℃以上后，方可停火，这样做的目的是使染液长期保持发酵的状态，不至于在长期不用的状态下，染液质量下降。

3.纸板制作

蓝印花布纸板的制作就是对花版雕刻材料的准备，主要通过裱纸达到雕花版的要求。蓝印花布纸板一般用3~5层纸裱制而成，贵阳皮纸或桑皮纸2~3层，高丽纸1~2层，普通白纸1层，采用不同质地的纸张裱制成多层，可以达到优势互补的效果，贵阳皮纸、桑皮纸、高丽纸质地软且薄、韧性极好；普通白纸则纤维短纸张厚。这样多层结合可以达到好刻、耐刮浆、耐水洗的特点。裱制时采用面粉自制糨糊刷裱，晾干后刷一层熟桐油，待干后压平。[1]

4.花版雕刻

花版雕刻其实包括画样与刻版、替板、上桐油三道工序。花版雕刻前需要对花纹图案进行设计，即在蓝印花布工艺的基础上设计出符合点、线、面交错组合的纹样。刻版则是花版雕刻的主要工序，这道工序能反映花版的质量和雕花匠的水平。刻版完成之后就进入上桐油阶段，即对花版的后整理。

（1）**画样与刻版**。雕刻新花版前一般需要在纸板上进行画样，即用铅笔或者炭笔在纸板上画出纹样图案的轮廓。然后将2~3层油板纸订合在一起，进行雕刻。[2]而雕刻花版时所使用的工具有刻刀、圆凿、木槌、"白果"树墩。刻刀又可细分为斜口单刀和双刀，单刀使用得最多，用于刻画线条，比较灵活，方便；而双刀则用于刻画宽窄一致的整齐线条，其实它是对单刀在线条规整条件下的一种改进，主要是为了提高雕刻效率；圆凿可在木槌的配合下，凿出小圆点的图案，它的好处是提高这种小圆点的制作效率，只需轻轻用木槌敲击圆凿就可以在花版上出现一个小圆点图案；"白果"树墩则是雕刻时的垫板，其木质细嫩，使用刻刀和圆凿的刀口不至于受伤。

（2）**替版**。当新的花版制作完成后，一般不用来刮浆，而是作为母版保存起来，用于批量制作样版。即先用羊毛自制刷帚（直径为4~5厘米），一头包扎收紧，再用刷帚蘸少许颜料粉把原样替到新的纸板上。替样时，对颜料和手法的要求很高，颜料浆要干湿得当，手法要均衡，刷出的纹样图案要与母版保持一致。如果颜料配兑不好或者手法不当，则会出现花形不准，影响新的刻版。

（3）**上桐油**。给花版上桐油的目的是使花版更加平整和耐磨耐刮，先用光滑的卵石将花版打磨平整，检查是否出现漏刻或者"过刀"严重的现象。出现漏刻时，要及时补刻。所谓"过刀"就是刻刀超过原有花形，通常在两条相交线段的交点极易产生"过刀"现象。解决的办法是运用"断刀"技法，它是将长线条分成几段，每段之间以"过桥"相连，"断刀"的长度不长于2~3厘米，连接处不少于0.2厘米（图15-1）。

图15-1　花版中的"断刀"和"过桥"

二、刮浆印染阶段

刮浆印染阶段又可分为刮防染浆、染色、晾晒、吃头酸、刮灰、吃二酸六道工序。

1.刮防染浆

刮防染浆前必须要配制好防染浆，而且防染浆配制好后，必须尽快刮浆，否则由于浆料干燥而无法使用。

（1）**浆料的配制**。蓝印花布的防染浆料曾经使用过玉米粉、小麦粉、糯米粉等，经过几代人的摸索，最后选用黄豆粉混合石灰粉作为防染浆料。这是因为：第一，黄豆粉黏性适中，防染性能好，适合作防染浆料；第二，黄豆粉取材比较容易，成本不高；第三，黄豆粉加石灰粉容易上浆；第四，这种浆料较其他浆料更容易刮灰。根据民间艺人的实践经验，夏天黄豆粉与石灰粉的比例为1:0.7，冬天则为1:1。当然有时会根据实际情况调整，当浆料黏性不够时，也会加入熟糯米粉增加浆料的黏性。对于豆粉和石灰粉要求越细越好，这样浆料在配制时会越透，黏性也越好。

（2）**刮浆**。刮浆时，先将准备好的坯布平铺在桌面上，然后在上面均匀洒上水，使布面处于半干半湿状态，便于浆料渗入坯布纤维中。刮浆刀可采用建筑、装潢行业所用的刮刀。刮浆时，将浆料挑到刮刀上，使刮刀与版面成45°角，快速将浆料刮到镂空处，形成防染图案。通常是由上向下刮，为了使浆料能均匀填充于镂空处，一般要刮三次。

刮浆完成后，待浆料定型后要掀版，即将花版掀开。掀版时要动作极快，一手拿着花版的一角，一手按住布面，以不伤害到已经刮好的花型为准。如果在一块布面上的花形一致时，当刮完一版后，需要进行连续刮浆，这时接版就显得尤为重要。接版就是每刮完一次花版，只移动花版下面的布料，使花版到达新的布料上连续刮浆，接版要求花形距离、图案形状接合自然。

2. 染色

蓝印花布的印花是通过浸染的方式而获得的，由于染缸的底部或多或少都会存在一些靛蓝的渣滓，所以必须在染缸的底部放置一个扁平的箩筐，将花纹布与渣滓隔开以免影响染色。入缸染色前一般要将花纹布松卷成空心状，使其充分着色。入缸20分钟后，将花纹布从染缸中取出，挂在染缸上方沥干，使其发生氧化反应，牢固着色，如此反复6～8次，既可染出较深的颜色，又可达到着色牢固的效果。

3. 晾晒

染色后的晾晒其实是一种使布料上的染料充分氧化的行为，可以使色牢度更高。具体操作如下：首先将布料从染缸中取出，直接晾挂于染缸上方，待染液滤干后再拿到庭院内的晾晒架上晾晒，这样做主要是为了防止染液的损失，以及防止污染环境。其次，在庭院内晾晒一般选择晴朗的天气，可以达到充分氧化的效果。如果遇到梅雨天气，为了防止布料发霉，应放在室内阴凉通风处，待天晴后再放在室外晾晒。

4. 吃头酸

吃头酸就是将晒干后的灰浆布浸泡于醋酸中加以固色，具体做法如下：首先，将3%～5%的醋酸加水稀释后，把灰浆布放入其中0.5～1个小时，然后，沥干，迅速清洗、晒干。其目的在于中和布料上的碱，去除余灰，使染上的颜色更加牢固。由于是第一次将布料浸泡于醋酸中，因此叫作"吃头酸"。

5. 刮灰

刮灰是去除灰浆布上灰浆的有效手段。在开始刮灰前，先用木棍将随意堆起的布料进行敲打，使灰浆松动；然后，将灰浆布固定在支架上，使布面绷紧；最后使刮灰刀与布面呈45°，适当用力，刮除布面上的灰浆。刮灰时要注意不能伤及布面，动作要干净利索，同时若使用的刮灰刀刀口两端呈圆弧形，效果会更好（可将菜刀刀口稍做改动）。

6.吃二酸

吃二酸与吃头酸的原理一样，是将刮灰过的布料浸入酸液中以中和、去除布中的灰。因刮灰工序并不能完全刮除掉布中的灰浆，在蜡酸中浸泡能有效地去除布中的灰浆。由于是第二次吃酸，故称为"吃二酸"。

三、后整理阶段

后整理就是对印染好的蓝印花布进行清洗、晾晒、踹布、熨烫，以使其达到干净美观的效果。

首先，将印染好的面料经过2～3次清洗，将残留在布面上的灰浆和浮色清洗干净；其次，将清洗好的湿布料挑上7米高的晾晒架上进行晾晒。使用如此高的晾晒架主要是因为布料的长度为12.5米，缩水对折后近6米，只能采用7米高的晾晒架。踹布即是用元宝石对布料进行砑光处理。元宝石形如船只或古货币元宝，在其下方压着用木轴卷好的布料，踹布时工人两腿叉开两脚分别稳稳地踩住元宝石两端，通过两腿交替用力使石下木轴不断滚动以完成对面料的砑光处理。砑光是指布料经过碾压或摩擦，面料中的纤维更加平整、质地更加紧密，色泽更加光亮的后处理过程，图15-2为笔者在上海市七宝棉纺织馆拍摄到的踹布照片。熨烫则是通过加热熨斗使布料表面经过高温熨压而更加平整的过程。图15-3为古代熨斗，由平底凹槽和木质手柄组成，在槽内放上木炭就可以加热底部，熨烫时工人将布料平整地铺放在桌面上，洒上一些水，然后手持熨柄垂直用力，使炽热的熨斗底部与面料充分接触，达到平整布面的效果。

图15-2 踹布

图15-3 上海七宝棉纺织馆中的古代熨斗

第二节 ｜ 中国古代灰缬织物中的纹样特征

通过灰缬织物中的纹样特征讨论南通蓝印花布的特征，笔者认为首先要从南通蓝印花布的印染工艺上与中国传统三大染缬进行比较，提炼出它在工艺方面的特征。然后再从南通蓝印花布的工艺特征入手，进行纹样图案方面的特征分析。这样就能实现由里及表、从因到果的分析。

一、南通蓝印花布印染工艺与中国传统三大染缬的比较

蓝印花布并非南通所独有，并且在南通蓝印花布出现之前，中国许多地方都能印染出蓝印花布，从各地出土的纺织品能证实这点。目前，尚能印染蓝印花布的地方有贵州苗族地区、云南白族地区、新疆维吾尔自治区、江苏南通、湖南凤凰和邵阳、湖北天门、浙江桐乡、山东泰安、河北魏县等地。因此，笔者认为，首先将这些地区的蓝印花布印染技艺进行系统的分类，对探究南通蓝印花布印染技艺非常必要。

通过相关文献研究和出土纺织品的分析，可知蜡缬、夹缬和绞缬三种传统染缬方法都能印染出蓝印花布。夹缬工艺盛行于唐代（618—907年），据北宋学者王谠编撰的《唐语林》所言："玄宗时柳婕好有才学，上甚重之。婕好妹适赵氏，性巧慧，因使工镂板为杂花象之，而为夹结。因婕好生日，献王皇后一匹。上见而赏之，因敕宫中依样制之。当时甚秘，后渐出，遍于天下。"[3]可见，夹缬印染技艺最迟在唐代已经流传到民间。通过对浙南民间尚存的夹缬织物（图15-4）的研究可知，流入民间的夹缬技艺主要用于印染蓝印花布。用蜡缬印染蓝印花布的文字记载最早见于宋代学者周去非所著的《岭外代答》[4]。中国除西南地区出现过蜡染的蓝印花布外，新疆地区也发现过蜡染的蓝印花布，1959年在新疆于田屋于来克古城遗址出土了一件北朝时期（396—581年）毛织物（图15-5），其图案为蓝底白花，经专家考证，这些小团花是用木板印蜡工艺制作的。[5]绞缬同样也能生产蓝印花布，元代学者胡三省《通鉴注》："撮彩线结之，而后染色，边染边解其结，凡结处皆原色，余则染色矣。其色斑斓谓之缬。"[6]由于扎结的边缘受到染液的浸润，很自然地形成从深到浅的色晕。因此，绞缬最大的特色就是能产生撮晕的特殊效果，使纹样看起来层次丰富、色调柔和。1972年新疆吐鲁番阿斯塔那出土唐代绞缬朵花罗（图15-6），花朵边缘和每片花瓣的中心都有这种撮晕效果，可谓巧夺天工，表现自然。

图 15-4　夹缬蓝印花布

图 15-5　北朝时期的蜡染蓝印花布

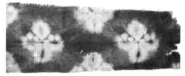

图 15-6　唐代绞缬朵花罗

通过上述分析，南通蓝印花布印染技艺显然不属于夹缬、蜡缬、绞缬的范畴。但又与它们有着一定的联系。南通蓝印花布印染技艺与中国传统三大染缬同属于防染印染，它们只是防染的手段不同。蓝夹缬使用两块雕镂相同图案的镂空版，将织物对折、紧紧地夹在两板中间，需要多少幅纹样就需要多少对镂空花版，然后依次重复放置装好坯布与花版，并使布完全被花版夹紧，使蓝染料不能进入夹紧的部位。最后投入到蓝靛染缸中进行染色，镂空处染上蓝色，除去镂空版，夹紧处显现白色花纹；蜡缬是利用蜡不溶于水，但加温后即可熔化这一原理，直接绘蜡或用镂空夹版灌蜡使布面上形成防染图案，然后进行染色、去蜡、晒干。绞缬则是用线绳来扎束布帛，入染后拆开即自成花纹，采用此法染色，往往能获得一种特殊的"撮晕"效果，形色错杂融浑，妙趣天成。[7]南通蓝印花布印染技艺则是利用刮浆防染的方法形成防染图案，很类似于蜡缬中利用镂空夹版灌蜡形成防染图案的原理，只是将蜡换成了黄豆粉和石灰按一定比例配制的防染浆料，同时将木刻镂空夹版换成了镂空纸版。由于防染浆料黏性适中，不会渗到镂空处以外的地方，所以南通蓝印花布就不需要"夹"这道工序。因此，我们可以将中国蓝印花布分为四类（表15-1），夹缬式、蜡缬式、绞缬式和刮浆式。南通蓝印花布属于刮浆式的蓝印花布，是有别于中国传统三大染缬方法的一种独具江南特色的防染工艺。

表15-1　中国蓝印花布的种类分析表

蓝印花布的种类	目前分布地域	防染手法
夹缬式	浙南温州	两块镂空板夹紧，凸部防染
蜡缬式	西南贵州	手描蜡图案或用两块镂空板夹紧，镂空处灌蜡，蜡防染

续表

蓝印花布的种类	目前分布地域	防染手法
绞缬式	云南大理白族区、江苏南通	针线扎制防染
刮浆式	江苏南通、湖南凤凰和邵阳、湖北天门、浙江桐乡、山东泰安、河北魏县	纸版刮浆，灰防染

二、南通蓝印花布纹样图案的特征

南通蓝印花布是采用刮浆式的防染工艺印染的蓝印花布，因其工艺的限制和民间的风俗习惯而形成特殊的艺术风格。南通蓝印花布一般具有平面化的造型、规整化的构图、多样化的题材三大纹样图案特征。

（1）**平面化的造型**。平面化是将现实世界或幻想世界中的客观对象从三维立体形象变为二维平面形象。平面化的造型通常采用线条表现图形，运用概括、夸张、变形等方法，在画面上表现平面结构的特点。南通蓝印花布的纹样图案是采用线条的表现手法，只不过这些线条是以断续形式来组合成纹样图案，因此，构成南通蓝印花布的点、线形态种类繁多。点的形状有大混点、小混点、胡椒点、介字点、梅花点、垂叶点和横点等，线段的形状有圆形、扇形、三角形、方形、线段形、有机形和不规则形等。[8]之所以南通蓝印花布的点、线形状如此丰富，完全要归因于纸版镂刻工艺的限制。纸版镂刻表现手法决定了不能细腻表达局部，南通蓝印花布手艺人只能在点和线的图案上做文章，不断丰富点、线的形状，使点线的表达与图案自然融合为一体。

（2）**规整化的构图**。南通蓝印花布平面化的造型特征，可以说是它的一大缺陷。在这种缺陷的刺激下，南通民间蓝印花布手艺人采用规整化的构图方法极力克服图案纹样中的这种缺陷，巧妙地运用偶数、对称、虚实等的表现手法来丰富纹样图案。南通蓝印花布纹样图案有许多是以几何骨架为中心对称、上下左右对称和旋转对称的形式，追求动中有静、四平八稳、中庸之道。[9]例如，吉庆有余（图15-7）中的两条鱼在构图上就左右对称；平升三级（图15-8）中的绝大部分图案则是上下左右对称；凤穿牡丹（图15-9）中的凤和牡丹是旋转对称，而边框中的蝴蝶、穿枝花等则是上下左右对称。这种对称的特征也决定了纹样中的各种图案往往是以偶数的形式出现。笔者收集了大量南通蓝印花布的纹样照片，经过仔细的观察，发现不仅对称纹样中的图案是以偶数出现，同时不对称纹样中的图案个数也往往是以偶数的形式出现。

图 15-7 吉庆有余[10]　　　　图 15-8 平升三级[11]　　　　图 15-9 凤穿牡丹

　　南通蓝印花布有框式和散花两种结构形式。框式结构的纹样图案一般用于被面（图 15-10）、门帘（图 15-11）、包袱布（图 15-12）、帐檐（图 15-13）、肚兜（图 15-14）、围涎等上面，而散花结构的纹样则主要用于服装布料上。南通蓝印花布构图的规整化也体现在框式结构的纹样上，框式结构的纹样普遍采用框架式结构与中心纹样相结合的组合形式，以双组对称的边缘图案来衬托中心主体图案，从而形成一幅完整和谐、主次分明、结构严谨的整体图案，并以此来表达一个寓意深远的主体内容。[12]另外，中国民间崇尚圆满，南通蓝印花布也善于运用圆形纹样，大多数框式结构的纹样中都采用圆形的主体纹样。南通蓝印花布中的散花结构（图 15-15）是指布中的每个花纹互不相连，分散排列，可横排、竖排、不规则排列。这种散花结构的蓝印花布图案简洁、清雅、秀美，因此，非常适合作为女性的服装布料。

图 15-10 福禄同春　　　图 15-11 平安富　　　图 15-12 福在眼前包袱布[15]
　　　　被面[13]　　　　　　　贵门帘[14]

图15-13 蓝印花布帐檐[16]

图15-14 福禄长寿肚兜[17]

图15-15 蓝印花布的衣服图案

（3）多样化的题材。南通蓝印花布图案的题材非常广泛，有人物、动物、植物、花卉、文字、几何图案等。这些题材反映了南通人民追求幸福美满生活的愿望。笔者通过对南通蓝印花布大量纹样图案的分析，认为可将其分为反映多子多孙、富贵吉祥、神话传说三大类（表15-2）。

表15-2 南通蓝印花布纹样图案的分类

多子多孙	富贵吉祥	神话传说
麒麟送子、莲生贵子、子孙万代、榴开百子、金玉满堂、鸳鸯戏荷、松鼠葡萄、瓜瓞绵绵，等等	年年有余、松鹤延年、凤戏牡丹、凤穿牡丹、梅兰竹菊、狮子滚绣球、福寿双全、福在眼前、福寿团圆、福禄同春、五福捧寿、平升三级、平安富贵、吉庆有余、喜鹊登梅、八吉祥、岁寒三友、竹梅双喜、大吉大利、百寿图、百事如意、马上封侯、状元及第、三多吉祥、十二生肖，等等	鲤鱼跳龙门、和合二仙、刘海戏金蟾、麻姑献寿、八仙庆寿、八仙过海，等等

这些纹样图案普遍采用谐音、象征、寓言、比拟、表号、文字六种表现手法来反映纹样图案的主题。谐音就是借用某些事物的名称组合同音词表达吉祥的含义。例如，用五只蝙蝠围绕着一个艺术体寿字谐音五福捧寿，花瓶里插着三支戟谐音平升三级。另外，经常用鱼谐音余、蝠谐音福、鸡谐音吉、鹿谐音禄、瓶谐音平、梅谐音眉、金鱼谐音金玉、塘谐音堂（图15-16），等等。

象征则是利用某些植物和动物的生态、形状、色彩、功用等特点，表现特定的思想。例如，牡丹花形丰满、色彩鲜艳，被世人喻为"花中之王"，因此，牡丹象征着富贵。鸳鸯经常是双宿双栖，故象征着甜蜜的爱情。松鹤都是长寿的动植物，所以就象征着长寿。麒麟（图15-17）、狮子（图15-18）都是中国古代想象中的瑞兽，象征着吉祥。莲、石榴内多果实，象征多子多孙。岁寒三友松、竹、梅中的松、竹经冬不凋，象征君子不屈不挠的高尚气节。梅花耐寒开放，象征傲气。梅、兰、竹、菊被称为植物中的四君子（图15-19），由于这四种花朵开放时间的不同，同时也象征了四季。葫芦和瓜瓞、葡萄、藤蔓不断生长，不断开花结果，象征着子孙繁多，等等。

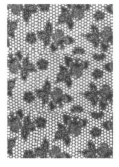

图15-16　金玉满堂[18]

图15-17　麒麟送子

图15-18　狮子滚绣球[19]

图15-19　四君子[20]

寓意是借助某些题材寄寓某种特定的含义，一般与民俗和文学典故有关。例如，莲出污泥而不染，寄寓着圣洁，佛教中的菩

图15-20　刘海戏金蟾[21]

图15-21　八吉祥[22]

萨往往都坐在莲坛上。据说东方朔三次偷西王母的仙桃，因此桃寓意着长寿。陶渊明种菊于东篱，故菊花寓清逸脱俗。刘海戏金蟾源于神话传说，传说中刘海是穷人家的孩子，他用计谋降服了修行多年的金蟾，得道成仙。刘海戏金蟾（图15-20），金蟾吐金钱，他救活了无数百姓，人们敬奉他，称他为"活财神"，因此，刘海戏金蟾寓意着富贵吉祥。

比拟就是赋予某种动植物拟人化的性格。例如，梅花是开放得最早的花，可以比拟为状元郎，同时梅花的枝干傲然向上，不畏寒冷，故又比拟为文人的清高。竹子中空且直，比拟君子性格耿直、心胸坦荡。狮子为万兽之王，又可比拟武将的勇敢。狗性格忠诚护家比拟着忠心。

　　表号就是将某种事物表记为特定意义的记号。例如，佛教中的八种法器：法轮、法螺、宝伞、宝盖、莲花、宝瓶、金鱼、盘长结都是吉祥的表号，称为"八吉祥"，然而，南通蓝印花布中就有"八吉祥"的纹样图案（图15-21）却有时为暗八仙，即八位仙人所持的法器，寓意吉祥。文字也是南通蓝印花布纹样图案中经常使用的。卍本为佛教中的吉祥符号，唐代女皇武则天（624—705，690—705年在位）将其定为"万"音，义为"吉祥万德之所集"。寿字、福字、喜字也都是南通蓝印花布经常使用的文字，一般都是运用这些字的艺术体来作为纹样图案。

　　我们从南通蓝印花布的纹样图案的特征分析中，可看到中华民族传统文化深深印入南通蓝印花布的纹样图案，它深刻地反映出中国传统的佛、儒、道家思想，寄托了人们对美好生活的向往和憧憬。自然的色彩，手工操作，天然的面料，自然的纹样风格，平淡天真，无须修饰，就像蓝天白云一样纯净。

第三节 ｜ 中国古代灰缬织物中的文字分析

　　古代灰缬织物中曾经出现过文字纹样是有确切证据的，据《古今图书集成·职方典》记载："药斑布出嘉定及安亭镇。宋嘉定中有归姓者创为之。以布抹灰药而染色、候干、去灰药，则青白相间。有人物、花鸟，诗词各色，作被面、帐帘之用。"[23]这里提到的宋嘉定中的年代约为公元1208年至1224年，并且指出药斑布中的纹样图案中有"人物、花鸟，诗词各色，作被面、帐帘之用"。这说明在古代灰缬织物中有大量带有文字纹样的被面或帐帘。然而，笔者考察了大量古代蓝印花布的纹样图案，发现有确定年代的藏品相当少见，带有文字的蓝印花布则更少。根据笔者搜集到的带有文字图案的蓝印花布，可将其中的文字分为装饰性文字、图案中物品上的文字、主题纹样说明性文字和书画文字四类。

一、装饰性文字

　　装饰性文字是指以文字作为装饰纹样的图案中含有的特殊文字符号。中国古代装饰性文字的应用非常广泛，如福、禄、寿、囍等字，在漆器、瓷器、服装、家具等上经常见到。笔者认为装饰性文字强调的是一种文字的运用风格，而不是文字本身的字体，不仅是书法中的行、草、隶、篆体的艺术字能作为装饰性纹样，就连实用性较强的宋体字也常常在织、绣、染织物中出现，充分说明了装饰文字的运用灵活多变，既强调文字本身的装饰效果，也注重文字在图案中表达的含义。

1.囍字纹

蓝印花布的纹样中囍字纹出现最多，一般配以象征多子多孙的主题纹样。榴开百子纹样（图15-22）以石榴和带有囍字的向日葵作为主题纹样，其中密实的石榴籽突皮而出，栩栩如生，在盘绕的石榴枝空隙处穿插有同样寓意多子的向日葵，向日葵的花盘中以囍字填充。榴开百子反映了中国古人追求多子多孙、人丁兴旺的愿望。将石榴作为人们追求多子多孙的标志最早出现于北齐时期（550—577年），据《北史·魏收传》载："齐安德王延宗纳赵郡李祖收女为妃，后帝幸李宅宴，而妃母宋氏荐二石榴于帝前，问诸人，莫知其意。帝投之，问魏收曰：'此竟何意？'收曰：'石榴，房中多子，王新婚，妃母欲子孙众多。'帝大喜。"[24]由此可知，在北齐文宣帝高洋时期就已有人将石榴当作礼物送给新婚夫妻，希望这对新人能够多子多孙。当然，在古代石榴并非寻常水果，江浙一带普通百姓几乎无法见到，因此，将石榴纹样图案印染在蓝印花布上送给新婚子女，同样表达了这种愿望。如果说实物纹样具有象征意义，那么囍字纹这种文字纹样则具有更直接的标志性功能，从这一点看，榴开百子纹做到了实物纹样与文字纹样的完美融合。

图15-22　榴开百子蓝印花布纹样[25]　　　图15-23　子孙万代蓝印花布纹样

除了作为实物纹样中的构成元素，如上文提到的作为向日葵"花盘"，蓝印花布中还有将"囍"字穿插在实物纹样间隙之中的情况，如图15-23所示为在山东民间广为流传的"子孙万代"蓝印花布被面纹样，此被面纹样由葫芦、藤蔓纹样加上"囍"

字所构成。葫芦本身就是佛家暗八仙之一，可祈求吉祥安宁的愿望。"蔓"与"万"谐音，葫芦的藤蔓众鑫绵延，果实累累，籽粒又繁多，寓意子孙万代绵延不绝，岁岁相继，代代相传。[26]笔者认为，在蓝印花布被面中类似的祈求子孙繁多、人丁兴旺的纹样中加入"囍"字纹样，包含有两重意义：其一，这种被面一般用了女了的嫁妆，用以渲染喜庆的气氛，这种情境和夫家在新房的门窗上粘贴"囍"字的习俗相似。其二，表达了父母对女儿婚后多子多孙的一种祝福。特别是在中国古代农耕社会，做父母的总是对出嫁的女儿有多子多孙的期许。

2.寿字纹

蓝印花布中寿字纹的运用也是相当普遍的，寿字纹一般与蝙蝠、松鹤、梅花鹿、麒麟、石榴、仙桃、佛手等传统图案组合在一起，寓意更加深刻。

（1）**蝙蝠寿字纹**。福寿双全（图15-24）和五福捧寿（图15-25）都是经典蓝印花布上常用的主题纹样。如在包袱的蓝印花布面料上就找到这两种纹样，纹样巧妙地运用了谐音与艺术文字搭配的表现手法，如利用蝙蝠谐音"福"，"福"为诸事皆吉的总称，配合艺术体的寿字表达了人们对幸福与长寿的渴望与追求。福寿双全是由四只蝙蝠围绕着一个六边形的寿字，蝙蝠之间插有一枝两桃纹样，共八枚桃子。四和八都是双数，桃子又有长寿的寓意，古代民间文学作品中就有这方面的传说，如明代《西游记》中就有仙桃的种类分别有三千年、六千年、九千年一熟之说，充分说明早在明代，桃在民间就有长寿的寓意了。四福八寿就样就组成了福寿双全，并且中心有一个大寿字点明图案的主题。

图15-24　福寿双全

图15-25　五福捧寿[27]

五福捧寿则是由五只蝙蝠捧着一个寿字，据《书·洪范》中对五福的解释："五福，一曰寿，二曰富，三曰康宁，四曰攸好德，五曰考终命。"其中"攸好德"是所喜好的都是符合道德规范的意思，"考终命"是人有善终的意思，即在幸福的状态下

过世。五只蝙蝠分别代表了中国古人心中
的五福，它们围绕着寿字，寓意多福多寿。
这种类型的纹样是清代民间广为流传的一
种传统吉祥图案。

（2）松鹤寿字纹。在蓝印花布中除了
采用谐音图案配合文字的手法来表达人们
对长寿、幸福的追求外，还经常采用象征
图案配合文字的艺术表现手法。图15-26为
松鹤延年纹样图案的蓝印花布，整个图案
造型采用方框中套圆形主题纹的构图方式，
上下方向是两两相对的仙鹤，展翅曲颈，

图15-26　松鹤延年

鸟喙大张，似乎在引颈高歌。左右方向则是两两对称的松冠的形象，松针清晰可见。
鹤与松中间则是一个大大的圆形寿字，将松、鹤、寿字完美地结合在一起。松树是
一种生命力极强的常青树，无论是天寒地冻还是酷暑难耐的气候，它依然郁郁葱葱，
充满了生命的力量。甚至在悬崖峭壁间、石缝中它都能扎根生长，并且壮大起来，
因此，松树被中国古人喻为具忍耐力的人。同时，松树存活的时间也特别长，《史
记·龟策列传》中就有千岁之松的说法。[28]而鹤则具有高贵典雅的气质，是飞禽中

图15-27　福寿三多汗巾[29]

的贵族，地位仅次于凤凰，传说它经常跟随神仙
和道人云游，因此，鹤在中国有"仙鹤"之称。
同时，鹤也是较为长寿的鸟禽，其寿命一般在
六十至八十年之间，在人均寿命较短的古代，人
能活到七十岁已经是非常罕见，中国古代俗语中
就有"人到七十，古来稀"的说法，古人将鹤象
征长寿也就可以理解了。

（3）福寿三多寿字纹。福寿三多寿字纹
（图15-27）是由佛手、仙桃、石榴与寿字组成
的纹样图案。"佛手"谐音"福"、"石榴"象
征着"多子多孙"、"仙桃"寓意"长寿"，简
称三多。福寿三多的寓意是多子多孙、健康长
寿、幸福安康。此作品除了用到以上三种植物
纹样外，不仅在主题纹样中用到中国结的纹
样，"结"谐音"吉"，还在边框图案中用到
"梅""兰""竹""菊"四种植物纹样。而这四种

植物分别代表了中国传统文化中君子的四种优良品格，即高洁、清逸、气节和淡泊。

（4）**福禄寿字纹**。蓝印花布中福禄寿字纹是在五福捧寿的小单元纹样上添加鹤、鹿等纹样而组成的新纹样。其中，圆寿艺术字周围环绕五只蝙蝠，形成五福捧寿，在面巾上、下方分别印有一只梅花鹿和两只仙鹤，组成福禄寿的图案（图15-28）。此作品的特别之处在于，在"五福捧寿"的基础上运用鹿和鹤形象的谐音组成寓意福禄寿图案，体现了古代染匠无穷的智慧。

图15-28 福禄寿面巾

（5）**麒麟送子寿字纹**。麒麟送子纹样也是蓝印花布中喜闻乐见的传统图案，常见于被面之上，反映了中国人对子孙繁多的追求。繁衍后代是人类最原始的追求，中国古人把这种愿望通过谐音、象征、比喻的手法把相关的传说和故事表现到自己的日常生活用品中，而被面则是最好的载体，床上用品总能让人联想到繁育后代，把麒麟送子等吉祥纹样印在被面上显然是最合适的。麒麟是中国古代神话传说中的神兽，它通体鳞甲、龙头、独角、鹿身、牛尾、狼蹄，是古人心目中的祥瑞之物。民间传说麒麟只有在太平盛世时才会出现，同时它也会给那些积德行善而无子嗣的人家送来儿子，使这些人家繁荣昌盛，香火不绝。因此，在民间常将麒麟送子图案印在被面上，作为儿女结婚必备的喜庆用品，图15-29为麒麟送子寿字纹。

图15-29 麒麟送子[30]

（6）**凤啄牡丹寿字纹**。凤啄牡丹蓝印花布作品在民间流传很多，在衣服面料、包袱布上到处可见。凤原本代表女性，而在此处却都代表男性；牡丹则代表女性，凤啄牡丹象征男欢女爱。凤是传说中的祥瑞之物，它头顶天，尾踏地，目像日，背似月，翼似风，是天地之灵物，凤美丽至极，被誉为鸟中之王。牡丹是著名的观赏花，被誉为花中之王，其丰腴的姿态，艳丽的色彩，被唐代人喻为国色天香。因牡丹雍容华丽，在中国人的传统意识里被视为繁荣昌盛、幸福、美好的象征。图15-30

为凤啄牡丹寿字纹蓝印花布被面一角，最特别的地方是内边框内间隔填充圆形寿字与长形寿字纹，主题为凤啄牡丹，但在外边框与主题纹样间隙填充莲花、菊花、蝴蝶等祥瑞之物。

图15-30　凤啄牡丹被面局部[31]

二、图案中物品上的文字

蓝印花布图案中物品上的文字指在其纹样图案中某些特殊物件中原木所具有的文字，如长命锁上的"长命富贵"四个字、"鲤鱼跳龙门"中"龙门"两个字，等等。图15-31为南通蓝印花布博物馆收藏的"双龙戏珠"肚兜，其胸前部位主题纹样是两龙戏珠的图案，颈部周围的部位则是五只蝙蝠围绕的图案，颈下部挂着一把长命锁，上面有"长命富贵"四个字。长命锁被称为"长命缕""五色缕"，其最早可追溯到汉代，每逢端午节，人们将五色丝线挂到门楣上，用以辟邪。至魏晋南北朝，妇女、儿童开始将这种五色丝线绑在手臂上，发展成为一种祛病延年，辟邪去灾的装饰物。到了明代，长命缕发展成为长命锁，其被视为一种护身符，且仅用于儿童，寄托了家人希望孩子健康成长、无病无灾的愿望。[32]制作长命锁的材料，一般多用金、银、铜等金属，以及玉石，其造型多为锁状，有锁住孩子命的意义，并且在锁上錾有"长命富贵""福寿万年"等吉祥文字。蓝印花布肚兜上长命锁的纹样图案同样也表达了这种愿望。

"平安富贵"门帘（图15-32，现藏于南通蓝印花布博物馆），其图案主要运用了象征和谐音的艺术表现手法，图中一只插满牡丹的花瓶安放在同是牡丹簇拥的三脚花架上，花瓶上有莲蓬、莲花、各种枝蔓、几何图案，以及一个抢眼的"囍"字纹样。在中国古代，牡丹花因其花形硕大、色泽艳丽而被冠以"国花"之称，其雍容华贵的外表也就成为"富贵"的象征，寓意"花开富贵"。安放在三脚架上的花瓶则取谐音"平""安"，连同牡丹一起表达了"平安富贵"的主题，其实这一主题之外还包含了人们更多的对生活的期望，如花瓶上的莲蓬、囍字纹样就显示了人们对多子多孙的渴求，据相关史料记载，青花瓷瓶上出现"囍"字纹样多见于清代嘉庆、道光年间，因此这种瓶上带"囍"字的蓝印花布纹样也绝不会早于清嘉庆年间。

图15-31 "双龙戏珠"肚兜[33]　　　　图15-32 "平安富贵"门帘[34]

三、主题纹样说明性文字

　　主题纹样说明性文字是指结合主图案的中心思想以文字的形式直接将图案的主题表达出来的这部分文字。带有这一类纹样的蓝印花布更像一件作品，往往是一图一中心，看字如看图，看图知主题。例如，麻姑献寿（图15-33）纹样中，用圆点和断线条刻画出一位举止恭敬、神情喜悦的仙女，她长衣飘飘、手托寿盘，里面盛着仙桃和寿酒。麻姑为神话中的仙女，据民间传说，其地位仅次于西王母，相传农历三月初三西王母寿诞之日，麻姑用灵芝草酿成仙酒带到蟠桃会，献给西王母，这便是麻姑献寿的由来。[35]因此，中国民间祭祀麻姑，同时将她的形象用于下辈女子向长辈女子祝寿的形象。再如松鹤延年（图15-34）的纹样，松、鹤都是长寿的象征物，这在前面已经表述过，再加上"松鹤延年"四字的点缀，其祝福长寿的图案主题就更加直观。笔者认为，这类主题纹样说明文字，一方面，对主题纹样进行解释和说明，使人易于理解，毕竟蓝印花布由于工艺上的限制，只能采用点、线的方式来表现纹样图案的内容，手法过于单一，需要文字加以阐释；另一方面，文字的运用又能从侧面点明采用这种布料制成的物品的功用，当作为祝福的礼品时，就能更好地传达祝福与被祝福者之间的感情。

图15-33 麻姑献寿　　　　图15-34 松鹤延年　　　　图15-35 《太极拳术》门帘[38]
蓝印花布纹样[36]　　　　蓝印花布门帘[37]

　　当然除了上面提到的祝福类的主题文字外，还有其他类型的说明文字。例如，太极拳术蓝印花布门帘（图15-35），图案的主要内容由太极拳四十八式人物组成，人物形态各异，形象生动地展示了太极拳的四十八种招式。门帘的上端正中处有一枚太极阴阳鱼图案，两旁配以边饰，再往下方与主体人物图案的空隙间则穿插了四个小篆体汉字"太极拳术"，类似文章的标题，点明了图案的主旨，整个望去，图案与文字浑然一体，既像一篇文章，又像一幅文字组成的图案，若图若字，匠心独运。

四、书画文字

　　蓝印花布中有一类是以书画作品作为粉本的，因此这一类的蓝印花布中也能找到较多的文字纹样。根据此类蓝印花布中文字的地位和作用，笔者认为可将其分为纯文字型和书画混合型两大类。

1. 纯文字型

　　蓝印花布中纯文字型的作品，主要是以特定的文字作为主题图案。例如，现藏于南通蓝印花布博物馆的"百寿图"（图15-36）和"百福图"（图15-37）包袱布可谓文字与染印工艺的完美结合。这两幅作品采用相同的结构，即在中心位置采用圆形的"寿"或"福"，分别围绕中心位置的"寿"或"福"字，集传统各种篆体"寿"或"福"字组成百寿图和百福图。采用圆形的结构则象征长寿、幸福圆满，此类纹样图案共有一百个"寿"或"福"字，由内向外的字数分别为1、20、36、43字，最外沿由22只蝙蝠组成一个大圆圈围绕着，极具艺术表现力。

图15-36　百寿图[39]

图15-37　百福图[40]

虽然蓝印花百寿图和百福图这两幅蓝印花布属于现代作品，但百寿图的结构形式早在宋代就已经出现，据明宋过桢《涌幢小品》中所言："御史张学文之家藏大'寿'字一幅，自其始祖所遗。字崇（高）四尺有七寸，楷体黑文，其点画中皆小'寿'字，白文。——作别体，满百无一同者。"[41]笔者认为，早在宋代绘画中就出现过由百寿组成的书画作品，在古代蓝印花布中出现百福图或百寿图的可能性很大，毕竟《古今图书集成·职方典》中指出，蓝印花布早在宋代就有诗词各色，用作被面、帐帘之用。

2.书画混合型

书画混合型纹样中既有书法文字，又有绘画图案。例如，蓝印花布壁挂《奔马图》（图15-38），这幅作品将"马踏飞燕"的图案造型创新运用在蓝印花布上，并配以不同字体的"马"字作为背景。从构图上看，壁挂上下端边框处均使用两马一车的循环图案装饰，上端自左向右奔驰，下端则自右向左，并且采用白底蓝花的方式。主题纹样图案是一匹踏燕飞奔的白马，其背景是由10种字体120个白色"马"字循环组成；从造型上看，主题纹样采用"蓝底白花"造型，上下边框的装饰性纹样则采用了"白底蓝花"，将蓝印花布的两种造型巧妙地融合于一幅作品中。从寓意上看，将"马踏飞燕"和"马"字作图案造型，意为

图15-38　《奔马图》壁挂[42]

千军万马，气势如虹，亦有马到成功之意。[43] 从文字的角度看，120个"马"字作为背景，改变了蓝印花布传统的蓝底或白底的背景处理方式，使"马踏飞燕"的纹样立刻产生一种浮雕式的立体感。

第四节 | 小结

灰缬自宋代创始，迅速在中原地区发展和流行开来。从中国古代灰缬织物中的文字类型上看，灰缬织物中的文字可分为装饰性文字、主题纹样说明性文字以及书画文字三大类。由于灰缬具有夹缬和蜡缬所无法比拟的优点，即花版的制作比夹缬更加简单和实用，防染灰料的价格又比蜂蜡便宜，并且印染过程较夹缬和蜡缬更为简便，因此，灰缬工艺在古代中原地区得以迅速传播和发展，相对于其他染缬工艺，它也能更好地承载更多的文字纹样。

[1] 吴元新,吴灵姝.刮浆印染之魂:中国蓝印花布[M].哈尔滨:黑龙江人民出版社,2011:16.

[2] 李永.探究南通民间蓝印花布[J].东南文化,2005(1):56-58.

[3] 王谠.唐语林[M].北京:中华书局,1987:405.

[4] 于雄略.中国传统蓝印花布[M].北京:人民美术出版社,2008:33.

[5] 贺琛,杨文斌.贵州蜡染[M].苏州:苏州大学出版社,2009:4,5.

[6] 陈书丽.扎染艺术在现代服饰品中的应用与创作研究[D].杭州:浙江农林大学,2010:3.

[7] 余涛.绞缬染色原理初探[J].丝绸,1992(4):37,38.

[8] 陆岚.中国传统民间蓝印花布的艺术特征[J].湘南学院学报,2006(3):74-76.

[9] 梁晓琴,王安霞.南通蓝印花布纹样艺术的文化内涵[J].江苏经贸职业技术学院学报,2009(4):36-38.

[10] 这种纹样是由磬与双鱼构成,磬是最古老的乐器之一,外形呈三角。磬上的"结"与"吉"谐音,意为吉祥如意;"磬"与"庆"同音,象征好运气;"鱼"同"余"谐音,也象征年年有余,鱼在中国传统图案里,是深受人们喜爱的形象,寓意富裕(余)。"吉庆有余"象征年年有余,是普通百姓和富裕家庭共同追求的生活目标,广为民众喜爱。

[11] 瓶因有佛家宝瓶、道家甘露瓶而寓意吉祥的成分,但更主要的是由"瓶"的字音而来,即以"瓶"谐"平",取"平安"之意。吉祥图案中的瓶,大都是由此而寓意吉祥的。戟是一种古时的兵器,"戟"与"级"谐音,"三戟"借喻三级,到后世它成为官阶、武勋的象征,显贵之家常被称作"戟门""戟户"。在蓝印花布纹样中,瓶里插入三戟,象征平升三级,多用来祝颂亲友

官运亨通,平安高升。

[12] 南通市工艺美术研究所,中国民间文艺研究会南通分会.南通蓝印花布纹样[M].北京:中国
民间文艺出版社,1986:3.

[13] 被面,被褥和被套的面料。从材质分为绸缎被面和棉布被面。从装饰上分为织花被面和印
花被面、绣花被面三类。在古汉语中有"加于面,满面"的含义。

[14] 门帘,指门口口挂的帘子,用来通风、挡蚊虫等。

[15] "蝠"与"福"同音,"福"指洪福、福气、福运。《韩非子》载:"全寿富贵之谓福",《千字
文》中有"福缘善庆"一语,表示善良与吉利能引来福。"钱"与"前"谐音;"孔"寓"眼",
意即眼前。钱在古时是货币的通称,寓意有财有福。画面用蝙蝠、铜钱来诠释"福在眼
前",表达一种美好的祝福。袱布,古代民间叫"包袱皮"。古人常常会撕下一块方布,用来
包裹衣物、吃食、文件等。往后背上一背,在前胸一系,就腾出来了两手,可以挑担,可以
双手操纵缰绳等。

[16] 帐子前幅上端下垂如檐,用作装饰的横幅。图片来源:吴元新,吴灵姝.蓝印花布[M].北京:
中国社会出版社,2009:42.

[17] 肚兜,古称兜肚,上面用布带系于脖颈上,下面两边有带子系于腰间。关于肚兜的名称,历代
皆有不同。除了肚兜,还有抹胸、抹肚、抹腹、裹肚、兜兜、兜子、诃子、袙服等称谓。

[18] 极言财富之多。《老子》:"金玉满堂,莫之能守。"。唐代白居易《读》诗:"金玉满堂非己
物,子孙委蜕是他人。"清代钱泳《履园丛话·臆论·利己》:"总不想一死后,虽家资巨万,
金玉满堂,尚是汝物耶?"

[19] 狮乃百兽之王,雄狮壮硕雄健,颈有须,被人们视为辟邪的瑞兽,寓意神圣吉祥。在民间,狮
被视为守护神,守护宅院以求合家平安。"狮子滚绣球"表示吉庆,俗传雌雄二狮相戏时,它
们的毛缠在一起滚而成球,勇敢的小狮子便从其中产生,因而古代视绣球为吉祥喜庆之品。
据《汉书·礼乐志》比载,汉代民间流行"狮舞",人狮由二人合作,一狮四人合舞,一人
持彩球逗之,上下翻腾跳跃,活泼有趣,动作技艺令人惊叹,舞狮用于各种民俗喜庆活动,寓
意祛灾祈福。

[20] "四君子"是中国传统文化的题材,以梅、兰、竹、菊谓四君子。它们分别是指梅花、兰
花、翠竹、菊花。"四君子"的品质分别是:傲、幽、澹、逸。"花中四君子"成为中国人借
物喻志的象征,也是咏物诗文和艺人字画中常见的题材。其文化寓意为:梅,探波傲雪,高洁
志士;兰,深谷幽香,世上贤达;竹,清雅淡泊,谦谦君子;菊,凌霜飘逸,世外隐士。它们都没
有媚世之态,遗世而独立。

[21] 民间传说中的刘海,原是个穷人家的孩子,靠打柴为生。他用计收服了修行多年的金蟾,得
道成仙。金蟾是灵物,是三足大蟾蜍。古人以为得之可以致富,故其形象寓意财源兴旺,幸
福美好,是老百姓对富裕生活美好的追求。人们敬奉刘海,称他为"活财神",是因为民间流

传着"刘海戏金蟾，金蟾吐金钱"的说法。旧时结婚时，人们常张贴和合二仙和刘海戏金蟾的吉祥画像，新婚夫妇拜天地后，接着拜刘海以取吉利，表示家庭和谐，财源滚滚，生活越过越美满。

[22] 暗八仙是八位仙人各自所持的法器，在艺术作品中常用为吉祥装饰图案，以祈吉祥安宁。葫芦为铁拐李所持宝物，能救济众生；宝剑为吕洞宾所持宝物，有"剑现灵光魑魅惊"之赞，可镇邪驱魔，威镇群妖；扇为汉钟离所持宝物，"有轻摇小扇乐陶然"之赞，能起死回生；箫为韩湘子所持宝物，有"紫箫吹度千波静"之赞，其妙在能号令万物生灵；玉板为曹国舅所持宝物，有"玉板和声万籁清"之赞，其板鸣，万籁无声；花篮为蓝采和所持宝物，有"花篮内蓄无凡品"之赞，篮内奇果异花，能广通神明；荷花为何仙姑所持宝物，有"手持荷花不染尘"之赞，出泥不染，修身养性；渔鼓为张果老所持宝物，有"渔鼓频敲有梵音"之赞，能星相卜卦，灵验生命。

[23] 吴元新.江海之滨,终朝采蓝——南通蓝印花布工艺的传承与创新[J].南通航运职业技术学院学报,2009(2):5-8.

[24] 周国林.二十四史全译:北史第三册[M].上海:汉语大词典出版社,2004:1657.

[25] 榴开百子，它以植物造型为形象，象征多生贵子、早生贵子的吉祥愿望，所以在民间儿女结婚时父母选用服饰面料都要考虑将石榴纹样用在新婚用品中。石榴果实籽粒繁多，古人称"千房同膜，千粒如一"。

[26] 吴元新,吴灵姝.刮浆印染之魂——中国蓝印花布[M].哈尔滨:黑龙江人民出版社,2011:73.

[27] "蝠"与"福"同音，"福"指洪福、福气、福运。《韩非子》载:"全寿富贵之谓福。"《千字文》中有"福缘善庆"一语，表示善良与吉利能引来福。

[28] 司马迁.史记[M].北京:中华书局,1999:2443.

[29] 福寿三多是瓷器装饰中的吉祥图案，典故源于《庄子·外篇·天地》:尧观于华封，华封人祝曰:"使圣人寿，使圣人福，使圣人多男子。"民间后以佛手柑与福字谐音而寓意"福"，以桃子多寿而谐意"寿"，以石榴多子而谐意"多男子"，称为"福寿三多""华封三祝"或"多福多寿多男子"，表现多福多寿多子的颂祷。

[30] 麒麟，是中国古代传说中的神奇动物，被人尊为"神兽""仁兽""瑞兽"，是吉祥的象征。古书中说它通体鳞甲，鹿身，牛尾，狼蹄，龙头，独角。武而不为害，不贱生灵，不折生草，是人心目中的祥瑞之物，民间传说麒麟在太平盛世时才会出现，它会给那些积德而无子嗣的人家送来儿子，使这些家庭繁荣昌盛，子孙万代。麒麟送子，其含义是祈求众多聪慧仁厚的子女出世，祝愿子女吉祥健康成长。在民间，蓝印花布麒麟送子被面是儿女结婚必备的喜庆用品。

[31] 凤是传说中的祥瑞之物，它头顶天，尾踏地，目像日，背似月，翼似风，是天地之灵物，凤美丽至极，被誉为鸟中之王。牡丹是著名的观赏花，向来被比作花中之王，色绝天下，具丰腴之姿，有富贵之态，国色天香。牡丹在中国人的传统意识中被视为繁荣昌盛、幸福和平的象

征,因此称作富贵花。在蓝印花布图案中以牡丹、凤凰的组合最为普遍。

[32] 徐瑛姞.长命富贵——长命锁的文化意义 [J].上海工艺美术,2011(1):15-17.

[33] 双龙戏珠是两条龙戏耍(或抢夺)一颗火珠的表现形式。它来自中国天文学中的星球运行图,火珠是由月球演化来的。从西汉时期开始,双龙戏珠便成为一种吉祥喜庆的装饰图纹,多用于建筑彩画和高贵豪华的器皿装饰上。双龙的形制依装饰的面积而定,倘是长条形的,两条龙便对称地设在左右两边,呈行龙姿态。倘是正方形或是圆形的,两条龙则是上下对角排列,上为降龙,下为升龙。不管是何种排列,火珠均在中间,显示出活泼生动的气势。

[34] 瓶子与“平”同音。牡丹花插入花瓶中寓意“平安”。两个意思连在一起寓意“平平安安”。牡丹花又寓意“富贵”,两种物品、三组寓意在一起就组成了“平安富贵”。

[35] 张加林.麻姑献寿表吉祥 [N].中国艺术报,2005-03-04.

[36] 麻姑又称寿仙娘娘、虚寂冲应真人,中国民间信仰的女神,属于道教人物。据《神仙传》记载,其为女性,修道于牟州东南姑馀山(今山东莱州市),中国东汉时期应仙人王方平之召降于蔡经家,年十八九,貌美,自谓“已见东海三次变为桑田”。故古时以麻姑喻高寿。又流传有三月三日西王母寿辰,麻姑于绛珠河边以灵芝酿酒祝寿的故事。过去中国民间为女性祝寿多赠麻姑像,取名麻姑献寿。

[37] 松,傲霜斗雪、卓然不群,最早见于《诗经·小雅·斯干》。因松树龄长久,经冬不凋,被用来祝寿考、喻长生:“秩秩斯干,幽幽南山。如竹苞矣,如松茂矣。”鹤,也是被道教引入仙界,因此鹤被视为出世之物,也就成了高洁、清雅的象征。得道之士骑鹤往返,那么,修道之士,也就以鹤为伴了,鹤被赋予了高洁情志的内涵,成为名士高情远致的象征物。鹤在民间被视为仙物,仙物自然是长生不死。两种仙物合在一起即是祝人如松鹤般高洁、长寿。

[38] 太极拳是中华民族辩证的理论思维与武术、艺术、引导术、中医等的完美结合,它以中国传统儒、道哲学中的太极、阴阳辩证理念为核心思想,集颐养性情、强身健体、技击对抗等多种功能为一体,是高层次的人体文化。作为一种饱含东方包容理念的运动形式,其习练者针对意、气、形、神的锻炼,非常符合人体生理和心理的要求,对人们个体身心健康,以及人们群体的和谐共处,有着极为重要的促进作用。

[39] 百寿图就是用一百个不同形体的“寿”字所组成的图像,有圆形、方形或长方形数种;也有在一个大“寿”字中再写上一些小的“寿”字。图像中的字体多为繁体字,有篆体、隶书、楷书或几种字体混合兼用。经过不同形体“寿”字组合成的百寿图,往往能够产生一种独特的艺术效果,给人以富丽堂皇、意蕴深长的感觉。当然,百寿图在创始之初并不是被人们当作一种艺术品来欣赏的。它是我国古代民间对长寿理想的一种寄托。因此,它总是被人们排列得整整齐齐、书写得端端正正,并且带有一种朦胧的神秘主义色彩。

[40] 百福图,中国民间传统寓意字样。其由一百多种不同的福字样印制成,是以篆体为基础的字

字异形图案,也是中国民间流传已久的福字图案。"福"是诸事皆吉的总称,如富贵寿考等统称为"福"。每逢新年或吉日,则有祝福之字或寓意之图出现在民俗活动中,人们用以祈盼万福降临。"百福图"字体造型稳重、均齐、端庄,极有意趣和韵味,为广大中国劳动人民所喜爱。福字图案除字体变化外,还有"老福字""福字灯"及"花鸟字体"等形式,多用于画稿、节日装饰、建筑、雕刻等。

[41] 上海古籍出版社.明代笔记小说大观[M].上海:上海古籍出版社,2005:3676.

[42] 马踏飞燕又名马超龙雀、铜奔马、马袭乌鸦、鹰(鹞)掠马、马踏飞隼、凌云奔马等,为东汉时期青铜器,1969年出土于甘肃武威雷台汉墓。为东汉时期镇守张掖的军事长官张某及其妻合葬墓中出土的物品,现藏于甘肃省博物馆。

[43] 蓝印花布《奔马图》亮相南通[N].新民晚报,2014-01-15(A25).

结语

在本书中，以中国古代文化和纺织的双向关系为研究对象，一方面试图从字词、成语、古代典籍、古代图像信息来解读纺织技术及文化；另一方面试图从纺织品中的字纹样来解读中国古代文化。利用田野考古、历史文献、民俗调查，并采用图解和动画的方法对中国古代纺织技术和文化做一次爬梳，研究认为：

一、甲骨文中关于纺织信息的符号和文字还有很多没有被解读出来，主要原因有两点：①从甲骨文—金文—篆书变迁系谱中找不到联系点；②《说文解字》等古代字典中无字可供参考。因此，我们必须另辟蹊径进行深入研究，因为在文字变迁中保留下来的文字毕竟是少数。如何分析和理解这些没有解读出来的原始文字，成为我们下一步研究的重点。首先，要重新考辨已被成功解读出来的纺织类甲骨文，对其中的纺织符号信息进行多方考证，要避免孤证的解读，这是成功理解还没有被解读出来纺织类甲骨文的基础。其次，基于商代纺织技术、纺织文化、宗教，以及甲骨文中可信的纺织符号信息，对未解读出来的纺织类甲骨文进行分析，解读出它们的意思，没有必要和现代文字一一对应。

二、我国古代纺织技术凝结着古代先民的智慧和汗水，其发展创新是由丝织技术及纺织贵族化所推动的，然而没有代表平民的植物纤维纺织技术则不会有丝纺织业与棉纺织业的快速发展。古代植物纤维的核心工艺主要为脱胶、纺纱、织造三部分，其工艺的发展是中国传统纺织文化的重要组成部分，代表着古代植物纤维纺织技术的高峰。我国西北地区特殊的自然条件决定了其生产生活方式，皮、毛织物在当地居民的日常生活中有着广泛的用途。通过对《说文解字》进行纺织服饰中皮、毛相关信息的整理，可以了解东汉时期皮毛、皮革业的发展状况，对学者研究古代服饰材质也有重要意义。关于蚕丝纤维部分只是许慎在《说文解字》中描述古代纺织业的一小部分，将丝的每一部分、状态、特性都用文字进行记录。以描写丝的粗细的字为例，只纤细之字就有5个，而不同作用的线缕都有其专属"编号"，因此反映出古人已发展了许多实用的规格、标准以及成熟的工艺。透过对蚕丝纤维材料特性部分的整理，可以发现古人对丝织业的重视，也反映了古时已逐渐具备了比较全面的质量观念。足以看出古人当时丝织技艺的高超与严谨，也从另一角度窥探出东汉时丝织业的发达，以及影响范围之广。

三、中国古代成语中蕴藏着大量的纺织信息，这里面既包含着丰富的纺织工艺信息，也包含着灿烂的纺织文化信息。文化最根本的特性就在于独特性，纺织工艺史和纺织文化都是中华文明的一个重要表征形式，也是展示中华民族文化独特性的重要载体。如何使一种文化永远立足于世界文化之林？那就是既要充分展示其传统文化的独特性，又要展示其文化的现代性和与时俱进。那么从文化中寻找纺织，在纺织中寻找文化，则是联系传统纺织和现代纺织的中间桥梁，也是中华文化长立于世界文化之林的重要舞台。

四、历代《论语》的注疏有利于儒家学术思想的丰富与发展，但对于其所蕴藏的纺织服饰相关信息却有"以今观古"的误解，导致其背离孔子生活年代及《论语》成书年代的纺织服饰技术背景，形成错误的技术认识，一直影响到当下。通过文献考据和中国纺织服饰技术史的二维契合性比对，我们发现"绘事后素"之绘是绣而非绘画，"素"指绣白色丝线；"束带立于朝"乃是束大带立于朝。裘非蛮夷之特产而受到鄙夷，反而得到推崇。黼冕、缊袍分别代指帝王、贫却不困之士的礼服；《论语·雍也篇》中"质"与"文"分别指代衣物上的地组织和花组织，不宜做过多的引申；《论语·子罕篇》中麻冕用工、用时多于丝冕，皆因古人对冕的织物密度的三十升布标准要求所致。此外，纺织度量与中国丧服礼制有着密切关系；君子穿衣搭配都有一定之规，无一不体现中国古代颜色观、礼制，但又不失其家居性。

通过对《孟子》的解读，我们发现：①中国古代的孝与丝崇拜是密切联系在一起的。通过研究丝绸的起源动机，可以看到孝和追求灵魂再生的宗教观成就了中国的伟大发明——丝织。②纺织品是较早充当商品经济中的一般等价物的。"布"作为货币形式，说明麻葛织物作为一般等价物出现早于丝织物，作为丝织物的词语"币"，是随着丝织物生产技术和产品的普及而成为一般等价物的。

通过对《大学》中的纺织服饰信息的分析，有利于弘扬国学和传统纺织技术与文化。两者互为载体，共同关照：①儒家所追求的"内圣外王""修、齐、治、平"之境界，需要在物化的形式——服饰的纹样进行提示警诫，以促进明君、贤臣的修为提升。②君王所追求的"咸熙"盛世是以百姓安天命为前提，"庶绩"特指百姓户户安于纺纱，引申为辨等级、知礼仪。因此，庶绩才可咸熙。③士阶层所追求的

"孝"和"教"，两者在形体上有相似之处，但"孝"是体现父与子的人际关系，而教则源于纺织。④"机"之原义并非指织机，而是机发论。通过对"机"的词源分析，可对杼和筘出现的时间有较晚的再认识。总之，深入考察《大学》中的纺织服饰字词，会对纺织技术史及纺织文化有新的认识。

通过对《中庸》中的纺织服饰信息考察，我们发现：①儒家重视服装，是因为"齐明盛服"是儒家"内化于心，外化于行"的具体表现，他们需要假借外物来警示自己的行为。②中国古代经常性地将治丝与治国联系在一起，这说明中国古有根深蒂固的丝崇拜的宗教观。

五、考辨《诗经》中的纺织句章，可以发现春秋时代是中国古代纺织体系由原始纺织技术逐渐向手工机器纺织技术过渡的时期。在纺织用纤维获取方面，既有人工养育也有野生采刈，后世主要纺织用纤维葛、大麻、苘麻、毛、丝都已普及，并在生产活动中总结出丰富的经验。在染色方面，已能染出后世各种颜色，已掌握了多次浸染和套染工艺。在纺织机械方面，纺纱以纺专为主。织机方面出现了双轴织机，它是原始腰机向踏板织机过渡的中间环节。由此可见，春秋时期不仅在政治、经济、文化上处变革转型时期，而且在纺织技术体系形成方面也是不可或缺的中间环节。其他四经由于是政治历史方面的文献，对于纺织技术方面涉及很少，但对于纺织特产在《尚书·禹贡》中有论及。《礼记》中虽然谈及了服饰礼仪，但对于纺织方面的表述还是比较少。

六、《三字经》中仅有"子不学，断机杼""匏土革，木石金，丝与竹，乃八音"两句与纺织密切相关，但此两句中的相关信息值得考证。通过对相关文献进行考源分析，本章认为"子不学，断机杼"源于《韩诗外传》，成熟于《列女传》，流变于《三字经》，其意从裂织流变成毁机，这与古代儒学教育的变迁有密切联系的；而蚕丝制琴弦这一工艺在中国古代是存在的，后世之流失，与义人制琴之传统消失、工匠制琴兴盛相关。工匠精神的弘扬在某种程度上弱化了文人的制器能力和一些中国上古的工艺，这些工艺可能有些缺陷，但它里面蕴含着一种文人情怀，这值得学界再研究。

《百家姓》中与纺织有关的姓有八姓，但中华姓氏中与纺织相关的并不止此八姓，如缍姓等。之所以与纺织相关，是因为其一在于地名，其二在于官职。地名多与动植物纤维、皮毛有关，且这类姓源最终形成多与封国、封邑的家族有关，一般这类姓源是多源姓氏中最早的姓源。还有一种以籍贯地名为姓源，这类姓氏也借强大的祖先活动地名为姓。官职纺织类姓源多与服务王室的官职有关。

七、中国古代纺纱的发展谱系并不像传统观点认为的那样，简单地沿着"纺专→手摇纺车→脚踏纺车→大纺车"的线性路径发展，而是沿着一个多维的发展谱

系发展。刘仙洲先生所藏的《手摇纺车图》是伪图。

中国古代的手摇曲柄装置和脚踏曲柄装置之间并没有那么密切的关系。手摇曲柄装置的发明当然早于脚踏曲柄装置的发明，但脚踏曲柄装置发展成熟似乎明显早于手摇曲柄装置，这是非常令人奇怪的现象。

中国水转大纺车用于麻纺，大纺车用于丝、麻，并没有在棉纺上进行应用，归根到底是由于中国古代资本主义萌芽无法在既可为生产者又可为消费者的棉纺织工身上展开，而是在只能为生产者且不可为消费者丝织工上展开，这使生产和消费的红利无法反哺生产者，因此生产者没有技术革新的动力，这是其无法进行工业革命的关键，也是无法自发走向近代社会的关键。

八、中国古代织机的变迁为：原始腰机、双轴织机、综蹑织机、小花楼提花织机、大花楼提花织机。中国古代织机的发展似乎没有按照线性关系发展，因为西汉时期的织机比其后除花楼提花织机外的织机水平都要高，却在前面出现。似乎很奇怪。笔者对于这个现象给出这样的解释，中国织机的发展沿着两条路径在发展，一条是贵族化路径，织物主要是以提花为主；另一条是平民化路径，织物主要以平纹为主。加之古代纺织技术特别是提花技术具有垄断性和地域性，现有的中国古代织机类型学考古排序就不难解释了。正是因为垄断性，明代以前最高的提花技术牢牢控制在官方手中，民间掌握的织造技术是十分粗糙的。从老官山出土的织机来看，西汉时期应该掌握了除花楼提花织机外的多综多蹑织机的制作，五色经锦的大量出土也证实了中国织机的发展受制于中国的宗教传统，经天纬地、地随天变、五色代表五种元素——金、木、水、火、土。随着五胡乱华、南北朝的对峙，中国传统宗教体系发生了转变，西方的纬锦传入并流行，导致中国在唐代出现小花楼提花织机，随着统治阶层的奢侈而在明代出现大花楼提花织机。

九、中国古代文字锦的发展细分为汉晋时期的铭文锦、南北朝至隋唐时期文字锦、唐代之后的文字锦三个发展阶段。汉晋时期的铭文锦在当时抽象的纹样图案中插入吉祥的祝语，反映了当时人们心中的理想和追求，当然，除了体现当时的风俗习惯、社会心理、艺术风格，最重的是它还反映了汉晋时期织造技术的发展水平。南北朝至隋唐时期是中国古代文字锦发展的重要时期，南北朝时期，随着西亚纹样图案（联珠、卷草、对鸟、对兽等纹样）的传入，并且在当时的中国社会中迅速流行起来。到了隋唐时期，在外来纹样图案的刺激下，中国传统的经线显花织锦技术逐渐被外来的纬线显花织锦技术所取代，纹样图案越来越写实、生动，不再需要像汉晋时期那样运用文字祝语来表达对幸福的追求，文字锦也逐渐向特定的"贵""喜""吉"等字转变。唐代以后，文字锦继续沿着唐代的方向发展，文字的装饰作用日益重要，到明清时期，随着吉祥图案的流行与普及，文字锦向着程式化方向发展，特别是"寿""喜"等字出现各种各样字体，极具装饰性。

十、缂织技法、书画艺术风格以及帝王对书画某方面的喜好都会对缂丝文字的风格起着一定的影响。第一，缂丝技法，特别是防竖缝、劈丝拼线等技法会对缂丝文字大小和字体有着决定性的作用。第二，各个时期的书画艺术风格也会对缂丝文字在缂丝作品中的地位和作用起指导作用。第三，帝王对书画的喜爱同样会对缂丝文字的发展起着刺激作用。

十一、中国古代丝织物的织款具有很高的研究价值。机头织款的变化更多地反映了政治、经济方面的变迁，从官营作坊的"物勒工名"到民间作坊"商标""广告"功能的转变，无不反映了封建官营作坊制度在商品经济的飞速发展和西方商品大量涌入的情况下逐渐瓦解的过程；缂丝织款的变化则更多地反映了文化上的变迁，从宋代缂丝织款处于画面的隐晦之处到明代缂丝织款处于显著之处，反映了当时艺术作品署名的方式的变迁，同时也说明文化艺术作者地位的提升。另外，通过对古代丝织物织款的研究，可以使相关研究者从古老的传统文化中汲取精华，为当代纺织品商标广告创造提供一些有益的素材。

十二、通过中国古代刺绣作品中文字的研究可知，刺绣文字从针法和用色上看很容易实现。中国的刺绣又与书法、绘画有着密切的联系，书画的技法对刺绣文字有着深远影响。刺绣文字在书画艺术绣和日常生活绣中都存在。首先，书画艺术绣中又分为宗教主题和书画主题两大刺绣作品，宗教主题的刺绣作品多以刺绣佛经和佛像为主，它们均通过刺绣文字和佛像来表达信徒对佛的虔诚和礼拜。书画主题的刺绣作品中的文字一般会受到绘画艺术的风格影响，宋代文人画开始将绘画、书法、印章融为一体，随着文人画的发展和流行，刺绣粉本也逐渐开始使用文人画，书画为主题的刺绣作品中也就大量出现刺绣文字。其次，日常生活绣根据其使用的人群可分为宫廷日常绣和民间日常绣，宫廷日常绣品在服装、补子、活计、垫料等上均可找到福、寿、喜等特殊含义的刺绣文字；民间日常绣品在技艺上虽远远比不上宫廷，但在简朴中又表现另一种趣味。在民间日常绣品中也可以找到大量有关福、寿、喜等相关的刺绣文字，说明了不管是宫廷还是民间，人们对于福、寿、喜的理解具有相通性。除此之外，民间日常绣品中还有刺绣戏曲人物，并配有刺绣文字曲目，从另一个侧面说明了民间刺绣的简朴，需要文字加以说明。

十三、夹缬源于隋唐之际，在盛唐发展达到顶峰，在宋元时期迅速衰败下去，目前只有浙南地区还有少量遗存。通过对现存唐宋时期唯一带有文字纹样的夹缬织物——南无释迦牟尼佛夹缬绢的研究，笔者认为，南无释迦牟尼佛夹缬绢的印染工艺虽然主要有木版印刷法、丝漏印刷法、夹缬浸染法三种说法，但通过对夹缬工艺的特征分析，赞同南无释迦牟尼佛夹缬绢为夹缬织物的观点。同时，在考察浙南蓝夹缬非对称纹样图案染织技巧的基础上，笔者提出运用半版加片法可以实现南无释迦牟尼佛夹缬绢左右两端汉字字型一致的办法。此外，唐宋时期夹缬织物文字纹样图案罕见主要是由两方面的因素决定：一方面，从流行趋势上看，唐宋时期服装纹样图案已不再像汉晋时期那样流行文字纹样，而对外来的联珠纹、对鸟对兽纹、卷草纹及自创的团窠、碎花、折枝等新型纹样情有独钟。而当时的夹缬织物主要用于服装面料，文字纹样当然不会在夹缬织物中流行。另一方面，从印染工艺上看，夹缬工序为了减少雕刻花版的工作量，采用对折夹染工艺，本质上很难印染出非对称的文字纹样，反而很容易实现当时流行的服饰纹样。因此，唐宋时期文字纹样在夹缬织物中比较罕见。

十四、蜡缬印染技艺从工艺上看，可以毫无困难地实现蜡缬文字。然而，现存的古代蜡缬作品中却很难发现带有蜡缬文字的作品，究其根源主要集中在三个方面：第一，蜡缬技艺时空的转换是造成蜡缬织物上文字缺失的直接原因；第二，政治、经济、技术三方面因素的影响是宋代之后平民阶层的蜡缬织物上缺失文字的最根本原因；第三，中原地区蜡缬织物的用途与特征，尤其是蜡缬织物能产生裂纹的特征，限制了文字图案在蜡缬织物中的运用，因其美学效果及清晰度较差，致使中原地区的文人士大夫阶层并不热衷于蜡缬文字。

十五、灰缬自宋代创始，迅速在中原地区发展和流行开来。从中国古代灰缬织物中的文字类型上看，灰缬织物中的文字可分为装饰性文字、主题纹样说明性文字及书画文字三大类。由于灰缬具有夹缬和蜡缬所无法比拟的优点，即花版的制作比夹缬更加简单和实用，防染灰料的价格又比蜂蜡便宜，并且印染过程较之夹缬和蜡缬更为简便，因此，灰缬工艺在古代中原地区得以迅速传播和发展，相对于其他染缬工艺，它也能更好地承载更多的文字纹样。

后记

本书是吾及团队寒暑五易而终成之学术成果。著述期间团队诸君遍阅古今典籍，走遍华夏大地，寻访至多知情操艺人士，溯源推本，钻坚研微，始集亘古纺织精华于一册。为此犹恐遗珠抱憾，其中甘苦备尝，唯有自如。乃至博览古今丹青，精选入用，务使图文并茂。倘能助读者于披览中幸有裨益，则无愧初心矣！

值此付梓之际，难免欣忧交织。欣慰之意，谓将中华纺织文化薪火相传，必能使之光大于万世；忧虑之处，唯恐瑕疵其间，贻误后学。古贤曰：人有悲欢离合，月有阴晴圆缺，此事古难全。是谓缺憾之美亦不失为一种偏美，唯其缺憾则可以成就有心之后学者，促使其继往开来，另辟蹊径，复结硕果。中国古代纺织文化卷帙浩如烟海，成果灿若星辰；其研究内容之广博、可探索秘境之玄妙，绝非本书所能囊括。故旨义只在此域抛砖引玉，冀望尔后大观！

本书得以面世以飨读者，皆恃诸师友鼎力相助而成，在此笔者谨致衷心谢忱。首谢团队诸君——王燕老师（东华大学人文学院博士研究生）、李斌教授、刘安定副教授。作为志同道合者，从选题、章节构成、调研、寻章、撰述、审稿、校稿……宵衣旰食，呕心沥血，自始至终，未敢稍有懈怠。诚谢东华大学人文学院博士研究生梁文倩，武汉纺织大学服装学院硕士研究生张玉琳（五锭麻纺车动画、水转纺车动画）、赖文蕾（纺专动画）、郑新（三锭纺车动画）襄助绘图与动画制作，其劳之巨，绝非寻常；切谢武汉纺织大学服装学院硕士研究生余晓芸对本书第二章之参撰，尤其于古文、古字考据之殚智竭力，无以言表。

铭谢恩师徐卫林院士扶助课题立项及研究，并于百忙之中为本书赐序；殷谢湖北省档案馆、文化和旅游部恭王府博物馆、武汉纺织大学出版基金对本书付梓之资助；鸣谢教育部中华传统文化（汉绣）传承基地、湖北省非物质文化遗产研究中心

（武汉纺织大学）、武汉纺织大学纺织文化研究中心一以贯之的相助。

  吾家人自始至终之理解、支持，实为本书版行之原动力。自课题确立之日，因腹有自知之明，孰敢以才疏学浅而贻笑学界，误导后俊？故终日惴惴不能自已，唯有以勤补拙，专注研究。其间置家庭和亲人于不顾，疴瘵未能伺其侧，家务未能尽其劳，假日不能陪其行，天伦未能酬其乐……今以此书为礼，聊补亲情阙失之歉！

  书中疏漏之处在所难免，尚祈方家赐教！

赵金龙
二〇二二年九月于武汉纺织大学纺织文化研究中心

作者简介

赵金龙

1978 年出生，男

山东临沂人，哲学硕士，武汉纺织大学资产与实验室管理处处长，教育部中华优秀传统文化（汉绣）传承基地副主任，湖北省非遗研究中心（武汉纺织大学）常务副主任，武汉纺织大学纺织文化研究中心主任。

中国工艺美术学会传统工艺协同创新工作委员会副秘书长，湖北省高校实验室工作研究会常务理事，湖北省财政厅、教育厅资产与实验室管理专家组成员，中国管理科学研究院特约研究员。主要从事纺织文化、非物质文化遗产、高等教育管理研究。先后主持参与国家、省部级研究项目 10 余项，发表学术论文 30 多篇。

王 燕

1984 年出生，女

湖北鄂州人，东华大学人文学院博士研究生，师从杨小明教授，湖北省名师工作室（纺织科学与工程学科）助理研究员，合作导师李建强教授，研究方向纺织史。在《丝绸》《服饰导刊》发表学术论文 20 余篇，参与国家社科基金艺术专项项目、教育部人文社科项目、湖北省教育厅人文社科项目 5 项。

李 斌

1979 年出生，男

湖北咸宁人，博士研究生学历，博士学位。现为武汉纺织大学服装学院副教授、特聘教授、硕士研究生导师、湖北省科学技术史学会常务理事、湖北省非物质文化遗产研究中心（武汉纺织大学）研究员、湖北省科普作家协会会员、江西服装学院服饰文化研究所兼职研究员、《丝绸》《西安工程大学学报》《现代纺织技术》《服饰导刊》等学术期刊审稿专家，纺道服途公众号创始人之一，主要从事纺织服装史、染织类非物质文化遗产、服装设计等方面的研究。2017 年获得湖北教育考试"优秀命题人员"荣誉称号。2018 年分别获得湖北省高等学校人文社科优秀成果奖二等奖，第十一届湖北省人文社科优秀成果奖三等奖。2019 年获得《西安工程大学学报》"优秀审稿专家"荣誉称号。2020 年获得第十二届湖北省人文社科优秀成果奖三等奖。2021 年获得中国纺织工业联合会优秀出版物二等奖。目前，授权外观专利 3 项，实用新型专利 3 项。发表学术论文 100 余篇，其中 SCI 数据库检索期刊论文 3 篇，CSSCI 数据库检索期刊论文 4 篇，北大核心期刊论文 30 余篇。出版学术专著 7 部，主持教育部、湖北省教育厅、武汉纺织大学等多项科研项目。